Geographie 2

kurz & klar

von
Dieter Richter

Geographische Arbeitsweisen
Kartenkunde
Naturressourcen und Rohstoffe
Ökologie
Raumordnung
Sozioökonomische Strukturen
Staaten
Globale Raster

 Auer Verlag GmbH

Gedruckt auf umweltbewusst gefertigtem, chlorfrei gebleichtem
und alterungsbeständigem Papier.

1. Auflage. 2000
Nach der Neuregelung der deutschen Rechtschreibung
© by Auer Verlag GmbH, Donauwörth. 2000
Alle Rechte vorbehalten
Abbildungen: Andreas Toscano del Banner
Umschlagentwurf: Karl Friedrich
Gesamtherstellung: Ludwig Auer GmbH, Donauwörth
ISBN 3-403-02510-1

Inhaltsverzeichnis

1. Geographische Arbeitsweisen

1.1 Lernen und Lernziele

Lernen ist Verarbeiten, also Handeln, Tätigsein. Das selbst erarbeitete Wissen wird im Gedächtnis wie in einem Netz gespeichert. Der einmal begriffene Zusammenhang, das semantische Netz, wird durch Lernen erweitert, präzisiert und verallgemeinert.

Derart Gelerntes erschließt den Zugang zu neuen Sachverhalten. Das semantische Netz stellt ein Behältnis bereit, in das das Neue eingebettet werden kann. Zudem lenkt das zuvor Gelernte bei der Analyse und Verarbeitung der neuen Sachverhalte. Es stellt die Gesichtspunkte bereit, unter denen analysiert und verarbeitet werden kann.

Lernen als Verhaltensänderung

Anfangsverhalten I   geringes
                            Wissen über
                            Inhalt A

Lernprozess I

                            ↓
                            vertieftes
Endverhalten I   Wissen über
                            Inhalt A
                            geringes
Anfangsverhalten II   Wissen über
                            Inhalt B

Lernprozess II

                            ↓
                            umfassendes
Endverhalten II   Wissen über
                            Inhalt A
                            vertieftes
                            Wissen über
                            Inhalt B

Lernziele beschreiben Qualifikationen, die der Lernende erworben haben soll. Sie beschreiben das Wissen und Können, welches ihn zu neuem Lernen befähigen und sein Verhalten zu den Gegenständen verändern soll.

Lernzielbereiche

Lernziele lassen sich drei Bereichen zuordnen: dem kognitiven, dem instrumentalen und dem affektiven Bereich. Kognitive Lernziele sind auf Inhalte bezogen, nämlich auf den Denk-, Wahrnehmungs- und Gedächtnisbereich. Instrumentale (psychomotorische) Lernziele beschreiben die Beherrschung geographischer Arbeitsweisen. Affektive Lernziele sind auf die soziale Komponente gerichtet, auf den Gefühls-, Einstellungs- und Wertbereich.

Aufbau eines Lernziels

Lernziele haben eine Inhalts- und eine Verhaltenskomponente. Während Erstere den Gegenstand des Lernens benennt, beschreibt Letztere die Stufe der Verhaltensänderung, das heißt, wie intensiv ein Lernziel erfüllt werden soll. Dafür verwendet man Aktionswörter (Operatoren). Sie können substantivisch oder verbal gebraucht werden.

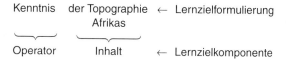

1.2 Anforderungsbereiche und Aufgabenstellungen

Anforderungsbereiche sind Umschreibungen, um Aufgabenstellungen und Prüfungsleistungen zu strukturieren und besser vergleichbar zu machen.

Man unterscheidet die Bereiche I Wiedergabe von Kenntnissen, II Anwenden von Kenntnissen, III Werten und Urteilen. Diese Reihenfolge entspricht im Sinne einer zunehmenden Selbstständigkeit des Schülers und Komplexität der Gegenstände drei Lernzielniveaus.

Aufgabenstellungen

Den Anforderungsbereichen lassen sich Aufgabenstellungen unter dem Gesichtspunkt des ansteigenden Schwierigkeitsgrades hierarchisch zuordnen. Verwendet man geeignete Aktionswörter, so können die Lernzielniveaus in der Regel klar voneinander abgegrenzt werden. Dem Anforderungsbereich I sind demnach Aufgaben des geringsten, dem Anforderungsbereich III des höchsten Schwierigkeitsgrades innerhalb einer Hierarchie von Anforderungen an den Schüler zuzuordnen.

Lernzielbeschreibungen (nach *K. Westphalen,* 1973)

Wissen	Können	Erkennen	Werten
Einblick: erste Begegnung mit dem Wissensgebiet	**Fähigkeit:** das zum Vollzug einer Tätigkeit notwendige Können	**Bewusstsein:** die zum Weiterdenken anregende Vorstufe des Erkennens	**Bereitschaft:** Sie entsteht, wenn Werte anerkannt und als persönliche Ziele gesetzt werden.
Überblick: systematisierte Übersicht nach Einblick in mehrere Teilbereiche des Wissensgebietes	**Fertigkeit:** das durch reichliche Übung eingeschliffene, sichere, fast mühelose Können	**Einsicht:** die grundlegende Anschauung, die erworben und beibehalten wird, wenn ein Problem eingehend erörtert und einer Lösung zugeführt ist	**Freude bzw. Interesse an bestimmten Lerngegenständen:** Operationalisierung und Lernzzielkontrolle schwierig
Kenntnis: Kenntnis setzt Überlick voraus, fordert zusätzlich detailliertes Wissen und gedächtnismäßige Verankerung, die zu einer zutreffenden Beschreibung befähigt.	**Beherrschung:** hohe, vielfältige Anwendungsmöglichkeiten einschließender Grad von Können	**Verständnis:** die Ordnung von Einsichten und ihre weitere Verarbeitung zu einem begründeten Urteil	
Vertrautheit: erweiterte oder vertiefte Kenntnisse über ein Wissensgebiet, sicherer Umgang damit	instrumentaler Bereich		affektiver Bereich

kognitiver Bereich

1.3 Auswerten von Materialien

Der Umgang mit Materialien spielt im Schulfach Geographie eine besondere Rolle, weil die originale Begegnung mit dem Lerngegenstand nur selten möglich ist. Daher sind Medien als pädagogische Hilfsmittel notwendig.

Medien sind Träger von Informationen. Sie vermitteln dem Adressaten nicht nur Ausschnitte der Wirklichkeit menschlicher Lebensverhältnisse, sie ermöglichen auch selbstständiges Lernen sowie die Kommunikation aller am Lernprozess beteiligten Personen.

Handlungsschema zur Analyse/Interpretation geographischer Arbeitsmittel

1   Einordnung des Materials
1.1   Wie lautet das Thema, die Überschrift?
1.2   Aus welcher Quelle stammt das Material?
       Belletristik, wissenschaftliche Literatur, popu-

lärwissenschaftliche Literatur, Zeitung, Zeitschrift, Schulbuch.
1.3   Wann wurde das Material veröffentlicht? Ist es aktuell, veraltet, zeitlos?
1.4   Wie ist der Verfasser, die Quelle des Materials einzuordnen? Persönlichkeit, Wissenschaftler, Journalist, Experte, Berichterstatter, Institution, politische und gesellschaftliche Stellung weltanschaulicher und politischer Standpunkt Distanz zum Gegenstand.
1.5   Welchem Zweck dient das Material? Information (Auskunft, Erklärung, Berichterstattung, Belehrung, Erläuterung), Desinformation/Propaganda.

2   Form der Darstellung
2.1   Um welche Art von Arbeitsmittel handelt es sich?
       Gegenständlich, bildlich, grafisch, kartographisch, verbal, numerisch.
2.2   In welcher Art und Weise ist der Sachverhalt dargestellt?

Anforderungsbereiche und Aufgabenstellungen im Fach Geographie
(u. a. nach KMK 1979, 1989, *F.-M. Czapek* 1992)

Anforderungsbereiche	Aktionswörter für Aufgabenstellungen
Wissen • Wiedergabe von Sachverhalten aus einem abgegrenzten Gebiet im gelernten Zusammenhang • Beschreibung und Darstellung gelernter und geübter Arbeitstechniken in einem begrenzten Gebiet und einem wiederholenden Zusammenhang	**Benennen:** Sachverhalte erfassen und ohne Erläuterung aufzählen. Das Wesentliche in zusammenhängenden Sätzen kurz herausstellen. **Wiedergeben:** Erlerntes oder an vorgegebenen Materialien zur Kenntnis Genommenes mit eigenen Worten zusammengefasst wiederholen. **Beschreiben:** Einleitend hervorheben, was beschrieben wird. Dann Art und Weise beschreiben, in der der Sachverhalt dargestellt wird. Sodann Beschreibung der inhaltlichen Aussage. **Darstellen:** Grafische Umsetzung eines Sachverhaltes. Dabei beachten: Maßstab, Überschrift, Legende, Quellenangabe.
Erklären und Anwenden • Selbstständiges Erklären, Bearbeiten und Ordnen bekannter Sachverhalte • Selbstständiges Anwenden und Übertragen des Gelernten auf vergleichbare Sachverhalte	**Charakterisieren:** Sachverhalt gliedern und Einzelaspekte gewichten. **Erläutern/Erklären:** Sachrichtige und in ihren Zusammenhängen einsichtige Darlegung des Sachverhaltes. **Analysieren/Interpretieren:** Gegenstand ist eine konkrete Materialgrundlage, mit der wie beim Erläutern und Erklären zu verfahren ist. **Vergleichen:** Zuerst Sachverhalte in ihrer Eigenart erfassen, sodann Unterschiede und Gemeinsamkeiten ähnlicher Sachverhalte erkennen.
Problembezogenes Denken, Beurteilung, Stellungnahme • Planmäßiges Verarbeiten komplexer Gegebenheiten mit dem Ziel zu selbstständigen Begründungen, Folgerungen, Deutungen und Wertungen zu gelangen	**Begründen:** Zuvor Vermutung, These oder Meinungsäußerung, danach unter Verwendung der Fachbegriffe begründen. **Beurteilen/Bewerten/Stellungnehmen:** Nach Charakterisierung, Erläuterung oder Analyse erfolgt die sachlich fundierte Darlegung der eigenen Meinung, die argumentativ entwickelt werden muss. **Erörtern:** Den Sachverhalt von verschiedenen, sachlich haltbaren Positionen aus betrachten. Abschließend erfolgt die Ausführung der eigenen Meinung.

3 **Beschreibung des dargestellten Sachverhalts**

3.1 Welches sind die wichtigen inhaltlichen Aussagen?

3.2 Welche Besonderheiten und Auffälligkeiten sind zu nennen?

3.3 Welche unbekannten Begriffe müssen geklärt werden?

3.4 Welche Verständnisschwierigkeiten ergeben sich? Wie können sie überwunden werden?

Beobachten – Beschreiben – Wissen – Deuten

1. Schritt: Beobachten
   - Fragen an den Sachverhalt stellen
   - Gesichtspunkte finden, nach denen die Beobachtung gegliedert wird
   - Vorwissen und verfügbares Können anwenden

2. Schritt: Beschreiben
   - Verbalisieren der Beobachtungen (Merkmale, Besonderheiten, Auffälligkeiten erfassen; Unklarheiten, Widersprüche benennen)
   - Ordnen der Beobachtungen

3. Schritt: Wissen
   - Sachverhalte begrifflich fassen
   - Unklarheiten und Widersprüche klären

4. Schritt: Deuten
   - auf der Grundlage strukturierter Vorstellungen und begrifflicher Klarheit Zusammenhänge herstellen und den Sachverhalt erklären

1.3.1 Umgang mit Texten

Texte sind vielfältige, informative und unverzichtbare Medien. Sie zählen deshalb zu den häufigsten Arbeitsmaterialien und werden nicht nur im Geographieunterricht eingesetzt. Für die Auswertung von Texten gelten die unter 1.3 Auswerten von Materialien wiedergegebenen Regeln.

Formen des Lesens

1. Informatorisches Lesen (vorbereitendes Lesen)
   Man verschafft sich durch Anlesen einen Einblick in die Thematik und einen Überblick über den Inhalt. Handelt es sich um ein Buch oder einen Zeitschriftenartikel, so liest man das Inhaltsverzeichnis bzw. die Kapitelüberschriften, das Vorwort oder die Einleitung und das Schlusswort. Nun kann man entscheiden, ob das Buch bzw. der Artikel überhaupt gründlich gelesen werden soll.

2. Kursorisches Lesen (aufschließendes Lesen)
   Nach dem vorbereitenden Überblick über wesentliche Züge des Inhalts legt man fest, welche Textabschnitte man bearbeiten will. Sodann bereitet man deren Bearbeitung vor. Die Themen werden in Fragen oder Thesen umgewandelt und dann das Buch bzw. der Zeitschriftenartikel als Antwort auf diese Fragen und als Begründung dieser Thesen gelesen.
   Informatorisches und kursorisches Lesen werden mit hohem Lesetempo durchgeführt. Beide Formen des Lesens können auch in einem Arbeitsgang erfolgen.

3. Studierendes Lesen (durcharbeitendes Lesen)
   Das gründliche Durcharbeiten des Textes erfolgt abschnitts- bzw. kapitelweise. Man setzt sich intensiv mit den jeweiligen Inhalten auseinander. Dabei helfen Notizen, anhand derer man nach jedem Abschnitt bzw. Kapitel den Inhalt mit eigenen Worten wiederholt. Man formuliert diese Zusammenfassungen als Antwort auf die Fragen oder als Begründung der Thesen.
   Dabei gilt:
   - erst lesen, dann unterstreichen
   - die innere Gliederung des Textes, dessen Struktur erkennen
   - unbekannte Begriffe mithilfe von Nachschlagwerken klären
   - Textstellen so lange lesen, bis man sie verstanden hat.
   Ein wirksames Mittel beim Durcharbeiten von Texten ist das Markieren, das allerdings nur in eigenen Büchern vorgenommen werden kann. Folgendes sollte man beachten:
   - Markierungen sparsam verwenden
   - stets gleiche und in ihrer Bedeutung gleich bleibende Markierungen verwenden.

4. Rekapitulieren (Wiederholen)
   Man beantwortet kurz schriftlich oder mündlich die Fragen, indem man Schlüsselsätze oder Kerngedanken in eigenen Worten notiert oder mündlich vorträgt. Man übt laut, damit man sich zwingt Gedanken zu formulieren. So vermeidet man die Selbsttäuschung. Ob schriftlich oder mündlich, man überprüft das Verständnis des Gelesenen und fördert zugleich das Behalten.

5. Kontrollierendes Lesen (überprüfendes Lesen)
   Man verwendet diese Form des Lesens, um bisherige Kenntnisse mit den neuen Erkenntnissen zu vergleichen, das gilt auch für den Vergleich mit den Ansichten anderer. Schließlich überprüft man auf diese Weise erneut die eigene Merkfähigkeit.

Das **Exzerpieren** macht Gedanken des Autors als wörtliche oder sinngemäße Zitate für größere Arbeiten, wie Referat, Vortrag oder Facharbeit verfügbar. Bei einem wörtlichen Exzerpt (Textauszug) sind die Regeln des Zitierens zu beachten. Die zweite Form des Exzerpts ist das sinngemäße Zitat. Man gibt in eigenen Worten Gedanken des Autors wieder.
Exzerpte hält man je nach Umfang entweder auf losen Blättern im Format DIN A4 oder auf Karteikarten fest. Die Bögen beschreibt man einseitig und lässt einen Heftrand sowie einen breiten Rand für Bemerkungen. Bei den Karten wählt man am besten das Format DIN A6. Deren Rückseite kann man für bibliographische Hinweise (z. B. Standort des Buches) und Arbeitsvermerke (z. B. Verwendungsmöglichkeit, Querverweise, Wertung) verwenden.
Beim Exzerpieren sind Mängel zu vermeiden:

- ungenaues Zitieren (Zeichensetzung, Rechtschreibung)
- ungenaue oder unzureichende Quellenangabe (z. B. Seitenangabe)
- überflüssiges Exzerpieren oder Fotokopieren
- zeitraubendes handschriftliches Exzerpieren statt Fotokopieren
- eigene Gedanken und Gedankengänge des Autors vermischen (bei sinngemäßem Zitieren).

1.3.2 Umgang mit Bildern

Bilder veranschaulichen Ausschnitte aus der Landschaftssphäre. Sie vermitteln die Wirklichkeit, wie sie real von einer bestimmten Erdstelle aus zu einer bestimmten Zeit zu betrachten wären. Deshalb sind Bilder zwar ein unersetzliches Hilfsmittel für die originale Begegnung mit einer Landschaft, sie lassen aber Verallgemeinerungen nur beschränkt zu.

Die Bildinterpretation erfolgt schrittweise, dem Handlungsschema unter 1.3 Auswerten von Materialien folgend und die Schrittfolge: „Beobachten – Beschreiben – Wissen – Deuten" (S. 7) beachtend. Die Beschreibung des Bildinhaltes kann folgende Gesichtspunkte stützen:

– Untergliederung des Bildes in Vordergrund, Mittelgrund und Hintergrund
– Untergliederung des Bildes in eine linke und rechte Hälfte
– Untergliederung der Landschaft nach Geofaktoren (Relief, Gewässer, Vegetation, Boden, Wetterlage), nach kulturlandschaftlichen Erscheinungen und Kräften (Siedlungen, Verkehr, Wirtschaft, soziale Gruppen, politische Kräfte).

1.3.3 Umgang mit Zahlen und Statistik

Zahlenmaterial wird in vielen Lebensbereichen zur Darstellung von Strukturen, Wechselbeziehungen und Entwicklungen, auch geographischer Sachverhalte, verwendet. Zahl und Statistik, wenn sie verlässlich sind, das heißt nach wissenschaftlichen Methoden ermittelt und aufbereitet wurden, stellen Informationsträger zur Erfassung und Vermittlung exakter quantitativer Sachverhalte dar.

Gestaltung von Tabellen

Eine Tabelle setzt sich aus drei Teilen zusammen: Tabellenkopf, Zahlenteil und Quellenangabe.

Die Tabellenteile trennen waagerechte und senkrechte Linien voneinander, um die Lesbarkeit zu verbessern. Dem gleichen Zweck dient auch das Einrücken von Zahlen oder der Zusatz „darunter" bzw. „davon".

Der Tabellenkopf besteht aus der Nummerierung der Tabelle und ihrer Überschrift. Letztere soll knapp gehalten sein, aber eindeutig über Inhalt, Raum- und Zeitbezug informieren.

Der Zahlenteil ist waagerecht durch Zeilen und senkrecht durch Spalten gegliedert. Er enthält die reinen Zahlen. Unbekannte Werte werden durch einen Punkt, fehlende Angaben durch einen waagerechten Strich, kleinere Werte als die benutzte Maßeinheit durch eine „0" angezeigt. Summenzeilen und -spalten stehen rechts bzw. unten. In einer Vorspalte an der linken Seite werden meist Jahresangaben platziert. Die Maßeinheiten stehen in der Kopfzeile.

Neben der Quellenangabe können unter dem Zahlenteil auch Fußnoten und Anmerkungen untergebracht werden.

Aufbau einer Tabelle

Tabellenkopf (Kopfleiste)	Nummerierung	Überschrift Inhaltliche Angabe		Topographische Angabe	Zeitliche Angabe
	Tab. 1	Fläche und Bevölkerung		der BRD[1]	1995
Kopfzeile	Land		(Hauptstadt)	Fläche km²	Bevölkerung 1 000
Zahlenteil	Baden-Württemberg		(Stuttgart)	35 751	9 822
	Bayern		(München)	70 554	11 449

Anmerkungen [1]) Gebietsstand: 31.12.1990

Quelle Statistisches Jahrbuch 1996 für die Bundesrepublik Deutschland

Zahlenarten in der Statistik

Absolute Zahlen:
Angaben von Mengen, Größen oder Häufigkeiten

Relative Zahlen:
Beziehung zwischen zwei Zahlen. Eine Zahl bildet den Zähler, eine andere den Nenner eines Bruches.

Prozentzahlen:
Zusammenhang zwischen einer Teilmenge und der Gesamtmenge. Die gleich 100 % gesetzte Summe muss in absolutem Maß angegeben werden.

Beziehungszahlen:
Beziehungen zwischen unterschiedlichen Größen (z. B. Pro-Kopf-Angaben)

Indexzahlen:
Die Angabe bezieht sich auf einen Ausgangswert. Die Verwendung ist bei Zeitreihen üblich. Der absolute Wert des Basisjahres wird gleich 100 gesetzt.

Größenklassen:
Eine klare Abgrenzung der Klassen ist notwendig, z. B. 10…20, 21…50 oder 10…<20, 20…<50.

Grafische Darstellung von Zahlenmaterial

Die abstrakte Zahl wird veranschaulicht. Durch geeignete Darstellungsformen können wesentliche Punkte wie Beziehungen, Zusammenhänge und Entwicklungen herausgehoben, mehrere Funktionen gleichzeitig wiedergegeben und Vergleiche erleichtert werden. Zugleich aber wächst die Versuchung zur Manipulation. So können in „Zweckdiagrammen" Sachverhalte und Problemstellungen dramatisiert oder verharmlost werden.

Analyse und Interpretation von Statistiken und Diagrammen

Die Auswertung von Statistiken und Diagrammen kann nach dem gleichen Muster erfolgen und es gelten die unter 1.3 Auswertung von Materialien wiedergegebenen Regeln. Zusätzlich sind folgende Gesichtspunkte zu berücksichtigen:

- Welche Einheiten (absolute Zahlen, Anteile, Räume, Zeiteinheiten, Zeiträume) werden verwendet?
- Welche Höchst- und Tiefstwerte sowie Durchschnittswerte treten auf?
- Welche Größenordnungen und zeitlichen Entwicklungen (gleichmäßig oder sprunghaft) sind festzustellen?
- Sind Tendenzen, Phasen von Entwicklungen festzustellen?

Zu beachten ist, dass die Ablesegenauigkeit bei Diagrammen häufig geringer ist als bei Statistiken.

Anhand von Diagrammen kann aber bequemer verallgemeinert und verglichen werden.

Dreiecksdiagramm

Das Dreiecksdiagramm geht aus einem schiefwinkligen Koordinatensystem hervor. Es müsste deshalb korrekt Dreieckskoordinatendiagramm genannt werden. Die Grundlage des Diagramms ist das gleichseitige Dreieck, denn die Summe der Senkrechten, die von einem beliebigen Punkt im Innern des Dreiecks auf seine Seiten gefällt werden, ist konstant. Sie ist gleich der Höhe des Dreiecks. Somit können drei Summanden einer Summe grafisch dargestellt werden. Als Summe wird allgemein 100 % festgelegt. Die Höhe des gleichseitigen Dreiecks entspricht 100 %. Ein Punkt im Diagramm gibt durch seine Lage an, aus welchen Werten sich die Summe von 100 % zusammensetzt. Da eine Anschrift der Skalen innerhalb des Dreiecks die Lesbarkeit beeinträchtigt, wird sie außen auf den Dreiecksseiten abgetragen.

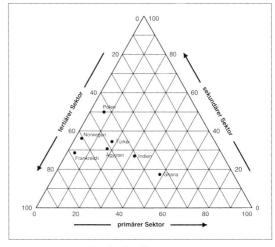

Dreiecksdiagramm

Fließdiagramm (Pfeildiagramm, Flussdiagramm

Das Fließdiagramm ist eine Form des Liniendiagramms. Durch Verknüpfungspfeile (Pfeildiagramm) werden Beziehungen zwischen gegenständlichen und nichtgegenständlichen Erscheinungen dargestellt. Sie können räumliche oder zeitliche sowie raumzeitliche Abfolgen, aber auch Handlungsabläufe und Fertigungsprozesse (Flussdiagramm) beinhalten. Bilden die Erscheinungen durch ihr Zusammenwirken ein Beziehungsgefüge, so werden durch eine kreisförmige Anordnung der Faktoren Aufschaukelungskreise veranschaulicht. Sie funktionieren nach dem Prinzip der Selbstverstärkung positiv oder negativ aufschaukelnd. In der Geoökologie werden Geosysteme durch Pfeildiagramme als Regelkreise dargestellt.

Die Erscheinungen werden durch bildhafte Zeichnungen, Symbole oder verbale Bezeichnungen ausgedrückt. Verbale Bezeichnungen setzt man häufig in einen Linienrahmen (Rechteck, Quadrat, Kreis, Ellipse oder Dreieck). Durch die unterschiedliche Ausführung der Pfeile wird die Art der Beziehungen, ob kausal oder prozessual, ob in dem Zusammenhang von Aktion und Folge, dargestellt.

Die Anordnung der Verknüpfungselemente und Verknüpfungslinien beeinflusst die Lesbarkeit und Aussagekraft des Fließdiagramms. Deshalb gelten folgende Hinweise bei der Gestaltung von Fließdiagrammen:

– Man gestaltet das Diagramm möglichst einfach.
– Man ordnet und verknüpft die Faktoren so, dass die Struktur des Beziehungsgefüges (kreisförmig, linear, geschlossen, offen) hervorgehoben wird.
– Man vermeidet Überschneidungen der Verknüpfungslinien.
– Man ordnet Elemente, die strukturell und räumlich zusammengehören, benachbart an.

Bedeutung der Pfeile

Kausalitätspfeil:

Zusammenhang von Ursache und Wirkung

1. Prinzip der Selbstverstärkung

1.1   A $\xrightarrow{\oplus}$ B

Je mehr vom Faktor A, desto mehr vom Faktor B
= positive Verstärkung (positive Aufschaukelung)

1.2   A $\xrightarrow{\ominus}$ B

Je weniger vom Faktor A, desto weniger vom Faktor B
= negative Verstärkung (negative Aufschaukelung)

2. Richtung der Wirkungsbeziehung

2.1 gleichsinnige Wirkung

je mehr – desto mehr
je weniger – desto weniger

2.2 gegensinnige Wirkung

je mehr – desto weniger
je weniger – desto mehr

Prozesspfeil:
Umsetzung von Stoffen und/oder Energie

Stoff A wird zu Stoff B.

Aktionspfeil:
Was tut der Mensch?

Folgepfeil:
Was folgt aus der Tätigkeit des Menschen?

Formen der Diagrammdarstellung

Stabdiagramm (Strichdiagramm, Säulendiagramm)   Darstellung von Zahlenwerten in ihrer zeitlichen, räumlichen und sachlichen Folge (Rangreihe)
Die Stabhöhe gibt den Zahlenwert wieder.
Die Höhenskala beginnt bei Null.
Alle Stäbe sind gleich breit.
Der Abstand zwischen den Stäben beträgt die Hälfte der Stabbreite.

Streifendiagramm (Banddiagramm)   Darstellung von Verhältniswerten durch die Gliederung des Balkens nach Teilmengen. Anwendung insbesondere bei Zeitreihen und Gliederung von Flächen (z. B. Landnutzung in Deutschland)

Kreisdiagramm (Kreissektorendiagramm)   Darstellung von Verhältniswerten durch Kreissegmente, auch in der Kombination mit absoluten Werten.

Kurvendiagramm (Liniendiagramm)   Darstellung veränderlicher Zahlenwerte wie Abläufe, Veränderungen, Entwicklungen (Wertveränderungen als Funktion der Zeit).
Die Abszissenachse entspricht der Zeitachse. Die Teilung erfolgt streng proportional der Zeit und daher lückenlos-kontinuierlich.
Grafische Darstellung als Kurve, Polygonzug oder Treppenkurve.
Kurve: Voraussetzung ist Stetigkeit, das heißt, der Abstand zugrunde liegender Wertepunkte kann beliebig verdichtet werden.
Polygonzug: Er ersetzt die Kurve, wenn Unstetigkeit vorliegt, das heißt, eine geringe Anzahl von Wertepunkten bekannt ist. Die Punkte werden durch gerade

Linien verbunden, die winklig aufeinander stoßen.

Treppenkurve: Die treppenförmig geknickte Linie schließt nur rechte Winkel ein. Üblich vor allem bei der grafischen Darstellung von Häufigkeitsverteilungen. Im Gegensatz zum Punkt- und Stabdiagramm betont das Kurvendiagramm den Zusammenhang der Werte. Es soll nicht die Verteilung oder Streuung, sondern die Abfolge hervorgehoben werden.

Deshalb wird das Kurvendiagramm für die Darstellung von Zeitreihen verwendet.

Dreiecks-diagramm

Darstellung dreier Komponenten in einer Gesamtmenge innerhalb eines gleichseitigen Dreiecks. Die Gesamtmenge (Summe) beträgt in der Regel 100 %, das heißt, die Höhe des Dreiecks entspricht 100 %, entsprechend erfolgt die Teilung der Dreiecksseiten in drei Skalen von 0 % bis 100 %.

Die Lage eines Punktes im Dreieck gibt an, aus welchen Werten sich die Summe von 100 % zusammensetzt.

Flächendia-gramm

Variante 1: Darstellung absoluter Werte durch regelmäßige geometrische Figuren.
Variante 2: Einfache Liniendiagramme werden durch Schraffieren oder Färben der Fläche zwischen der Abszissenachse und dem Polygonzug zu Flächendiagrammen.

Fließdiagamm
(Pfeildiagramm)

Darstellung von Abläufen, Entwicklungen, Vernetzungen, Regelkreisen.

Durch Verknüpfungslinien, Pfeile oder Vektoren werden Beziehungen zwischen gegenständlichen und nichtgegenständlichen Erscheinungen dargestellt. Zur Erläuterung der Erscheinungen werden bildhafte Zeichnungen oder Symbole sowie verbale Bezeichnungen durch Kennworte, die oft in einen Linienrahmen gestellt werden, verwendet.

1.3.4 Umgang mit Profilen

Ein **Profil** ist der Querschnitt durch einen Ausschnitt in der Landschaftssphäre (Geosphäre). Das Profil wird in einem Rechteckgitter dargestellt. Auf der waagerechten Achse (der Rechtsachse oder *x*-Achse) werden die Entfernungen, auf der senkrechten Achse (der Hochachse oder *y*-Achse) die Höhen abgetragen.

Durch **Überhöhung** wird die Aussagekraft eines Profils verbessert. Man wählt einen Maßstab, der die Höhen größer darstellt. Der Längenmaßstab bleibt unverändert. Um wie viel überhöht wird, ist abhängig vom Relief und vom Längenmaßstab, d. h. dem Kartenmaßstab. Es gilt: Je größer der Nenner des Kartenmaßstabs, umso größer die Überhöhung.

Formen des Profils:

– Das topographische Profil (Höhenprofil, morphologisches Profil, Linienprofil) veranschaulicht die Höhenverhältnisse und das Relief des Landschaftsausschnittes.
– Das Kausalprofil fügt weitere Geofaktoren (z. B. Vegetation) oder Nutzungsformen (z. B. Bodennutzung), die im geographischen Zusammenhang stehen, hinzu.
– Das synoptische Profil fügt dem Kausalprofil in tabellarischer Form stichwortartige Erläuterungen an.
– Das Blockprofil (Blockbild) stellt den Landschaftsausschnitt dreidimensional dar.

Zeichnen eines topographischen Profils:

1. Schritt. Man legt auf der Karte die Endpunkte *A* und *B* des Landschaftsausschnittes fest und verbindet sie durch eine Linie (Profillinie).

2. Schritt. Man legt an die Profillinie einen Papierstreifen und trägt die Schnittpunkte der Höhenlinien mit der Profillinie ab. Die Höhenangaben notiert man auf dem Papierstreifen.

3. Schritt. Man bereitet ein Rechteckgitter vor und überträgt vom Papierstreifen die Höhenangaben auf die Rechtsachse (Entfernungsachse).

4. Schritt. Man errechnet die Höhe auf der Hochachse: Meter des Längenmaßstabs geteilt durch Überhöhungsverhältnis gleich Meter des Höhenmaßstabs.

Ein Beispiel: Längenmaßstab 1 : 50 000
1 cm entspricht 500 m
Überhöhung fünffach

$$\frac{500 \text{ m}}{5} = 100 \text{ m}$$

Also entsprechen 1 cm auf der Rechtsachse 500 m und 1 cm auf der Hochachse 100 m.

1.3.5 Umgang mit Karten

Karten lesen können heißt, dass man die Kartenzeichen übersetzen kann. Dazu gehören kartographische Kenntnisse. Man muss wissen, welche Merkmale Karten haben, was die Signaturen bedeuten und wie man Karten benutzt.
In der Karte lesen und messen heißt auch die ihr eigenen Ausdrucksmittel zu dechiffrieren, sie in eine textliche Darstellung umzusetzen. Dabei werden nicht zu unterschätzende Verbalisierungsleistungen verlangt.

Kartenverständnis stellt an den Benutzer weit höhere Anforderungen als das Kartenlesen. Dahinter steht die Fähigkeit, Karteninhalte gedanklich miteinander zu verknüpfen und aus ihnen Schlüsse zu ziehen sowie zu konkreten Vorstellungen über den dargestellten Erdraum zu gelangen. Kartenverständnis erfordert verknüpfendes Denken und je nach Komplexität des Karteninhalts setzt es unterschiedliche Sachkenntnis voraus. Es stellt somit verhältnismäßig hohe Anforderungen an das Wissen und Können.

Verwendung und Bedeutung der Karte

Die Karte ist als räumliche Orientierungsgrundlage im privaten und öffentlichen Leben unentbehrlich. Für die erdraumbezogene Forschung sind Karten grundlegende Hilfsmittel. Die Fähigkeit Karten zu nutzen ist somit als eine Kulturtechnik zu verstehen.

Handlungsschema zur Interpretation thematischer Karten

Einordnung

1. Wie lautet das Thema der Karte?
2. Wo liegt der Raumausschnitt und wie groß ist er?
   Geographische Lage beschreiben. Gesichtspunkte können sein:
   Gradnetz, Geo-(Klima-)Zonen, Großrelief der Erde, tektonische Gliederung, Großraum im Kontinent, Landschaft, politisches Territorium.
   Maßstab beachten und gegebenenfalls andere thematische Karten heranziehen.
3. Wie sieht das topographische Grundraster aus?
   Gesichtspunkte können sein: Oberflächengliederung, Gewässer, Verkehrslinien, Siedlungen.
   Gegebenenfalls eine Skizze zur topographischen Grundorientierung anfertigen.
4. Was kann zur Quelle gesagt werden?

Form der Darstellung

1. Welcher Kartentyp liegt vor?
2. Welche Signaturen werden verwendet?
   Man ordnet die Signaturen nach Gruppen, z. B. nach den Wirtschaftssektoren, nach Formen der Bodennutzung, nach ihrer Quantifizierung.

Beschreibung

Man orientiert sich an den Punkten 3.1 bis 3.4 im allgemeinen Handlungsschema (s. S. 7). Zudem entscheidet man zwischen folgenden Zugriffen:

a) Beschreibung der räumlichen Anordnung einzelner Geofaktoren (Komponenten), kulturgeographischer Erscheinungen und Einrichtungen nacheinander.
b) Gliederung der Karte in Teilräume und Beschreibung des jeweiligen komplexen Raumbildes (ganzheitlicher Zugriff).

1.3.6 Umgang mit dem Atlas

Im Atlas sind viele Karten zu einem Buch zusammengebunden. Die Karten haben unterschiedliche Themen zum Inhalt. Zur Grundausstattung gehören physische, wirtschaftliche und politische Übersichtkarten von Deutschland, den Kontinenten und der Erde. Hinzu kommen zahlreiche thematische Karten größerer Maßstäbe (Geologie, Klima, Landwirtschaft, Industrie, Verkehr, Bevölkerung, städtische und ländliche Siedlungen, Raumordnung u. a. m.).

Das **Kartenverzeichnis** befindet sich in jedem Atlas vor dem Kartenteil. Die meisten deutschen Atlanten beginnen mit dem Kartenteil zu Deutschland. Darauf folgen die Karten zu Europa, Asien, Afrika, Australien, Amerika und den Polargebieten. Am Ende stehen die Übersichtskarten der Erde.

Eine **Kartenübersicht** auf dem vorderen bzw. dem hinteren Buchdeckel oder im Inhaltsverzeichnis ergänzt das Kartenverzeichnis. Dort sind in die Umrisse der Kontinente die Kartenausschnitte mit Seitenangaben eingetragen. Diese Veranschaulichung der Kartenblätter erleichtert die Orientierung über den Inhalt des Atlas.

Das **Register** befindet sich hinter dem Kartenteil. Hier sind alle in die Atlaskarten eingetragenen Orte, Staaten, Gebirge, Flüsse, Seen, Landschaften, Inseln, Halbinseln und Meere in alphabetischer Reihenfolge aufgeführt.
Das Register hilft einen bestimmten geographischen Gegenstand im Atlas zu finden. Zuerst sieht man im Register nach, ob der Gegenstand überhaupt im Atlas vorhanden ist. Hat man den Namen gefunden, so merkt man sich die Seitenzahl der

Karte. Sie steht hinter dem Namen. Auf die Seitenangabe folgt eine Lageangabe. Sie gibt durch Großbuchstaben und Ziffern an, in welchem Gradnetzfeld der Karte der Gegenstand zu finden ist.

1.4 Feldstudien

Eigene Erhebungen

Eigene Erhebungen können als Zählung, Kartierung und Befragung durchgeführt werden. Die Arbeitsweisen der Zählung und Kartierung wird man notwendigerweise einsetzen, wenn weder Statistiken noch Daten anderer Art zur Verfügung stehen. Sollen zusätzlich Informationen über menschliche Verhaltensweisen, Einstellungen und Wertungen in die Raumanalyse einbezogen werden, so wird man die Arbeitsweise der Befragung anwenden.

Zählung

Die Zählung kann man bei verschiedenen Fragestellungen einsetzen: Verkehrszählungen zum innerörtlichen Verkehr und zum Durchgangsverkehr, Passantenzählungen nach Herkunfts- und/oder Zielorten, Zählungen von Einrichtungen unterschiedlicher Funktion.

Was ist bei einer Zählung zu beachten?

Vor der eigentlichen Feldarbeit stellt sich die Frage nach dem Beobachtungsplatz und der Beobachtungszeit. Dementsprechend muss ein Zählbogen erstellt werden. Alle für eine Zählung verwendeten Bogen müssen einheitlich sein um die Ergebnisse vergleichen zu können. Nach der Beobachtung erfolgt die Auswertung.

Die Beobachtungsplätze sollen an solchen Punkten liegen, deren Zählergebnisse eine optimale Aussage ermöglichen. Das sind Straßenkreuzungen und Straßeneinmündungen, weil sie die Straße in Abschnitte einteilen und die Unterscheidung nach Straßenseiten ermöglichen. Die Beobachtungszeit kann unterschiedlich festgelegt werden:

- ganztägige Zählung um tageszeitlich bedingte Schwankungen zu erfassen
- Stichprobenzählungen können ausreichen um Schwankungen zu erfassen. Bei Stichprobenzählungen muss die Beobachtungsdauer festgelegt werden.
- tägliche Zählung um die Frequentierung im Wochenablauf zu erfassen.

Die Auswertung der Zählungen erfolgt in Diagrammen. Zur Darstellung räumlicher Unterschiede benutzt man Kartogramme.

Kartierung

Durch Kartieren beobachtet der Geograph die räumlichen Muster der Nutzung des Produktionsfaktors Boden. Sie umfassen sowohl die Bodennutzungen der siedlungsfreien Räume als auch die Geschossflächennutzungen in den Siedlungen sowie die Nutzungen aller anderen überbauten Flächen der Landschaftssphäre. Im Einzelnen können Bodennutzungssysteme des primären Sektors, Standortgruppierungen von Betrieben des sekundären und tertiären Sektors sowie Wohnfunktionen erfasst werden. Die Bestandsaufnahme des Nutzungsgefüges eines Raumausschnittes bildet eine Grundlage für die Raumordnung und den Landschafts- und Umweltschutz.

Die Auswertung der Beobachtungen erfolgt in Karten, denn die raumprägenden Strukturen der Nutzungen lassen sich auf Karten anschaulich darstellen. Geschossflächennutzungen können auch durch Diagramme wiedergegeben werden.

Die Kartierung erfolgt in der Regel vor Ort durch Eintragung der Beobachtungen in Erhebungsbogen. Für jede Besitzparzelle steht ein Bogen zur Vergütung. Die Parzellen werden der Grundkarte 1 : 1000 oder 1 : 5000 entnommen.

Befragung

Sollen Verhaltensweisen des Menschen im Raum wie das Einkaufsverhalten, Mobilitätsunterschiede, Pendlerverflechtungen erfasst werden oder sollen räumliche Lebensbedingungen in einer Gemeinde wie Arbeitsmöglichkeiten, Umweltverhältnisse, Verkehrsbedingungen, die Ausstattung mit Geschäften, Dienstleistungen und Freizeiteinrichtungen bewertet werden, bietet die Befragung zusätzlich zur Kartierung eine Möglichkeit der eigenen Datenerhebung. Als geeignete Form der Befragung hat sich der Fragebogen mit einer Bewertungsskala zum Ankreuzen erwiesen.

Aufbau des Fragebogens: Die Gegenüberstellung gegensätzlicher Aussagen ermöglicht es dem Befragten, seine Auffassung in einer Note auszudrücken. Es ist darauf zu achten, dass alle negativen und positiven Wertungen strikt getrennt sind.

Durchführung der Befragung: Der Befragte muss ungestört seine Meinung wiedergeben können. Für jede Aussage darf er nur eine Bewertung vornehmen. Um Schwierigkeiten zu vermeiden, sollten die Fragebogen unter Verwandten und Bekannten an möglichst viele Personen verschiedenen Alters verteilt werden.

Auswertung des Fragebogens: Mindestens 50 vollständig ausgefüllte Bogen sollten ausgewertet werden. Im Auswertungsblatt wird durch eine Strichliste festgehalten, wie viele Personen welche Bewertung abgegeben haben. Die durchschnittliche

Bewertung für jede Aussage wird in eine Skala übertragen. Das so gewonnene Imageprofil spiegelt das Bild des Ortes, in dem die Befragung stattfand, in der Meinung der Befragten wider.

1.5 Referat

Aufgaben des Referats

Das mündliche Referat ist eine Methode der Wissensvermittlung, mit der die Zuhörer belehrt und zum Mitdenken angeregt werden sollen. Deshalb verzichtet man auf einen schriftlich ausformulierten Text, den man ohne Hörerbezug und ohne zusätzliche Verstehenshilfen vorliest.

Vortrag des Referats

Man unterstützt die Wirksamkeit seiner Informationen durch zusätzliche Verstehenshilfen:

- Man redet frei. Die freie Rede bedarf der Einübung anhand eines Stichwortzettels.
- Man bemüht sich um Blickkontakt zu den Hörern. Der Einstieg in den Vortrag spielt dabei eine besondere Rolle.
- Man verwendet kurze, möglichst aktivisch formulierte Sätze und fügt Zwischenzusammenfassungen ein.
- Man redet nicht länger als 30 Minuten.
- Man verteilt ein Thesenpapier.

Thesenpapier zum Referat, Gliederung:

1. Name des Referenten/der Referentin
2. Datum des Vortrags
3. Thema des Referats
4. Gliederung des Referats:
   - in Stichworten oder in Thesen den Inhalt wiedergeben
   - kurze Zusammenfassungen oder Ergebnisse formulieren
   - eventuell wichtige Daten, Datierungen, Namen, Orte angeben
5. Literaturhinweise.

Anfertigung des Referats

Man verfährt bei der Anfertigung des Referats genau umgekehrt wie bei dessen Vortrag. Man klärt also nacheinander folgende Fragen:

1. Was ist das Ziel des Vortrags?
2. Wie ist die gedankliche Abfolge, die den Hauptteil des Referats bildet, zu gestalten?
3. Wie ist der Einstieg zu gestalten?

Demnach bestimmt man zuerst den Kern des Referats und formuliert ihn in einem Zwecksatz. Zur Findung einer logischen, von Gedankensprüngen und Abschweifungen freien gedanklichen Abfolge kann man folgende Leitfragen benutzen:

- Was soll dargelegt, erklärt, bewiesen oder widerlegt werden?
- Welcher Mittel kann man sich dabei zur Veranschaulichung bedienen?
- Welches Material aus der Stoffsammlung ist im Hinblick auf das Ziel des Referats von Bedeutung?
- Welche Thesen, Argumente, Beispiele, Gesichtspunkte sind methodisch notwendige Schritte auf dem Weg zum Ziel?
- Welche Gedanken sollen besonders herausgestellt werden?
- Wie ordnet man die zu behandelnden Punkte an, damit sie folgerichtig und überzeugend zum Ziel führen?

Der Einstieg soll zum Thema hinführen, Interesse wecken und zum Mitdenken anregen.

1.6 Raumanalyse

Zielsetzung der Raumanalyse

Durch seine wirtschaftliche Tätigkeit löst der Mensch sozioökonomische Prozesse aus und schafft dadurch Raumsysteme, die Wirtschafts- und Sozialräume der Landschaftssphäre. Sie will der Geograph mithilfe der Raumanalyse erfassen. Geographen verfolgen dabei zwei Zielsetzungen, die Raumbeobachtung und die Raumbeschreibung. Die Raumbeobachtung umfasst die Analyse der raumgestaltenden Geofaktoren und sozioökonomischen Kräfte sowie deren Verflechtung und Dynamik. Mit der Raumbeschreibung wird die Individualität eines geographischen Raumes erläutert sowie dessen Veränderungen und Nutzungswandel (Landschaftswandel) dargestellt. Laufende Raumbeobachtung und Raumbeschreibung dokumentieren raumverändernde Prozesse sowie den Wandel von Räumen, sie geben Raumplanern, Behörden und Politikern Entscheidungshilfe für zukünftige Raumnutzung, für Raumordnung sowie Landschafts- und Umweltschutz.

Arbeitsplan zur Raumanalyse

Nachdem das Thema der Raumanalyse gefunden ist, wird ein Arbeitsplan erstellt. Er umfasst Arbeitsschritte zur Vorbereitung, Durchführung und Nachbereitung der Raumanalyse.

1. Vorbereitung der Raumanalyse

1.1 Wahl des Untersuchungsgebietes
Entscheidend für die Wahl des zu untersuchenden Raumausschnittes ist nicht dessen Größe, sondern

der Grad des Zugriffs auf Informationen. Deshalb ist der Nahraum besonders geeignet, weil er durch Feldstudien erforscht werden kann. Das Untersuchungsgebiet muss eindeutig abgegrenzt werden. Als Kriterium eignen sich besonders Naturraumgrenzen und Verwaltungsgrenzen.

1.2 Überblicksexkursion
Um einen ersten Einblick in den zu untersuchenden Raum zu gewinnen, wird eine Exkursion in das Untersuchungsgebiet durchgeführt. Dabei sollen dominante Raumfaktoren erkannt werden, sodass die Formulierung einer Arbeitshypothese möglich wird. Karten und Berichte in Zeitungen und anderen Medien dienen zur Vorbereitung der Exkursion.

1.3 Formulierung von Arbeitshypothesen
Arbeitshypothesen sollen helfen Behauptungen und Fragestellungen, Regelhaftigkeiten oder Gesetzmäßigkeiten zu überprüfen und zu erfassen. Geeignet sind Wenn-dann-Aussagen bzw. Je-desto-Aussagen.

2. Durchführung der Raumanalyse

2.1 Aufstellen eines Arbeitsplans
Die Durchführung der Raumanalyse setzt die Aufstellung eines Arbeitsplans voraus. Dabei sind vor allem folgende Gesichtspunkte zu beachten:

- Auswahl der Arbeitsweisen, die zur Anwendung kommen sollen. Geographische Arbeitsweisen sind einerseits Feldstudien (z. B. Befragung, Beobachtung, Kartierung, Betriebserkundung, Bodenuntersuchung), andererseits Literaturstudien (z. B. Statistik, Karte, Urkunde, Bild, Fachzeitschrift, Fachbuch, Lokalzeitung).
- Vergewisserung der Informationen, die benötigt werden. Wie und durch wen können sie beschafft werden?
- Festlegen, welche Erscheinungen, Faktoren, Kräfte untersucht werden sollen, z. B. Geofaktoren wie Relief, Geländeklima, Boden, Vegetation und Kulturfaktoren wie Bevölkerung, Siedlungsweise, Verkehrsnetz, landwirtschaftliche Betriebsformen und Betriebstypen, Standortmuster des sekundären Sektors, Zentralität im tertiären Sektor sowie historische und politische Kräfte.

- Formulierung von Arbeitsaufträgen und Bildung entsprechender Arbeitsgruppen.

2.2 Analysephase
In der Analysephase werden die vorgesehenen Feldarbeiten und Literaturstudien in Bezug auf die Analyse der Erscheinungen, Faktoren und Kräfte durchgeführt. Die gewonnenen Ergebnisse werden notiert, kartiert, tabelliert.

2.3 Synthesephase
Die Ergebnisse der Analysephase werden zueinander in Beziehung gesetzt. Im Einzelnen können folgende Wechselwirkungen verfolgt werden:

- Wirkungsgefüge zwischen Geofaktoren und Kulturfaktoren
- Systemzusammenhang von Gesellschaft – Wirtschaft – Politik in Bezug auf raumstrukturelle Veränderungen.

Abschließend erfolgt eine Systematisierung und zusammenhängende Darstellung der Ergebnisse bzw. die Charakterisierung des untersuchten Raumausschnitts.

2.4 Nachbereitung
Zur Nachbereitung der Raumanalyse zählen die kritische Beurteilung und Dokumentation der Ergebnisse. Die kritische Beurteilung bezieht sich auf:

- die Wahl und Abgrenzung des Untersuchungsgebietes
- die verwendeten Arbeitsweisen sowie die Durchführung der Feldarbeit und der Literaturstudien
- den Umfang und die Aussagekraft der Ergebnisse sowie deren Verwendungsmöglichkeiten im Rahmen kommunaler oder regionaler Planungsvorhaben.

Die Dokumentation kann im Rahmen einer Schulveranstaltung (z. B. Tag der offenen Tür), in der Schülerzeitung, in der Lokalzeitung erfolgen. Außerdem bietet sich bei entsprechender Thematik eine öffentliche Diskussion der Raumanalyse mit Vertretern aus Politik und Wirtschaft an.

2. Kartenkunde

2.1 Kartennetzentwürfe

Erdgestalt und Erddarstellung. Die Erde ist ein kugelähnlicher Körper, dessen Oberfläche sich nur auf dem Globus wirklichkeitsgetreu abbilden lässt. Die kugelähnliche Erdoberfläche lässt sich weder ganz noch teilweise ohne Verzerrung in die Ebene des Kartenblattes bringen. Die Verzerrungen werden umso größer, je größer der abzubildende Teil der Erdoberfläche ist. Deshalb stellt sich das Problem der flächen-, längen- und winkeltreuen Darstellung besonders auf Kontinent- und Erdkarten.

Flächentreue. Die Flächen bestimmter Figuren auf dem Globus werden auf der Karte in derselben Größe dargestellt.

Längentreue. Die Abstände zwischen zwei Punkten auf dem Globus werden auf der Karte in derselben Länge wiedergegeben. Die abstandstreue Wiedergabe aller Strecken ist aber in einer Karte nicht zu erreichen. Nur auf großmaßstäbigen Karten kann eine für praktische Zwecke ausreichende Längentreue erzielt werden.

Winkeltreue. Der Winkel zwischen Verbindungslinien, die von einem Punkt zu benachbarten Punkten auf dem Globus führen, sind in der Karte gleich groß.

Kartennetzentwurf. Bei der Abbildung der kugelförmigen Erdoberfläche auf der Kartenebene verwenden die Kartographen drei Methoden. Sie projizieren das Gradnetz auf einen Zylindermantel (Zylinderprojektion) oder auf einen Kegelmantel (Kegelprojektion) oder auf eine ebene Fläche (Azimutalprojektion).
Alle diese so genannten echten Projektionen ergeben keine brauchbaren Abbilder. Deshalb werden die meisten Kartennetze auf der Grundlage von Projektionen berechnet. So entstehen Kartonnetzentwürfe.

Bei der **Zylinderprojektion** wird der Globus in einen Zylinder gesteckt. Projiziert man von der Kugelmitte aus das Gradnetz der Erde auf den Zylindermantel, so entsteht ein Netz sich rechtwinklig schneidender Breiten- und Längenkreise. Nur derjenige Breitenkreis, in dem sich der Globus und der Zylinder berühren bzw. durchdringen, hat auf beiden die gleiche Länge. Im Allgemeinen ist das der Äquator. Alle anderen Breitenkreise sind auf dem Zylindermantel ebenso lang wie der Äquator. Der Abstand der Breitenkreise wird nach den Polen zu immer größer. Der Pol selbst wir nicht mehr abgebildet; er liegt im Unendlichen.

Bei der **Kegelprojektion** wird ein Kegel über den Globus gestülpt. Auf dem abgewickelten Mantel erscheinen die Breitenkreise als konzentrische Kreise um die Kegelspitze, unter der der Pol liegt. Die nördlich und südlich des zu wählenden Berührungsbreitenkreises liegenden Breitenkreise werden verlängert. Die Längenkreise werden als Geraden abgebildet, die sich im Pol schneiden.

Bei der **Azimutalprojektion** berührt eine ebene Abbildungsfläche den Globus in einem Punkt. Die Lage des Berührungspunktes bestimmt die Form der Breiten- und Längenkreise. Berührt die Projek-

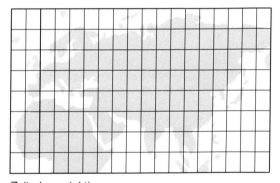

Zylinderprojektion

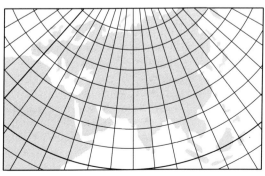

Kegelprojektion

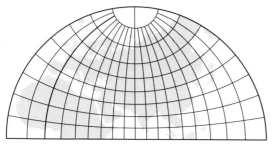

Azimutalprojektion

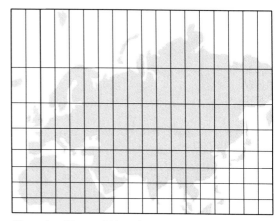

Mercator-*Entwurf (1569)*

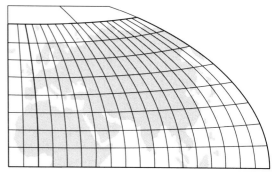

Winkels *Entwurf (1913)*

tionsfläche den Globus am Pol (polständige Azimutalprojektion), so werden die Längenkreise vom Pol ausstrahlende Geraden. Liegt der Berührungspunkt am Äquator (äquatorständige Azimutalprojektion), so werden nur der Äquator und der Mittelmeridian gerade Linien, die übrigen Meridiane wölben sich dem Mittelmeridian zu, die Breitenkreise vom Äquator fort.

Mercator-Projektion. *G. Mercator* schuf 1569 den für die Seefahrt seitdem grundlegenden Mercatorentwurf, da sich in dieser Abbildung die Linie konstanten Kurswinkels, die Loxodrome, als Gerade darstellt. Die *Mercator*-Karte ist ein zylindrischer Kartennetzentwurf mit längentreuem Äquator, bei dem bereits in den Mittelbreiten die Form- und Flächenverzerrungen unvorteilhaft werden. Deshalb wird dieser Entwurf für Erddarstellungen heute nicht mehr verwendet.

Peters-Karte. Der von *A. Peters* (1973, 1976) vorgelegte Entwurf einer flächentreuen Erddarstellung, der durch eine geringfügige Änderung der *Behrmann*'schen flächentreuen Schnittzylinderprojektion (1909) entsteht, enthält besonders in Äquatornähe grobe Form- und Längenverzerrungen. Deshalb hatte *W. Behrmann* seinen Entwurf bereits als ungeeignet bezeichnet.

Vermittelnde Abbildungen. Grundsätzlich muss der Kartograph zwischen Winkel- und Flächentreue wählen. Ist nämlich die Abbildung flächentreu, dann treten große Winkelverzerrungen auf, ist die Abbildung winkeltreu, dann sind umgekehrt die Flächenverzerrungen groß. Bei der vermittelnden Abbildung werden die Winkel- und Flächenverzerrungen auf eine vertretbare Größe gebracht.

Winkels Entwurf. Der Leipziger Kartograph *O. Winkel* entwickelte 1913 einen vermittelnden Kartennetzentwurf aus der Mischung einer Kegelprojektion mit einer Azimutalprojektion. So entsteht eine in der Formgebung gefällige Darstellung der Erdoberfläche, die zwischen Flächen- und Winkeltreue vermittelt. Der *Winkel*'sche Entwurf wird deshalb für Erdkarten verwendet.

2.2 Karteninhalt

Darstellung der Landschaftssphäre

In der Karte wird das dreidimensionale Landschaftsbild in einer Ebene verkleinert abgebildet. Das erfordert die Anwendung einer Kartenprojektion und eines Maßstabes. Die Verkleinerung wiederum verlangt nach einer vereinfachten Darstellung der Inhalte. Unwesentliches muss von wesentlichen Inhalten durch Generalisierung unterschieden werden. Durch Kartenzeichen wird die dargestellte Landschaft erläutert. Diese kartographische Zeichensprache erhält eine der Schriftsprache ähnliche Aufgabe.

Maßstab. In der Karte wird das Landschaftsbild in einer Ebene verkleinert abgebildet. Das erfordert die Anwendung eines Maßstabs. Er gibt das Ausmaß der Verkleinerung gegenüber der Wirklichkeit an. Der Maßstab ist das Verhältnis zwischen der Entfernung zweier Punkte auf der Karte und ihrer Entfernung auf der Erdoberfläche.

Kleine Maßstäbe (1 : 1 000 000 oder kleiner) bilden die Wirklichkeit klein ab und zeigen einen großen Ausschnitt der Erdoberfläche oder die gesamte Erde.

Große Maßstäbe (1 : 200 000 oder größer) bilden die Wirklichkeit groß ab und zeigen einen kleinen Ausschnitt der Erdoberfläche.

Generalisierung. Vom Maßstab der Karte hängt ihr Inhalt ab. Bei großen Maßstäben können viele einzelne Objekte noch grundrissgetreu abgebildet werden. Die Einzelerscheinungen sind aber so vielgestaltig und zahlreich, dass nicht einmal bei sehr großem Maßstab Vollständigkeit möglich ist. Die Verkleinerung verlangt eine Vereinfachung und eine Auswahl der dargestellten Objekte. Mit abnehmendem Maßstab wird die Generalisierung immer notwendiger.

Durch **Kartenzeichen** (Legende) wird die dargestellte Landschaft erläutert. Die geographischen Objekte werden so in eine Zeichensprache umgesetzt, dass die kartographische Darstellung eine der Schrift ähnliche Aufgabe erhält. Dem Kartenzeichner stehen an Darstellungsmitteln neben den Kartenzeichen als Flächen-, Strich- und Punktsignatur sowie figürlicher Darstellung verschiedene Farben und die Schrift zur Verfügung. Die gute Lesbarkeit der Karte wird durch eine zweckmäßige Anwendung der Darstellungsmittel erreicht.

Die **Karte** ist eine verkleinerte und durch bestimmte, der Karte eigene Zeichen (Legende) erläuterte zeichnerische Darstellung der Erdoberfläche oder eines Ausschnittes davon.

Die **Höhendarstellung** in der Karte soll die Geländeformen geometrisch richtig wiedergeben und zugleich eine plastische Vorstellung vermitteln. Sie soll es ermöglichen, die Oberflächengestalt einer Landschaft zu beschreiben (Orographie; oro, griech. = Berg; graph, griech. = Schrift). Diesen Forderungen kann der Kartograph nur entsprechen, wenn verschiedene Darstellungsformen zweckmäßig miteinander verbunden werden: durch Höhenlinien, Höhenstufen, Schummerung, Schraffen.

Höhenlinien. Auf topographischen Karten großer Maßstäbe wird die Oberfläche der Erde durch Höhenlinien (Isohypsen; iso, griech. = gleich; hyp-

so, griech. = Höhe) dargestellt. Die Höhenabstände der ausgewählten Höhenlinien müssen immer gleich sein, damit folgende Regel gilt: Je dichter die Höhenlinien liegen, desto steiler ist der Hang. Je größer der Abstand zwischen den Höhenlinien, desto flacher ist das Gelände.

Höhenstufen. Sind die Höhenabstände der ausgewählten Höhenlinien groß, dann können die zwischen den Höhenlinien liegenden Flächen farbig angelegt werden. Den Höhenstufen entsprechen jedoch keine Stufen in der Landschaft.

Durch **Schummerung** wird über den Gegensatz von hell und dunkel der Eindruck von flach und steil hervorgerufen. So erscheint das Gelände plastisch.

Schraffen. Bei senkrechter Beleuchtung eines Geländes erscheinen steile Hänge dunkel, flache dagegen heller. Dementsprechend werden durch Striche verschiedener Länge und Stärke Geländeformen anschaulich dargestellt. Bei Böschungen über 35° werden die Hänge in der Schraffenkarte aber so dunkel, dass andere Eintragungen schwer zu lesen sind.

Physische Übersichtskarten zeigen die Oberflächengestalt, das Gewässernetz, die Grenzen der Staaten sowie in Auswahl Städte und Verkehrswege. Man verwendet Farbflächen für die Darstellung der Oberflächengestalt und der Seen, farbige Linien für die Staatsgrenzen und Verkehrswege, farbige Punktsignaturen für die Städte.

Für die Farbflächen der Oberflächengestalt gilt: je höher das Land, desto dunkler die Farbe (grün – gelb – braun); je tiefer das Meer, desto dunkler die blaue Farbe.

Man beachte: In einer physische Karte bedeuten grüne Flächen Tiefland, in einer Karte zum Thema Bodennutzung Wald oder Grünland. Die grüne Flächenfarbe stellt in beiden Karten keinen fruchtbaren Boden dar.

Thematische Karten zeigen verschiedene geographische Erscheinungen der natürlichen und gesellschaftlichen Umwelt, z. B. Wirtschaftskarten die Verbreitung von Bergbau, Industrie, Land- und Forstwirtschaft oder politische Karten die Gliederung der Erde und Kontinente in Staaten bzw. die Verwaltungsgliederung eines Staates in Länder, Kreise und Gemeinden.

Einteilung der Karten nach der inhaltlichen Gestaltung
(z. T. nach *E. Breetz,* 1974 und *F. W. Achilles,* 1983)

Kartentypen	Verwendung/Inhalt
Topographische Karten	Allgemeine Orientierung Grundinformationen über einen Erdraumausschnitt
Allgemeine geographische (physische) Karten	Allgemeine Groborientierung Übersichtskarten zur regionalen, nationalen, kontinentalen und globalen Dimension Vielseitige allgemein geographische Aussage über den abgebildeten Raum
Thematische Karten	Spezielle Fein- bis Groborientierung je nach Maßstab
zur physischen Geographie	Geologische, geomorphologische, klimatologische, bodenkundliche, gewässerkundliche, vegetationskundliche Inhalte
zur Kulturgeographie und angewandten Geographie	Historische, politische, soziologische, städtebauliche, raumplanerische, demographische, religiöse, völkerkundliche, landwirtschaftliche, industriewirtschaftliche, dienstleistungsbezogene, handels- und verkehrsbezogene Inhalte
Karten nach Art der Aussage	Verwendung in Schule, Hochschule, Politik und Wirtschaft
Qualititative Karten	Standorte, Vorkommen, Verbreitung bestimmter Erscheinungen
Quantitative Karten	Größen- und mengenmäßige Aussagen über bestimmte Erscheinungen
Karten nach Art ihrer Komplexität	
Analytische Karten (elementar analytisch)	Quantitative und/oder qualitative Aussagen über einen Sachverhalt
Analytische Karten (komplex analytisch)	Quantitative und/oder qualitative Aussagen über mehrere Sachverhalte zusammen
Synthetische Karten	Konkrete räumliche Sachverhalte (qualitativer und/oder quantitativer Art) sind koordiniert

Amtliche deutsche Kartenwerke

Maßstab	Bezeichnung	Kürzel
Topographische Karte 1:5000	Deutsche Grundkarte 20-cm-Karte	DGK 5
Topographische Karte 1:25000	Messtischblatt 4-cm-Karte	TK 25
Topographische Karte 1:50000	2-cm-Karte	TK 50
Topographische Karte 1:100000	1-cm-Karte (Generalstabskarte)	TK 100
Topographische Karte 1:200000	Topographische Übersichtskarte 1/2-cm-Karte	TÜK 200
Topographische Karte 1:300000	Übersichtskarte von Mitteleuropa 1/3-cm-Karte	
Topographische Karte 1:1 Mill.	Internationale Weltkarte 10-km-Karte	IWK

2.3 Verwendung und Bedeutung der Karte

Topographische Karten liefern exakte Angaben über die Beschaffenheit der Erdoberfläche. Sie dienen vor allem der allgemeinen Orientierung über Oberflächengestalt, Gewässernetz, Verkehrswege, Siedlungssystem und Bodendeckung einer Landschaft.

Für den Bodenverkehr, die allgemeine Verwaltung und in der Politik sind amtliche topographische Karten unentbehrliche Unterlagen, weil sie Grundstücks-, Verwaltungs-, Staats- und andere Grenzen enthalten. Dadurch werden private, öffentliche und politische Zuständigkeiten rechtskräftig festgelegt.

Thematische Karten ermöglichen eine Orientierung über alle natürlichen und vom Menschen hervorgebrachten (anthropogenen; anthropo, griech. = Mensch; gen, griech. = erzeugen) raumbezogenen (geographischen) Sachverhalte bis hin zur Darstellung von Raumplanungen.

Amtliche Kartenwerke werden von staatlichen Behörden hergestellt. Ihnen liegt die Landesaufnahme (Landesvermessung) zugrunde. In der Bundesrepublik Deutschland sind dafür die Landesvermessungsämter für die Gliedstaaten (Kartenwerke 1:5000 bis 1:100000) sowie das Institut für Angewandte Geodäsie in Frankfurt am Main für den Gesamtstaat (Kartenwerke 1:200000 bis 1:1 Mill.) zuständig.

Angewandte Karten sind solche topographische Karten, die besonderen praktischen Zwecken dienen und über die Grundinformation topographischer Karten hinaus Informationen für spezielle Verwendungszwecke enthalten, z. B. Wander-, Straßen-, Luftfahrt-, Seekarten. Angewandte Karten sind somit Mischformen von topographischen und thematischen Karten.

3. Naturressourcen und Rohstoffe

3.1 Grundbegriffe

Naturressourcen (Ressourcen, Naturschätze, Naturreichtümer, Naturgüter, natürliche Hilfsquellen, Quellen der Natur) sind jene Stoffe und Kräfte, die von der Natur ohne Zutun der Gesellschaft zur Nutzung angeboten, vom Menschen genutzt werden oder genutzt werden können. Sie sind Teil der Landschaftssphäre.

Rohstoffe sind Naturstoffe mineralischer, pflanzlicher oder tierischer Herkunft, die in der Landschaftssphäre vorgefunden oder durch Landwirtschaft erzeugt werden, die bis auf die Loslösung aus ihrer natürlichen Quelle noch keine weitere Verarbeitung gefunden haben, die bei der Herstellung eines Erzeugnisses in diesem aufgehen (Rohprodukt) oder mittelbar als Hilfsstoff dabei wirken.

Lagerstätten sind natürliche Anreicherungen nutzbarer Minerale oder Gesteine. Ihr Abbau muss gegenwärtig oder in absehbarer Zukunft möglich sein und wirtschaftlichen Nutzen bringen. Die Lagerstätten können nach der Art ihrer Entstehung, ihrem Mineralgehalt und ihrer Form unterschieden werden.
Entsprechend ihrer Entstehung gibt es magmatische, sedimentäre und metamorphe Lagerstätten. Die magmatischen Lagerstätten haben sich in Tiefen- und Ergussgesteinen gebildet. Hierzu zählen die Primärlagerstätten vieler Erze und Edelsteine. Sedimentäre Lagerstätten sind aufgrund der Ablagerung von Verwitterungsrückständen anderer Lagerstätten (z. B. Gold, Diamanten) oder von organischen Bestandteilen (Kohle) oder aufgrund von Lösungsausscheidungen (Salze) entstanden (vgl. Geographie 1 – kurz & klar, Seite 70).
Hinsichtlich des Mineralgehalts unterscheidet man Lagerstätten mineralischer Brennstoffe (Kohle, Erdöl, Erdgas), Lagerstätten von Erzen, aus denen Metalle gewonnen werden, Lagerstätten wasserlöslicher Salze und Lagerstätten anderer nutzbarer Minerale (z. B. Asbest, Edelsteine, Flussspat, Graphit, Kalk).

Bergbau ist die bergmännische Gewinnung und Förderung nutzbarer Minerale und Gesteine aus ihren natürlichen Lagerstätten. Er umfasst genau betrachtet sechs Bereiche: aufsuchen, erschließen, gewinnen, fördern, aufbereiten, vorhalten.

Tagebau ist das Gewinnen und Fördern – der Abbau – der Ressource unter freiem Himmel. Tagebau wird betrieben, wenn die Lagerstätte an der Erdoberfläche oder unter geringem Deckgebirge liegt.

Tiefbau (Untertagebau) ist das Gewinnen und Fördern – der Abbau – der Ressource, wenn sie tief unter der Erdoberfläche liegt. Dazu wird ein Bergwerk mit Grubenbauen (Schächte, Stollen, Strecken) eingerichtet.

Die **Verfügbarkeit von Ressourcen** ist ein existenzielles Problem des Menschen, weil er sowohl als biologisches als auch gesellschaftliches Wesen auf die Nutzung von Ressourcen angewiesen ist. Stand früher aufgrund des unzureichenden technologischen Entwicklungsstandes die Nutzungsmöglichkeit von Ressourcen im Vordergrund, so könnte zukünftig vor dem Hintergrund des Bevölkerungswachstums und des Massenkonsums in den Industrieländern deren Vorhaltsdauer zum begrenzenden Faktor werden.

Für die **Beurteilung mineralischer Ressourcen** sind der Sicherheitsgrad des Nachweises einer Lagerstätte (geologische Bewertung), ihre technische Gewinnbarkeit (technische Bewertung) und die Bauwürdigkeit der Lagerstätte (wirtschaftliche Bewertung) ausschlaggebend. Die Gesamtvorräte der verschiedenen mineralischen Ressourcen sind unterschiedlich hoch und in jedem Fall begrenzt, deren Vorhaltsdauer kann also nur bedingt angegeben werden. Die tatsächlich vorhandenen Mengen sind gegenwärtig noch nicht abzuschätzen.

Metallgruppen, zu denen mineralische Ressourcen zusammengefasst werden, sind: Schwarzmetalle, Buntmetalle, Leichtmetalle, Edelmetalle, seltene Metalle, radioaktive Metalle.

Schwarzmetall ist eine Sammelbezeichnung für Eisen und Stahlveredlungsmetalle wie Mangan, Chrom, Titan, Nickel, Cobalt, Wolfram, Molybdän und Vanadium.

Buntmetall ist ein Sammelbegriff für ein Gruppe von Schwermetallen außer Eisen, weil sie farbig sind oder farbige Verwitterungsprodukte bilden. Die volkswirtschaftlich wichtigsten Buntmetalle sind Kupfer, Blei, Zink und Zinn.

Leichtmetall ist eine Sammelbezeichnung für Metalle und Legierungen mit geringer Dichte. Die volkswirtschaftliche wichtigsten Leichtmetalle sind Aluminium und Magnesium.

Edelmetall ist eine Sammelbezeichnung für die Metalle, die sehr widerstandsfähig gegen chemische Einflüsse sind. Sie werden z. B. vom Sauerstoff der Luft nicht angegriffen. Die wichtigsten Edelmetalle sind Gold, Silber und Platin.

Seltenes Metall ist eine Sammelbezeichnung für Metalle wie Bismut, Antimon und Quecksilber.

Radioaktives Metall ist eine Sammelbezeichnung für Metalle wie Uran, Radium und Thorium, die ohne äußere Einwirkung dauernd Energie ausstrahlen und dabei allmählich in andere Elemente übergehen.

Biologische Ressourcen sind unverzichtbare Voraussetzung für menschliches Leben. Dazu gehören pflanzliche und tierische Stoffe, die für die Nutzung direkt oder indirekt verfügbar sind oder vom Menschen für seine Zwecke verfügbar gemacht werden.

Kulturpflanzen sind vom Menschen angebaute und der Züchtung und Gentechnologie unterworfene Pflanzen. Alle Kulturpflanzen stammen von Wildpflanzen ab.

Lebensmittel. Stoffe zur Befriedigung des Nahrungsbedarfs oder zum Genuss, die in unverändertem, verarbeitetem oder zubereitetem Zustand aufgenommen werden.

Nahrungsmittel. Lebensmittel, die aufgrund ihres Kohlenhydrat-, Eiweiß- oder Mineralstoffgehalts dem menschlichen Körper als Spender von Energie oder von Aufbaustoffen dienen.

Genussmittel. Lebensmittel, deren Genuss wegen besonderer, auf Zentralnervensystem, Kreislauf und Magensekretion wirkender Inhaltsstoffe als angenehm empfunden wird.

Gewürzpflanzen (Gewürzkräuter, Küchenkräuter) sind meist einheimische Pflanzen, die ganz oder deren Teile frisch oder getrocknet, ihrer Geschmacksstoffe wegen, Speisen zugesetzt werden.

Arzneimittelpflanzen (Arzneipflanzen, Heilpflanzen) sind Wild- oder Kulturpflanzen, deren ober- oder unterirdische Teile zur Herstellung von Arzneien oder zu anderen medizinischen Zwecken verwendet werden. Ihre Zahl übersteigt weltweit 10 000. Der Wert wird durch deren Wirkstoffe bestimmt, wie Alkaloide, Glykoside, ätherische Öle, Bitterstoffe, Schleimstoffe.

Unterernährung. Zustand, in dem der Mensch zu wenig Nahrung erhält.

Mangelernährung. Zustand, bei dem der Mensch genügend, aber zu einseitige Nahrung erhält; vor allem fehlt es an tierischem Eiweiß.

Überernährung. Aufnahme von Nahrungsmitteln mit mehr Energie, als der Körper benötigt.

Pflanzliche Rohstoffe. Unbearbeitete Stoffe pflanzlicher Herkunft, die im produzierenden Gewerbe be- oder verarbeitet werden.

Technische Pflanzen. Nutzung von Pflanzen für technische Verwertungen. Weltweit kommen Faserpflanzen und Holz besondere Bedeutung zu. Die Abgrenzung gegenüber Nahrungsmittelpflanzen ist nicht immer eindeutig, z. B. ist Hopfen auch Heilmittel, Flachs dient auch der Ölgewinnung.

Haustiere (domestizierte Tiere; domesticus, lat. = zum Hause gehörig). Zum Zweck der Nutzung oder aus Liebhaberei gezüchtete oder durch Genmanipulation gewonnene Tierformen. Alle Haustiere stammen von Wildtieren ab.

Tierische Ressourcen umfassen Tiere und tierische Stoffe, die Nahrungsmittel erzeugen, Rohstoffe für technische Verwendungszwecke liefern, Dünger erzeugen, als Arbeits- oder Zugtiere verwendet werden.

Tierische Rohstoffe. Unbearbeitete Stoffe tierischer Herkunft, die im produzierenden Gewerbe be- oder verarbeitet werden.

3.2 Ressourcen der unbelebten Natur

3.2.1 Gliederung mineralischer Ressourcen und Rohstoffe

Mineralische Ressourcen

1.	Metallische Ressourcen
1.1	Schwarzmetallerze: Eisen, Stahlveredler
1.2	Buntmetallerze: Kupfer, Blei, Zink, Zinn
1.3	Leichtmetalle: Bauxit (Aluminium), Magnesium, Lithium, Beryllium
1.4	Edelmetalle: Gold, Silber, Platin
1.5	Erze seltener Metalle: Bismut, Antimon, Quecksilber
1.6	Erze radioaktiver Metalle: Uran, Radium, Thorium
2.	Energetische Ressourcen
2.1	Feste mineralische Brennstoffe: Steinkohlen, Braunkohlen, Torf
2.2	Flüssige und gasförmige mineralische Brennstoffe: Erdöl, Erdgas
3.	Ressourcen nutzbarer Gesteine und Industrieminerale
3.1	Bau- und silicatkeramische Lagerstätten
3.1.1	Festgesteine
3.1.2	Wenig verfestigte Sedimente und Lockergesteine: Sand, Kies, Kieselgur, Tone, Kaolin, Bauxit
3.2	Anorganisch-chemische Lagerstätten

3.2.1 Carbonatgesteine: Kalkstein, Kreide, Dolo-
mit
3.2.2 Sulfate
3.2.3 Phosphatgesteine
3.2.4 Schwefel
3.3   Lagerstätten wasserlöslicher Salze
3.3.1 Halitite (Steinsalz)
3.3.2 Sulfatische Sylvingesteine (Hartsalze)
3.3.3 Carnallitite (Kalisalz)
3.4   Lagerstätten der Industrieminerale: Quarz,
Feldspat, Glimmer, Asbest, Talk, Magnesit,

Calcit, Fluorit, Baryt, Chromit, Graphit, Dia-
mant, Borrohstoffe, sonstige Industrieminerale

Mineralische Rohstoffe = Industrierohstoffe

1. Metallrohstoffe: Erze aller Arte
2. Energierohstoffe: Kohlen, Erdöl, Erdgas, Uran-
erz
3. Bau- und Keramikrohstoffe: Sand, Kies, Tone,
Kaoline, Werksteine
4. Chemische Rohstoffe: Kalk, Salze, Kohlen, Erdöl, Erdgas

Geographie der Lagerstätten

Geotektonische Struktur	Mineralische Ressourcen (Auswahl)	Vorkommen (Auswahl)
Präkambrium (Kryptozoikum) **Alte Schilde:** Metamorphite (Umwandlungsgesteine) und magmatische Gesteine der Urkontinente	Schwarzmetalle Buntmetalle Edelmetalle radioaktive Metalle	Amerika: Kanadischer Schild Guayanaschild Brasilianischer Schild Afrika: Afrikanischer Schild Eurasien: Baltischer Schild Chinesische Masse Indische Masse Australien: Australischer Schild
Phanerozoikum (Erdaltzeit – Erdmittelzeit – Erdneuzeit = Kambrium bis Quartär) **Tafeln:** Sedimentgesteine über magmatischen Gesteinen und Metamorphiten der Urkontinente und alten Gebirgen	Erdöl Erdgas Steinkohle Braunkohle wasserlösliche Salze	Amerika: Innere Ebenen Eurasien: Nordsee Norddeutsches Tiefland Russische Tafel Sibirische Tafel (Westsibirien) Naher Osten Australien: Großes Artesisches Becken (Tiefland des Ostens)
Erdaltzeit (Kambrium bis Perm) **Alte Faltengebirge** (kaledonische und variskische Gebirge): Metamorphite und magmatische Gesteine	Schwarzmetalle Buntmetalle Edelmetalle radioaktive Metalle	Amerika: Appalachen Eurasien: Mitteleuropäische Mittelgebirge Ural Südsibirisches Gebirgsland Australien: Bergländer des Ostens
Erdmittelzeit bis Erdneuzeit (Kreide bis Quartär) **Junge Faltengebirge** (alpidische Gebirge): Metamorphite und magmatische Gesteine	Schwarzmetalle Buntmetalle Edelmetalle radioaktive Metalle	Amerika: Kordilleren (Gebirgsland des Westens und Anden) Eurasien: Dinarisches Gebirge Kaukasus Ostsibirisches Bergland

3.2.2 Metallische Ressourcen

Eisenerz wird seit mehr als 3 000 Jahren genutzt. Der Übergang von der Bronzezeit zur Eisenzeit vollzog sich fließend. Als Erfinder der Eisentechnik gelten die Hethiter. Vom Vorderen Orient gelangte die Kenntnis der Eisenverarbeitung zur Balkanhalbinsel und verbreitete sich dann über ganz Europa. Im 19. Jh. wurde die Eisenproduktion und Eisenverarbeitung zu einer grundlegenden Voraussetzung der Industrialisierung. Seit Mitte des 20. Jh. wird Eisen weltweit in vielen Staaten produziert. Zukünftig wird Eisen und Stahl nicht vollständig ersetzbar sein. Es besteht auch kein Mangel an Vorräten von Eisenerz. Zur Zeit kann die Verfügbarkeit auf 400 bis 500 Jahre angegeben werden.

Das Element Eisen ist am Aufbau der Erde mit rund 40 % beteiligt. Die Erdkruste enthält aber nur 5 %. Die etwa 400 Eisenerze unterscheiden sich nach ihrem chemischen Aufbau: Zu den oxidischen Erzen gehören Magnetit mit 60 – 72 % Eisengehalt, Hämatit mit 40 – 70 % und Limonit-Erze (Brauneisenerze) mit 30 – 60 % Eisengehalt, zu den nicht oxidischen Erzen gehören Siderit (Eisencarbonat) und Pyrit (Schwefelkies, Eisensulfid), die 30 – 40 % Eisen enthalten. Aus den Erzen wird Roheisen durch chemische Prozesse in einer Schmelze unter Zugabe von Koks und Zuschlagstoffen gewonnen. Eisenerzlagerstätten bildeten sich durch Ablagerung, durch Kristallisation und durch Umwandlungsvorgänge. Im mittleren Präkambrium (vor 2,5 Mrd. – 2 Mrd. Jahren) bildeten sich durch Ablagerung in flachen Meeresgebieten vor den Festländern große Itabiritlagerstätten. Sie bestehen vor allem aus Magnetit. Die Lagerstätten treten auf allen Urkontinenten auf. Im Zusammenhang mit den Gebirgsbildungen und dem Vulkanismus der Erdaltzeit (kaledonische und variskische Gebirgsbildung) sowie in der Erdmittel- und Erdneuzeit (alpidische Gebirgsbildung) entstanden durch Kristallisation der aufsteigenden Gesteinsschmelzen und durch Umwandlung von Gesteinen bei hohen Temperaturen in den Gebirgskernen Eisenerzkörper. Sie werden heute z. B. in Mexiko, Peru, Chile, Spanien, in der Türkei und in Österreich abgebaut. Bis vor 60 Jahren wurden sie auch im Siegerland gewonnen.

Manganerz (Manganoxid) liefert das für die Eisen- und Stahlerzeugung unentbehrliche Schwermetall Mangan. Es wurde bereits im Altertum zur Veredlung des Eisens verwendet.

Cobalt-Nickel-Erze enthalten vielfach beide Metalle zu gleichen Teilen. In ägyptischen Gräbern fand man Gläser, die mit Cobalt blau gefärbt waren. Die Cobalterze des Erzgebirges galten im europäischen Mittelalter als Neckerei der Bergkobolde. Erst im 16. Jh. lernte man wieder Kobaltblau herzustellen, das in China schon 1 000 Jahre früher bekannt war.

Kupfer wurde als erstes Metall zu Gebrauchsgegenständen verarbeitet. Es wurde wahrscheinlich schon um 4000 v. Chr. kalt gehämmert. Die älteste Kupferschlacke in Spanien stammt aus der Zeit 3800–3300 v. Chr. Mit Zinn legiert lieferte es die Bronze (Bronzezeit). Die Römer sollen nach *Strabo* in den Kupferbergwerken bei Neu-Carthago in Spanien 40 000 Sklaven beschäftigt haben. „Aes cuprum" wurde von ihnen das von Zypern kommende rote Metall genannt.

Uran ist das schwerste der natürlich auftretenden Elemente. Das wichtigste Uranmineral ist Uranit (Uranoxid). Es wurde bereits 1565 im Erzgebirge als ein pechartiges Erz beschrieben (Pechblende, besonders bei Joachimsthal in Tschechien). Das spaltbare Material ist Uran 235, das im Natururan nur zu 0,711 % vorhanden ist.

In der kontinentalen Kruste ist Uran verhältnismäßig häufig vorhanden. Die Uranreserven befinden sich in Australien, Niger, Südafrika, Kanada, Brasilien, Namibia und den USA. Über die GUS fehlen sichere Angaben. Die Natururanproduktion ist heute auf Kanada, die USA, Südafrika sowie Australien, Namibia und Niger beschränkt.

3.2.3 Energetische Ressourcen

Die **fossilen Brennstoffe Kohle, Erdöl und Erdgas** werden heute von drei Verbrauchergruppen genutzt. Einerseits dienen sie als Energiequelle für Heizungszwecke oder zur Verstromung in Wärmekraftwerken. Andererseits sind es industrielle Rohstoffe in der Eisen schaffenden Industrie und in der chemischen Industrie (Karbochemie und Petrochemie).

Steinkohle hat einen Kohlenstoffgehalt von über 80 %. Sie ist schwarz und besteht allgemein aus dünnen glänzenden und matten Lagen. Die meisten Steinkohlen sind in der Erdaltzeit im Karbon oder Perm entstanden. Ihre Hauptvorkommen liegen im Zuge der variskischen Gebirgsbildungen. Die Veredlung der Steinkohle umfasst verschiedene Verfahren und Nutzungen. Durch Brikettierung wird die Steinkohle im Hausbrand einsetzbar. Die Verkokung war lange Zeit der größte Verwendungszweck. Steinkohlenkoks wird für den Hochofenprozess seit der Erfindung des Kokshochofens um 1750 in Großbritannien als Hilfsstoff benötigt. Die Kohlenchemie hat heute wegen der Konkurrenz durch Erdöl und Erdgas eine geringe Bedeutung. Hergestellt werden kohlenstoffhaltige Adsorptionsmittel wie Aktivkohle, Aktivkokse und Kohlenstoff-Molekularsiebe. Keine wirtschaftliche Bedeutung haben zurzeit die Hydrierung zur Herstellung synthetischer Kraftstoffe (Benzin) sowie die Pyrolyse und Vergasung der Kohle zur Gewinnung von

Heizgasen. Der größte Einsatzbereich ist heute die Stromerzeugung in Wärmekraftwerken.

Braunkohle hat einen Kohlenstoffgehalt von 55–75 %. Sie ist gelbbraun bis schwarzbraun gefärbt. Nachteilig wirkt sich auf die Nutzung der hohe Wassergehalt von 50–60 % aus. Braunkohlen sind allgemein in der Erdneuzeit im Tertiär entstanden. Sie werden überwiegend im Tagebau gewonnen.
Die Veredelung der Braunkohle beschränkt sich heute auf die Stromerzeugung in Wärmekraftwerken. Geringe Mengen Braunkohlenbriketts werden noch als Hausbrand eingesetzt. Die Kohlenwasserstoffchemie auf der Grundlage von Braunkohle hatte im Deutschen Reich und danach in der DDR eine große Bedeutung.

Erdöl ist ein dünn- oder zähflüssiges Gemisch mindestens einiger Hunderte Kohlenwasserstoffe und anderer organischer Verbindungen wie Ölsäuren und Harze sowie einer Reihe von Schwefel- und Stickstoffverbindungen von hellgelber, grauer oder schwarzgrüner Farbe. Tritt Erdöl an die Oberfläche, so bleibt als Verdunstungsrest und durch Oxidation Asphalt zurück. Größere Asphaltvorkommen treten z. B. am Toten Meer auf.
Asphalt (Erdpech) wurde im Vorderen Orient schon vor rund 5 000 Jahren zum Abdichten der Bote verwendet. *Noah* hat seine Arche wohl damit seetüchtig gemacht. Vor 2 000 Jahren stießen die Chinesen auf Erdöl und Erdgas. Sie verwendeten es für Leucht- und Heizzwecke. In Europa diente das Erdöl im Mittelalter – es wurde bei Celle vorgefunden – als Allheilmittel gegen Krankheiten und als Zaubermittel der Alchimisten. Auch den Indianern in Nordamerika waren die Stoffe bekannt. Mit der Erfindung der Erdöldestillation begann die vielfältige technische Nutzung des Rohstoffs. Erdöl und Erdgas sind seit der Mitte des 20. Jh. Energieträger von herausragender Bedeutung.
Erdöl und Erdgas finden sich in Ablagerungsgesteinen vom Kambrium bis zum Tertiär. Die größten Vorkommen liegen in den Aufwölbungen der Tafeln in porösen Speichergesteinen.

Erdgas ist ein brennbares Gas, das hauptsächlich aus Kohlenwasserstoffen besteht. Es bildet sich zusammen mit Erdöl und überlagert in porösen Speichergesteinen meist das Erdöl.

3.2.4 Ressourcen wasserlöslicher Salze

Kalium wird als Düngemittel Kali genannt. Es kommt als Salzmineral vor. Der Kalibergbau und die Kaliindustrie entstanden zuerst bei Staßfurt in Sachsen-Anhalt, als dort 1856 die erste Kalisalzlagerstätte entdeckt wurde. Der Anlass dazu waren

die wissenschaftlichen Erkenntnisse *Justus von Liebigs* über die Bedeutung von Kalium, Stickstoff, Phosphor und Magnesium als Hauptnährelemente der Pflanzen, die er 1840 unter dem Titel „Die Chemie in ihrer Anwendung auf Agrikultur und Physiologie" veröffentlicht hatte. In den folgenden Jahrzehnten entwickelten sich Kalibergbau und Kalichemie nicht nur in Deutschland rasch.
Die Lagerstätten der Kalisalze und aller anderen Salzlagerstätten sind Ablagerungsgesteine (Sedimentgesteine). Sie sind durch Auskristallisation aus salzhaltigen Lösungen entstanden. Die deutschen Lagerstätten stammen aus dem Zechstein (frühe Erdmittelzeit vor rund 200 Mio. Jahren). An der Zusammensetzung der Kalilager sind vor allem folgende Minerale beteiligt: Steinsalz (Natriumchlorid), Sylvin (Kaliumchlorid), Carnallit (Kalium- und Magnesiumchlorid), Kieserit (Magnesiumsulfat) und Anhydrit (Calciumsulfat). Bevorzugt werden abgebaut: Sylvinit = Steinsalz und Sylvin sowie Hartsalz = Steinsalz und Sylvin und Kieserit.
Etwa 95 % der Kaliprodukte werden als Düngemittel verwendet. Der Rest dient als Rohstoff in der chemischen Industrie.

Salz (Natriumchlorid, Kochsalz, Steinsalz) ist für die menschliche Ernährung unentbehrlich und heute unverzichtbarer Rohstoff für die chemische Industrie. Schon 1000 v. Chr. wurde Salz in Hallstatt am Dachstein in Österreich bergmännisch gewonnen. Die Salzgewinnung hatte seit jeher eine große wirtschaftliche Bedeutung. Sie ließ wohlhabende und mächtige Städte entstehen (z. B. Salzburg, Halle an der Saale, Lüneburg). Auf Salzstraßen wurde der Fernhandel betrieben. Um das Salz gab es politische und kriegerische Auseinandersetzungen.
Steinsalz ist wie Kalisalz ein chemisches Ablagerungsgestein. Etwa 10 % des geförderten Salzes werden als Speisesalz benötigt. Das übrige Salz geht als Grundrohstoff in die chemische Industrie. Salz wird benötigt:

1. in der Soda-Fabrik zur Herstellung von Soda und Natriumbicarbonat
1.1 Soda wird benötigt bei der Herstellung von Wasch- und Reinigungsmitteln, Wasserglas, Entschwefelung von Eisen, Farbstoffen, Glas
1.2 Natriumbicarbonat wird benötigt bei der Herstellung von Mineralfutter für Tiere, Feuerlöschpulver, Medikamenten, Backpulver
2. bei der Elektrolyse zur Gewinnung von Chlor und Natronlauge
1.1 Chlor wird benötigt bei der Herstellung von Lösungsmitteln, Glycerin, Expoxidharzen, Feuerlöschmitteln, Desinfektionsmitteln, Mitteln zur Wasseraufbereitung, PVC
1.2 Natronlauge wird benötigt bei der Herstellung von Reinigungsmitteln, Aluminium, Seife, Cellulose (Watte, Papier), Neutralisation von Säuren.

3.3 Ressourcen der belebten Natur

3.3.1 Gliederung biologischer Ressourcen

Gliederung biologischer Ressourcen
(nach *H. Barsch* und *K. Bürger*, 1988)

1. Pflanzliche Ressourcen
1.1 Nahrungsmittelpflanzen
1.1.1 Stärkepflanzen
   - Getreide und landwirtschaftlich kultivierte getreideartige Süßgräser (Weizen, Roggen, Hafer, Mais, Reis, Hirse, z. B. Perlhirse, Rispenhirse, Borstenhirse, Kafir)
   - andere Gräser und Arten anderer Familien (Fuchsschwanzarten, Buchweizen, Reismelde)
   - Knollenfrüchte (Kartoffel, Maniok, Batate, Jam)
1.1.2 Zuckerpflanzen
   - Zuckerrohr, Zuckerrübe, Zuckerpalme, Palmyrapalme, Zuckerhirse, Zuckerahorn
1.1.3 Eiweißpflanzen
   - alle Bohnenarten
   - alle Erbsenarten
1.1.4 Öl- und Fettpflanzen
   - Soja, Erdnuss, Kokospalme, Ölpalme, Sonnenblume, Lein, Sesam, Olive, Raps, Senf
1.1.5 Obstpflanzen
   - Obst der gemäßigten und subtropischen Klimate (z. B. Apfel, Birne, Kirsche, Pflaume, Pfirsich, Weinrebe, Johannisbeere, Stachelbeere, Erdbeere)
   - Obst der subtropischen und tropischen Klimate = Südfrüchte: Ananas, Avocados, Bananen, Zitrusfrüchte/Agrumen (Grapefruit, Pampelmuse, Mandarine, Zitrone, Limonelle, Apfelsine), Datteln, Erdnüsse, Feigen, Granatäpfel, Johannisbrot, Cashewnüsse, Mango, Paranüsse, Pistazien
1.1.6 Gemüsepflanzen
   - Kohlarten (Wirsing, Weißkohl, Rotkohl, Kohlrabi, Rosenkohl, Brokkoli, Blumenkohl), Blattgemüsepflanzen (Gartensalat, Spinat), Wurzelgemüse (Radies, Rettich, Möhre), Zwiebelarten, Spargel, Bambus, Tomaten, Gurken, Kürbis

1.2 Genussmittelpflanzen
   - Kakao, Kaffee, Tee, Tabak, Betel, Colabäume, Schlafmohn
   - Gewürzpflanzen (z. B. Gewürznelkenbaum, Muskatnussbaum, Echter Pfeffer, Vanille, Ingwer, Zimt)
   - Gewürzkräuter: Anis, Basilikum, Beifuß, Bohnenkraut, Dill, Estragon, Fenchel, Knoblauch, Koriander, Kresse, Kümmel, Liebstöckel, Majoran, Melisse, Paprika, Petersilie, Porree, Salbei, Schnittlauch, Sellerie, Thymian, Wermut
1.3 Technische Pflanzen
1.3.1 Faserpflanzen: Baumwolle, Sisal, Jute, Flachs
1.3.2 Latex liefernde Pflanzen: Kautschukbaum
1.3.3 Arzneimittelpflanzen: Fenchel, Baldrian, Pfefferminze, Salbei, Chinarindenbaum, Ginseng
1.3.4 Sonstige Pflanzen: Hopfen, Korkeiche
1.3.5 Holz liefernde Pflanzen
   - Nutzhölzer der gemäßigten Klimate (Fichte, Kiefer, Lärche, Tanne, Douglasie, Buche, Eiche, Ahorn, Birke, Esche, Linde, Pappel, Robinie)
   - Nutzhölzer der subtropischen und tropischen Klimate (Palisander, Mahagoni, Ebenholz, Lara, Teak, Limba, Balsa)
1.4 Sonstige pflanzliche Ressourcen
   - Futterressourcen: Futtergräser, Feldraufutter (Klee, Luzerne, Silomais)
   - Wildfrüchte: Preiselbeere, Heidelbeere (Blaubeere), Pilze
   - Zierpflanzen, Blumen
   - Tang, Algen
2. Tierische Ressourcen
2.1 Fleisch und Milch liefernde Tiere des Festlandes: Rinder, Schafe, Ziegen, Schweine, Esel, Kamele, Yaks, Lamas, Rentiere, Geflügel
2.2 Tierische Ressourcen des Meeres und der Binnengewässer: Fische aller Art, Meeressäuger, Schalentiere u. a.
2.3 Weitere tierische Ressourcen:
   - Insekten (Bienen, Maulbeerseidenspinner, Chinesischer Seidenspinner)
   - jagdbare Tiere (Raubtiere, Rot-, Dam-, Reh-, Schwarzwild, Hasen, Wildkaninchen, Vögel)
   - Arbeitstiere (Pferde, Esel, Kamele, Elefanten, Wasserbüffel).

Biologische Ressourcen der Landschaftszonen

Landschaftszone	Kulturpflanzen	Domestizierte Tiere
Tundren	eingeschränkt auf Gemüseaufbau unter Glas	Rentiere, Zug- und Hirtenhunde
Boreale Nadelwälder (Bereich der polaren agronomischen Kältegrenze)	vorwiegend Nadelwälder mit bedeutender Holznutzung; äquatorwärts zunehmend Rodungsinseln mit: – Ackerbau (Hafer, Gerste, Kartoffeln, Gemüse) – Grünlandnutzung (Dauergrünland, Futterpflanzenanbau)	polwärts im Winter Rentierhaltung; auf Rodungsinseln Rinder, Schweine, Geflügel; Pelztiere; Fütterungswirtschaft
Sommergrüne Laub- und Mischwälder	vorwiegend Kulturland: Getreide (Weizen, Roggen, Gerste, Hafer, Mais) Hackfrüchte (Rüben, Kartoffeln) Sonderkulturen: Obst, Weinrebe, Gemüse (Spargel), Hopfen Dauergrünland und Futterpflanzenanbau Waldwirtschaft	bedeutende Rinder-, Schweine-, Geflügelhaltung; Schafe, Bienen; Pferdezucht; Fütterungswirtschaft ist vorherrschend
Winterkalte Steppen: Wald-, Langgras- und Kurzgrassteppe (Bereich der kontinentalen agronomischen Trockengrenze)	vorwiegend Kulturland: Getreide (Winterweizen, Mais) Hackfrüchte (Zuckerrüben, Kartoffeln) äquatorwärts Sonnenblumen, Baumwolle (z. T. mit Bewässerung) Futterpflanzenanbau Sonderkulturen: Gemüse, Obst	polwärts Fütterungswirtschaft: Rinder-, Schweine-, Geflügelhaltung; Schafe, Bienen Pferdezucht äquatorwärts zunehmend Weidewirtschaft: Rinder-, Schaf-, Ziegenherden
Winterkalte Halbwüsten und Küsten	lokal Sommerfeldbau und Dryfarming (Getreide) sowie Bewässerungsfeldbau in Oasen: Baumwolle, Getreide, Gemüse (z. B. Tomate, Melone, Kürbis, Paprika), Südfrüchte (z. B. Feige, Granatäpfel, Zitrus), Weinrebe	Weidewirtschaft: besonders Schaf-, Ziegen-, Kamelherden (Nomadismus) Kamele und Esel als Lasttiere, Yaks (in Zentralasien), Pferde als Reittiere
Hartlaubwälder der sommertrockenen Subtropen (Bereich der äquatorialen agronomischen Trockengrenze)	vorwiegend Kulturland: Winterfeldbau: Getreide (Weizen, Gerste, Mais), Ölbaum, Weinrebe, Edelkastanie, Korkeiche Bewässerungsfeldbau: Getreide (Reis, Weizen, Mais), Südfrüchte (Agrumen), Obst, Weinrebe, Gemüse (z. B. Aubergine, Artischocke)	vorwiegend Kleinviehhaltung: Esel, Ziegen, Schafe, Geflügel
Lorbeerwälder der Sommer- und immerfeuchten Subtropen	vorwiegend Kulturland: Sommerfeld- und Dauerfeldbau: Getreide (Reis), Tee, Zuckerrohr, Bambus, Palmen, Tabak, Erdnuss	vorwiegend Kleinviehhaltung: Geflügel, Schweine, Maulbeerseidenspinner, Chinesischer Seidenspinner
Halbwüsten und Wüsten der trockenen Tropen	Bewässerungsfeldbau in Oasen: Dattelpalmen, Getreide, Südfrüchte	Kleinviehhaltung in Oasen (Geflügel) Weidewirtschaft: Kamel-, Schaf-, Ziegenherden (Nomadismus)

Landschaftszone	Kulturpflanzen	Domestizierte Tiere
Dorn- und Trockensavannen der wechselfeuchten Tropen (Bereich der polaren agronomischen Trockengrenze)	Regenzeitfeldbau: Hirse, Mais, Erdnuss (Brandrodungswanderfeldbau) Sisalagave (Dauernutzung in Plantagen) lokal Bewässerungsfeldbau: Baumwolle (Dauerfeldbau)	Kleinviehhaltung: Geflügel, Schafe, Ziegen Weidewirtschaft: Rinder-, Schaf-, Ziegenherden (jahreszeitlich gebundener Nomadismus)
Feuchtsavannen der wechselfeuchten Tropen	weitgehend Kulturland: Regenzeitfeldbau: Reis, Mais, Erdnuss (zum Teil Wanderfeldbau), Zuckerrohr, Baumwolle, Erdnuss (Dauernutzung in Plantagen)	Kleinviehhaltung: Geflügel Elefanten und Wasserbüffel als Arbeitstiere
Regenwälder der immerfeuchten Tropen	Dauerfeldbau: Knollenpflanzen (Batate, Maniok, Jam), Mais (Wanderfeldbau) tropischer Plantagenbau oder Pflanzungen mit Dauernutzung: Kaffee, Kakao, Bananen, Öl- und Kokospalmen, Gewürze, Kautschukbaum Holznutzung: Mahagoni, Palisander, Ebenholz, Teak	geringe Kleinviehhaltung, in Lateinamerika Weidewirtschaft (stationäre Weidewirtschaft mit Übergang zur Fütterungswirtschaft)

Ernährungsweisen der Feldbauern bei Selbstversorgung (Subsistenz)

Nährstoffe	L a n d s c h a f t s z o n e n			
	Regenwälder der immerfeuchten Tropen	Savannen der wechselfeuchten Tropen	Hartlaub- und Lorbeerwälder der Subtropen	Laub- und Nadelwälder der gemäßigten Zone
	Vorherrschende Formen des Feldbaus / Nährstoffe liefernde Kulturpflanzen und Haustiere			
	Knollenbau	Knollen- und Körnerbau		
Kohlenhydrate	Batate, Maniok, Jamswurzel (Mais, Reis)	Hirse, Mais, Reis (Batate, Maniok, Jam)	Weizen, Mais, Gerste, Reis	Weizen, Kartoffeln, Roggen
Fette	Nüsse (Kokos-, Ölpalme) (Fisch, Geflügel, Wildtiere)	Erdnuss Rind, Geflügel (Fisch)	Olive, Walnuss (Schwein, Schaf, Fisch)	Rind, Schwein (Geflügel, Schaf, Fisch) Raps, Lein
Eiweiße	(Fisch, Geflügel, Wildtiere)	Erdnuss, Soja, Bohnen, Erbsen, Linsen, Rind, Geflügel (Fisch)	Soja, Erdnuss, Reis, Bohnen Schwein, Schaf, Fisch	Rind, Schwein (Geflügel, Schaf, Fisch) Milch
Vitamine	Bananen (Wildfrüchte) (Batate, Maniok, Jam)	Erdnuss Südfrüchte Gemüse	Agrumen, Obst, Gemüse	Obst, Gemüse
Mineralsalze	Bananen (Wildfrüchte) (Batate, Maniok, Jam)	Südfrüchte Gemüse	Südfrüchte, Agrumen, Obst Gemüse	Obst, Gemüse

3.3.2 Nahrungsmittelpflanzen

Weizen ist über die gesamte Erde verbreitet und somit nicht nur die wichtigste Getreideart neben Reis, sondern auch die Kulturpflanze mit dem höchsten Weltertrag.

Weizen verlangt humose, ton- und kalkhaltige Böden mit einem guten Wasserspeichervermögen. Geeignete Weizenböden sind daher Schwarzerden, Braunerden, Rendzinen und Aueböden.

Weizen benötigt während der Wachstumszeit mäßige Wärme (8–18 °C) und einen humiden Wasserhaushalt (400–900 mm N). Winterweizen verträgt eine geschlossene Schneedecke und Temperaturen bis –22 °C.

Weizen ist ertragsintensiv. Er lässt sich auch bei voller Mechanisierung verlustarm ernten und ebenfalls verlustarm transportieren. Auch deshalb ist Weizen ein geeignetes Welthandelsobjekt.

Roggen war bis zur Mitte des 20. Jh. das Brotgetreide in Mittel- und Osteuropa. Heute werden in Deutschland über drei Viertel der Backwaren aus Weizenmehl hergestellt. Die Weltbedeutung des Getreides ist gering.

Die geringen Wärmeansprüche und die große Widerstandsfähigkeit gegenüber Kälte (Minimum –30 °C) ermöglichen den Anbau nicht nur im kühlgemäßigten Klima der Laubmischwäler, sondern auch im kaltgemäßigten Klima des borealen Nadelwaldes. Roggen verträgt Jahresniederschläge über 600 mm, zumal er auch auf gut filtrierenden Sandböden gedeiht.

Roggen wächst auf allen Böden, sogar auf Moor, da er ein gutes Aneignungsvermögen für Wasser und Nährstoffe besitzt. Optimale Roggenböden sind Braunerden über lehmigen Sanden.

Gerste nimmt die geringste Anbaufläche der Getreidearten auf der Erde ein. Die Nutzung erfolgt vorwiegend als Körnerfrucht zur Schweinemast und als Brotgetreide an der Kälte- und an der Trockengrenze des Getreideanbaus in der gemäßigten Zone, also im Bereich der kaltgemäßigten Klimate der boralen Nadelwälder, sowie in den sommertrockenen Subtropen. Gerste dient ferner zur Herstellung von Graupen und sie liefert für die Bierbereitung den Grundstoff Malz. Als Braugersten eignen sich Sommergerstensorten mit geringem Eiweißgehalt. Sie werden vorwiegend in Süddeutschland, Tschechien und Ungarn angebaut.

Wintergerste ist gegenüber den Klimafaktoren wenig anspruchsvoll und wegen ihrer kurzen Wachstumszeit wird sie als Brotgetreide in Nord- und Südeuropa kultiviert. Sie bevorzugt kalkreiche, humose Lehmböden, wächst aber auch auf sandigen Böden. Für Sommergerste sind Jahresniederschläge zwischen 450 und 550 mm und eine schnelle Bodenerwärmung im Frühjahr günstig. Hinsichtlich des Bodens stellt Sommergerste hohe Ansprüche. Typische Sommergerstenböden sind Schwarzerden und Parabraunerden (Fahlerden) über Lößlehm.

Hafer steht in der Weltgetreideproduktion nach Weizen, Reis, Mais, Gerste und Hirse an fünfter Stelle. Er wird vorwiegend in der gemäßigten Zone Eurasiens angebaut. Insbesondere an der Westseite des Kontinents reicht der Haferanbau weit nach Norden.

Hafer stellt hohe Ansprüche an die Wasserversorgung und er benötigt eine lange Wachstumszeit. Deshalb verträgt er sehr gut das ozeanische warmgemäßigte Klima. Bei guter Wasserversorgung kann Hafer auf fast allen Böden angebaut werden, da er keine besonderen Ansprüche an den Mineralboden stellt.

Hafer wird infolge des hohen Fettgehalts und des günstigen Eiweiß-Stärkewert-Verhältnisses vorwiegend als Futtermittel und zur menschlichen Ernährung als Haferflocken und Hafermehl verwendet. Der Anbau ging in der zweiten Hälfte des 20. Jh. mit zunehmender Mechanisierung der Landwirtschaft zurück, weil Haferkörner das wichtigste Pferdefutter sind („Hafermotor").

Mais wird gegenwärtig sowohl in der gemäßigten Zone als auch in den Subtropen und Tropen angebaut. Mais ist die einzige ursprüngliche Getreideart Amerikas. Im Verlauf seiner tausendjährigen Anbaugeschichte wurde das Getreide zu einer anpassungsfähigen Kulturpflanze gezüchtet. So nimmt Mais heute flächenmäßig die zweite Stelle nach dem Weizen und mengenmäßig nach Weizen und Reis die dritte Stelle in der Weltproduktion ein.

Mais hat ein ausgeprägtes Wärmebedürfnis. Das Keimtemperaturminimum liegt bei 8–10 °C. Am besten gedeiht die Pflanze bei einer Durchschnittstemperatur von 24 °C während der Wachstumszeit, die Sommertemperatur sollte nicht unter 19 °C sinken. Da Mais über eine hohe Niederschlagstoleranz zwischen 250 mm bis 5 000 mm Jahresniederschlag verfügt, gedeiht er sowohl in semihumiden bis semiariden (halbfeuchten bis halbtrockenen) als auch in perhumiden (überfeuchten) Klimaten.

Weniger von Bedeutung ist die natürliche Bodenfruchtbarkeit. Wichtig ist für den Anbau in der gemäßigten Zone eine schnelle Erwärmbarkeit des Bodens. Deshalb sind nasse, kalte Tonböden ungeeignet. Auf nährstoffarmen Sandböden ist eine reichliche Düngung mit Gülle möglich.

Der Mais wird zur Körnernutzung (Körnermais), zum Herstellen von Silofutter (Silomais) und zur Nutzung als Grünfutter (Grünmais) angebaut. In den Subtropen wird Körnermais als Brotgetreide verwendet (Polenta in Italien, Mamaliga in Rumänien und Südrussland). Auch in den Tropen ist Mais ein Grundnahrungsmittel. In den Industrieländern der gemäßigten Zone liefert er dagegen ein hochwertiges Schweine- bzw. Rindermastfutter. In den USA bildet Mais den Gärungsrohstoff für die Whiskyherstellung.

Hirse zeichnet sich durch großen Formenreichtum aus. Zu den Hirsen zählen eine Reihe von Rispengräsern. Die verbreitetsten Arten sind die Durra- oder Sorghumhirse und die noch anspruchsloseren Millethirsen. Hirsen hatten früher in allen Getreidebaugebieten eine grundlegende Bedeutung für die menschliche Ernährung. Sie gehören zu den ältesten Kulturpflanzen. Heute haben sie nur noch in den regenarmen Savannen Afrikas und Asiens ihre Stellung als Grundnahrungsmittel beibehalten. Die wichtigsten Produzenten sind zurzeit Nigeria und Äthiopien.

Hirse hat einen hohen Nährwert. Sie kann aber nur als Brei genossen werden, da wegen des fehlenden Klebergehalts ein Verbacken des Mehls nicht möglich ist.

Die Hirse ist eine Pflanze mit hohen Wärme-, aber geringen Feuchtigkeitsansprüchen. Infolge ihrer kurzen Wachstumszeit kann sie aber auch in der gemäßigten Zone angebaut werden, sofern die Sommer warm sind. An den Boden stellt Hirse geringe Ansprüche. Sie gedeiht auch auf Sandböden.

Reis ist im Weltmaßstab nach Weizen die wichtigste Getreidekultur. In Süd- und Südostasien ist Reis das lebensnotwendige Grundnahrungsmittel.

Eine relativ gute Anpassungsfähigkeit an natürliche und ökonomische Bedingungen, verbunden mit vergleichsweise höheren Erträgen als bei anderen Getreidearten, begünstigt den Reisanbau. Er wird aus diesem Grund bei steigender Nachfrage in allen klimatisch geeigneten Gebieten ausgeweitet. Allerdings befindet sich die Intensivierung des Reisanbaus in den meisten Gebieten noch im Anfangsstadium.

Reis stellt vor allem hohe Ansprüche an die Temperatur. Als Wärme liebende Pflanze braucht er während der Wachstumszeit drei Monate mit mindestens 20 °C. Außerdem hat Reis ein hohes Lichtbedürfnis. Deshalb unterscheiden sich Kurztags- und tagneutrale Pflanzen. Die Kurztagspflanzen sind auf die tropischen Anbaugebiete mit maximal einer Stunde Unterschied zwischen Tag- und Nachtlänge begrenzt. Dagegen erlauben die tagneutralen Pflanzen im Bereich der wechselfeuchten Tropen und der Subtropen den zwei- bis dreimaligen Anbau im Jahr. Als Sumpfpflanze ist Reis auf eine Luft- und Bodenfeuchtigkeit während der Aussaat und der Wachstumszeit angewiesen.

Die **Heimat der Kartoffel** liegt in den südamerikanischen Hochländern der Anden. Dementsprechend wächst sie in einem kühlgemäßigten Klima und begnügt sich mit nährstoffarmen Böden. Am besten gedeiht sie jedoch in einem humosen Lehmboden. Deshalb hat die Kartoffel einerseits eine weite Verbreitung bis in subpolare Gebiete gefunden, andererseits konnten die sandig-lehmigen Grund- und Endmoränenböden im europäischen Tiefland zum Hauptkartoffelanbaugebiet werden. In Deutschland ist die Kartoffel seit dem Jahre 1588 bekannt. Mehr als ein Drittel der Kartoffelwelternte entfällt auf die Länder Deutschland, Polen, Russland und Weißrussland sowie die baltischen Staaten, in denen sie ein Grundnahrungsmittel darstellt. Für den Export ist die Kartoffel schlecht geeignet, da sie gegen Wärme und Kälte empfindlich ist.

Der Hauptwert der Kartoffel liegt in ihrem hohen Stärkegehalt, durch den sie außer als Grundnahrungs- auch als Futtermittel und als Rohstoff für die chemische Industrie zur Herstellung von Alkohol geeignet ist.

Maniok ist in Südamerika beheimatet. Die Verbreitung über die tropische Zone wurde durch Portugiesen ausgelöst, die die Pflanze zunächst von Brasilien nach ihren Stützpunkten an der afrikanischen Küste brachten. Heute wird Maniok in nahezu allen immerfeuchten tropischen Gebieten angebaut.

Maniok gehört zur Familie der Wolfsmilchgewächse. Die mehrjährige Pflanze entwickelt am Stängelgrund 30–50 cm lange, 5–10 cm dicke Knollen mit einem Gewicht von 2–4 kg. Unter günstigen Bedingungen können die Knollen auch bis zu 1 m Länge und 20 kg Gewicht heranwachsen. In den ausgereiften Knollen beträgt der Stärkeanteil etwa 30 %. Die Knollen enthalten aber auch Blausäure, sodass bei Rohgenuss oder unzweckmäßiger Zubereitung tödliche Vergiftungen auftreten können.

Maniok beansprucht ein humides tropisches Klima. Bei Temperaturen unter 10 °C kommt das Wachstum zum Stillstand. Auch leichten Frost von kurzer Dauer verträgt die Pflanze nicht. Weniger anspruchsvoll ist Maniok gegenüber dem Wachstumsfaktor Wasser. Er gedeiht noch bei Jahresniederschlägen von 500 mm. Für höhere Erträge sind jedoch gleichmäßig verteilte Regenmengen von etwa 1 500 mm im Jahr notwendig.

Günstig für gute Erträge sind tiefgrundige, lockere Böden mit einem hohen Gehalt an Nährstoffen und organischer Substanz. Am geeignetsten sind sandige Lehmböden. Aber auch auf nährstoffarmen Böden, wo andere Kulturpflanzen kaum noch gedeihen, liefert Maniok bescheidene Erträge.

Bereits zwei Tage nach der Ernte können die Knollen faulen. Weite Transporte und eine längere Vorratshaltung sind deshalb nicht möglich. Für den Export werden die Knollen geschält, gewaschen, zerkleinert und getrocknet oder sie werden zu Tapioka, einem Stärkeprodukt, verarbeitet.

Jam (Yams, Jamswurzel) wurde wahrscheinlich unabhängig voneinander in Asien, Afrika und Amerika kultiviert. Heute nimmt Jam besonders in West-afrika eine führende Stellung als Nahrungsmittel ein.

Fast alle Jamarten sind einjährige Kletter- oder Schlingpflanzen mit krautigen Stängeln, die gegen Ende der Regenzeit absterben. Zur Arterhaltung dienen besonders die verdickten unterirdischen Stängelteile, aus deren Augen sich mit dem Einsetzen der Regenzeit neue Triebe entwickeln. Weil die Knollen viel Stärke enthalten, werden sie als Nahrungsmittel genutzt. Die in der Knolle enthaltenen Giftstoffe machen deren Beseitigung durch Wässern und Kochen notwendig.

Jam benötigt Monatstemperaturen zwischen 25 und 30 °C, einen Jahresniederschlag von etwa 1 500 mm und eine Trockenzeit von 2–5 Monaten. Essbare Jamarten gedeien also in der Feuchtsavanne. Einige Arten vertragen aber auch 10 000 mm oder begnügen sich mit 1 100 mm Jahresniederschlag.

Der Boden muss nährstoffreich sein und organische Substanz enthalten. Am besten sind wegen ihrer guten Wasserführung sandige Lehmböden geeignet.

Nass eingebrachte, verletzte oder Druckschäden aufweisende Knollen faulen schnell. Vollreife und trockene Knollen lassen sich in trockenen, luftigen und schattigen Lagerschuppen mehrere Monate lang aufbewahren. Jamknollen werden gekocht, geröstet, gebacken oder auch als Brei genossen. Im Geschmack ähnelt Jam von allen tropischen Knollenfrüchten der Kartoffel am meisten.

Batate wird seit Jahrtausenden kultiviert. Überwiegend nehmen Wissenschaftler an, dass die Pflanze aus dem tropischen Amerika stammt. Heute ist die Batate eine bedeutende Knollenfrucht in den Tropen und teilweise auch in den Subtropen. Den wesentlichen Anteil an der frühen weltweiten Verbreitung hatten die Spanier.

Die Batate, auch Süßkartoffel genannt, gehört zur Familie der Windengewächse und ist eine einjährige Pflanze. Bei den meisten Spielarten kommen lange, auf dem Boden kriechende Stängel zur Ausbildung. Von deren Knoten entwickeln sich Wurzeln (Adventivwurzeln), die im Boden bis zu 20 cm Tiefe durch Verdickung zu gelblich weißen, gelben, roten oder gescheckten Knollen von länglich spindelförmiger Gestalt heranwachsen. Ausgereift enthalten die Knollen neben Zucker, Eiweiß und geringen Mengen Fett vor allem Stärke.

Die Batate ist eine verhältnismäßig anspruchslose Pflanze der Tropen und Subtropen. Während der kurzen Wachstumszeit von 3,5–5 Monaten muss die Temperatur über 20 °C liegen. Größere Tag-Nacht-Schwankungen sowie Temperaturen unter 10 °C wirken sich ungünstig aus. Bei Frost stirbt die Pflanze ab.

Ein größerer Feuchtigkeitsbedarf besteht nur bei den Jungpflanzen. Ansonsten hängen die notwendigen Niederschlagsmengen weitgehend von der Bodenart ab. In Gebieten mit langer Trockenzeit kann die Batate jedoch nicht angebaut werden, weil die Lagerung des Pflanzgutes von der Ernte bis zur Regenzeit nicht möglich ist.

Hohe Erträge liefern Bataten beim Anbau in nährstoffreichen, lockeren Böden mit guter Wasserdurchlässigkeit. Bei entsprechender Verteilung der Niederschläge sind auch Sandböden geeignet. Entsprechend den verhältnismäßig geringen Ansprüchen kann die Batate in der tropischen Zone noch bis in 2 000 m Höhe angebaut werden.

Neben Maniok und Jam stellen Bataten in den feuchteren Tropen ein Grundnahrungsmittel dar. Ein wesentlicher Nachteil ergibt sich jedoch aus den Schwierigkeiten, die geerntete Knolle zu lagern. Da die ausgereiften Knollen im Boden rasch austreiben, lässt sich die Ernte dem Bedarf entsprechend schlecht regulieren. In Japan und den USA, wo die Batate angebaut wird, sind inzwischen Verfahren zur Lagerung über einige Monate entwickelt worden.

Für den sofortigen Verzehr werden die Knollen als Gemüse zubereitet, gekocht, gebraten oder in Öl geröstet.

Die **Zuckerrübe** wird seit Mitte des 19. Jh. in Mitteleuropa angebaut. Die Zuckerausbeute stieg von dieser Zeit ab durch die Züchtung gehaltvollerer Rüben von 8 auf etwa 20 %. Heute sind die Zuckerrübenanbauländer Europas weitgehend von Rohzuckereinfuhren aus Übersee unabhängig.

Zucker ist ein hochwertiger Nährstoff, da er zu 100 % aus Kohlenhydraten besteht. Die wichtigsten Zucker liefernden Pflanzen sind die Zuckerrübe und das Zuckerrohr.

Die Zuckerrübe verlangt Wärme und sonnige, mäßig feuchte Lagen sowie nährstoffreiche Böden. Sie gedeiht am besten auf den Löß-Schwarzerdeböden der Bördengebiete und auf den Lehmböden der Grundmoränenplatten.

Von den einheimischen Kulturpflanzen bringt die Zuckerrübe die höchsten Erträge an Kohlenhydraten je Flächeneinheit. Der Zuckerrübenanbau ist auch wegen der hohen Hektarerträge und der voll mechanisierten Ernte sehr wirtschaftlich. Da durch längere Lagerung Zuckerverluste auftreten, müssen die Rüben sofort nach der Ernte verarbeitet werden. Die günstigsten Standorte der Zuckerfabriken sind deshalb die Anbaugebiete.

Das **Zuckerrohr** ist eine Pflanze der wechselfeuchten Tropen. Es braucht zum Wachstum Temperaturen über 20 °C und viel Feuchtigkeit. Am günstigsten sind ein gleichmäßiger Temperaturverlauf und ein Jahresniederschlag von 1 200–1 500 mm. Während der „Reifezeit" ist für die Zuckereinlagerung in die Stängel Trockenheit notwendig.

Wenn der höchste Zuckergehalt im Rohr erreicht ist, erfolgt die Ernte, der arbeitsaufwendigste Teil des Zuckerrohranbaus, da große Mengen an Pflanzenmasse geschnitten und transportiert werden müssen. Sie wird in vielen Anbaugebieten noch heute von Hand ausgeführt. Dabei wird das Rohr so tief wie möglich mit scharfen Haumessern geschlagen. Das einwandfreie Rohr wird in Lagen gestapelt und so schnell wie möglich zur Verarbeitung gebracht; denn die Verluste sind bei einer Lagerung in der Sonne sehr hoch.

Schleppertransporte verdrängen heute die aufwendigen Schmalspurbahnen für den Transport zur Fabrik. Neben der Mechanisierung des Verladens und des Transports ist aber auch der Einsatz von Vollerntemaschinen in der Entwicklung begriffen.

Der Anbau von **Öl liefernden Pflanzen** ist schon seit Jahrtausenden in fast allen besiedelten Gebieten der Erde verbreitet. Die gewonnenen Öle und Fette dienen zum größeren Teil der menschlichen Ernährung, aber auch vielfältigen technischen Zwecken. Obwohl in einer Reihe von Ländern Änderungen des Nahrungsmittelverzehrs der Bevölkerung zugunsten der tierischen Fette zu verzeichnen sind und die Herstellung industrieller Fette und Öle aus Kohle und Erdöl rasch ansteigt, nahm der Anteil von Pflanzenölen an der Produktion von Ölen und Fetten in den meisten Industrieländern im letzten Jahrzehnt erheblich zu.

Bis in die Fünfzigerjahre wurden 70–75 % der Weltproduktion an Pflanzenölen in tropischen und subtropischen Ländern erzeugt. Seitdem stieg der Anteil der Industrieländer in der gemäßigten Zone an der Weltproduktion bis auf 55 %. Diese Entwicklung ist scheinbar widersinnig, denn der Ölertrag je Flächeneinheit ist bei tropischen und subtropischen Ölpflanzen deutlich höher als bei den in der gemäßigten Zone anbaufähigen Öl liefernden Pflanzen. Den Ausschlag gibt der hohe Aufwand an Handarbeit bei den baumartigen Ölpflanzen, insbesondere für die Erntearbeit. Dadurch wird eine Erhöhung der Arbeitsproduktivität spürbar gehemmt.

Demgegenüber führen der großflächige Anbau, die Mechanisierung der Bestellungs- und Erntearbeiten, der hohe Düngemitteleinsatz, die Schädlingsbekämpfung und der Einsatz von hochwertigem Saatgut bei Öl liefernden Pflanzen der gemäßigten Zone zu erheblichen Produktionserweiterungen bei hoher Arbeitsproduktivität.

Soja soll schon vor 4 000 Jahren in China und Japan kultiviert worden sein. In Ostasien liegt auch das Ursprungsgebiet der Wildform. Nach Europa gelangte die Soja erst im 18. Jh. Im 20. Jh. erfuhr die Pflanze im Südwesten der USA ihre stärkste Verbreitung. Heute wird in den USA etwa die Hälfte der Welternte eingebracht. Von großer Bedeutung ist der Sojaanbau auch in der Volksrepublik China, in Brasilien und Argentinien.

Soja stellt an Licht, Wärme und Feuchtigkeit besondere Ansprüche. Die Pflanze verlangt bei einer sortenabhängigen Wachstumszeit von 80–200 Tagen viel Wärme und vom Beginn der Samenbildung bis zur Reife viel Feuchtigkeit. Während des Kei-

Öl liefernde Pflanzen

Name	Hauptverbreitungsgebiet
Mehrjährige Ölpflanzen (Bäume und Sträucher)	
Ölbaum (Olivenbaum)	Winterregengebiete der Westseiten, vorwiegend Mittelmeerländer
Kokospalme	Küsten aller tropischen Meere, vorwiegend Ceylon, Philippinen, Malaya, Indonesien, Inseln in Ozeanien
Ölpalme	West- und Zentralafrika, vor allem um den Golf von Guinea; Indonesien, Malaya
Einjährige Ölpflanzen (Feldfrüchte)	
Sojabohne	China, Korea, Japan, Hinterindien, USA
Sonnenblume	Russland, Donauländer, Argentinien
Erdnüsse	Vorderindien, Hinterindien, Indonesien, Japan, Philippinen, Nordchina, Sudan, Nigeria, Senegal, Republik Südafrika, Südstaaten der USA, Mexiko, Brasilien, Argentinien
Baumwollsaat	USA, Indien, Pakistan, Turkmenistan, Urbekistan, Kasachstan, Brasilien, Ägypten, Sudan, Türkei
Leinsaat	Indien, Pakistan, USA, Argentinien, Uruguay, Kanada
Raps	Europa
Mohn	Türkei, Iran, Indien, China
Sesam	Indien, China, Mosambik, Malta, Südfrankreich
Senf	in allen Erdteilen außer Australien

mens müssen die Tage kurz sein, der Boden aber warm und feucht. Somit gedeiht Soja am besten in den Sommer- und immerfeuchten Subtropen auf den Ostseiten der Kontinente, aber auch in den Wechselfeuchten Tropen. Als Gründüngungs- und Futterpflanze liefert Soja in den feuchteren Klimaten höhere Erträge.

Die Ansprüche an die natürliche Bodenfruchtbarkeit sind nicht gering. Am besten eignen sich lockere Ton- und sandige Lehmböden mit ausreichendem Humus- und Kalkgehalt.

Problematisch gestaltet sich die Lagerung der Sojabohnen, weil sie sehr anfällig für Schimmelpilze sind. Die bei keiner anderen Kulturpflanze gegebene Verbindung von hohem Eiweiß- und Fettgehalt, die vielseitige Verwendbarkeit der Sojasamen als Nahrungsmittel sowie der Sojapflanze als Viehfutter und zur Gründüngung gleichen diesen Nachteil jedoch aus.

Die vielseitige Verwendung umfasst:

1. die gesamte Pflanze: Gründüngung, Grünfutter, Heu, Silage, Gemüse
2. unreife Bohnen: Frischgemüse, getrocknet wie gelbe Erbsen, gepökelt oder gefrostet als Konserven
3. reife Bohnen:
   - gekocht, gebacken oder geröstet
   - vergoren als Tempé
   - vermahlen, filtriert und mit Wasser vermengt als Sojamilch, daraus Tofu (Sojaquark), als Sojakäse und Sojasoße (in der Worcestersoße)
   - zur Ölgewinnung als Speiseöl und für Margarine- und Mayonnaiseherstellung sowie zu technischen Zwecken (Seifen, Waschmittel, Farben, Firnis, Kunststoffe)
   - zur Gewinnung von Lecithin
4. Rückstände aus der Ölgewinnung: Sojaschrot, Sojakuchen, Sojamehl sind wertvolle Nahrungsmittel und Kraftfutter
5. Sojakeimlinge als Gemüse.

Die **Erdnuss** stammt aus dem tropischen Südamerika. In Zentralbrasilien wurde die Wildform in früher Zeit von Indianern kultiviert. Die Portugiesen brachten die Pflanze nach Westafrika und Portugal, Portugiesen und Spanier im 17. Jh. nach Ostasien. Heute ist die Erdnuss über die tropische und die subtropischen Zonen verbreitet. Für den Welthandel besonders wichtige Anbaugebiete liegen in Indien, der VR China, den USA, Nigeria, Senegal und Indonesien.

Die Erdnusspflanze ist ein Schmetterlingsblütler. Nach dem Abblühen wachsen die Fruchtstiele der Hülsen zum Boden, sodass sich die Hülsen in den Boden bohren können und unterirdisch reifen.

Die Erdnuss verlangt während ihrer verhältnismäßig kurzen Wachstumszeit von 3–5 Monaten ein tropisches und frostfreies Klima. Günstig sind gleichmäßig hohe Temperaturen um 30 °C bei geringen Tagesschwankungen. Außerdem sollten die Jahresniederschläge bei 500 mm liegen, wobei der Niederschlag von der Blüte bis zur Fruchtentwicklung besonders wichtig ist. Demnach eignen sich für den Erdnussanbau insbesondere die Savannenklimate der wechselfeuchten Tropen, aber auch die Sommer- und immerfeuchten Subtropen der Ostseiten.

Die Anforderungen an die natürliche Bodenfruchtbarkeit sind für einen ertragreichen Anbau weniger von Bedeutung.

Erdnüsse sind wegen ihres hohen Fett- und Eiweißgehalts besonders wertvoll. Darüber hinaus enthalten sie verhältnismäßig viel Vitamin B und E. Die Samen werden geröstet und teilweise in gesalzener Form direkt verzehrt. Brotaufstrich und Erdnussbutter gewinnt man durch Vermengung geschälter und gemahlener Erdnüsse mit Sojamehl, Malz, Hafermehl oder Gelee. Außerdem wird aus den Nüssen Erdnussöl gepresst, das als Speiseöl, zur Erzeugung von Margarine oder von Produkten der Seifenindustrie verwendet wird. Die Rückstände dienen in Form von Presskuchen als Kraftfutter.

Die **Kokospalme** hat ihre Heimat wahrscheinlich in Melanesien im westlichen Pazifischen Ozean. An ihrer Verbreitung waren hauptsächlich europäische Seefahrer beteiligt, die die Kokosnuss als gut lagerungsfähiges Nahrungsmittel auf Seereisen mitführten. Heute wächst die Palme in der tropischen Zone an allen Küsten des Festlandes, der Inseln und landeinwärts längs der Flussufer.

Die Kokospalme ist ein ausgesprochenes Tropengewächs mit hohen Ansprüchen an die Niederschlags- und Temperaturverhältnisse. Die mittlere Jahrestemperatur muss bei 25 °C liegen und die Tages- und Jahresschwankungen dürfen nicht mehr als 6–7 °C betragen. Jahresniederschläge, die über 1 000 mm liegen und über das Jahr gleichmäßig verteilt sind, gewährleisten gute Erträge. Eine hohe Luftfeuchtigkeit und viel Sonnenschein runden die Wachstumsbedingungen, wie sie die immerfeuchten Klimate der tropischen Regenwälder in den Küstentiefländern bieten, ab.

Bei den hohen Jahresniederschlägen muss der Boden sowohl wasserdurchlässig sein als auch eine hohe Wasserspeicherfähigkeit aufweisen.

Von der Kokospalme ist jeder Teil zu verwerten:

1. Endsprossen des Stammes als Gemüse (Palmkohl)
2. Blätter zur Dachdeckung
3. Stammholz zur Möbelherstellung und als Bauholz
4. Faserhülle der Nuss liefert Kokosfaser (Kokosbast, Coir) für Spinnereizwecke: Schnüre, Schiffstaue, Matten, Rosshaarersatz

5. Steinschalen der Nuss als Brennmaterial und zur Herstellung von Gefäßen, Löffeln, Schmuck
6. Zuckerhaltiger Saft aus angezapften oder abgeschnittenen Blütenständen gibt durch Einkochen Palmzucker, durch Gärung Palmwein, daraus nach Destillation Arrak
7. Kokosnuss als Nahrungsmittel:
   a) weißes, faseriges Samenfleisch:
      – geraspelt und ausgedrückt, liefert Kokosmilch
      – zerschnitten und getrocknet, liefert Kopra:
      – Auspressen von Kopra liefert Kokosöl (auch Koprafett, Kopraöl), Verwendung als Speisefett (Kokosfett, Kokosbutter, Nussbutter) und zur Herstellung von Margarine, kosmetischen Mitteln, Seifen, Kerzen
      – Raspeln von Kopra liefert Kokosraspeln
   b) Pressrückstände, der Kokoskuchen, sind wertvolle Futtermittel
   c) Kokoswasser, Fruchtwasser in einer Höhlung der Kokosnuss, als Getränk.

Die **Ölpalme** erbringt von allen Öl liefernden Pflanzen den höchsten Ölertrag je Hektar. Wahrscheinlich stammt die Ölpalme aus dem tropischen Afrika und gelangte von dort im Zusammenhang mit den Sklaventransporten nach Brasilien und Westindien. Erst nach 1900 erfolgte in Westafrika, Indonesien und Malaya die Anlage von Ölpalmplantagen. Heute liegen die Hauptanbaugebiete in einem 50 bis 200 km breiten Streifen entlang der Oberguineaküste, im Kongobecken, auf Sumatra, in Malaysia, entlang der brasilianischen Küste von Rio de Janairo bis zum Unterlauf des Amazonas.
Die Ölpalme ist eine Pflanze der immerfeuchten tropischen Tieflandsregenwälder. Deshalb liegen die Hauptanbaugebiete in den Niederungen der Küsten und Ströme. Die Wachstumsbedingungen sind Jahresmitteltemperaturen um 25 °C, geringe jährliche und tägliche Temperaturschwankungen, hohe Jahresniederschläge zwischen 1 500–2 000 mm, die gleichmäßig über das Jahr verteilt sind, sowie eine hohe jährliche Sonnenscheindauer.
Die Ansprüche an den Boden sind weniger spezifisch. Da die Ölpalme trotz hoher Wasseransprüche empfindlich gegen Staunässe ist, muss der Boden gut filtrieren.
Der Fruchtstand wiegt 20–50 kg und enthält Hunderte von pflaumengroßen Früchten. Deren äußere Schicht besteht aus ölhaltigem Fruchtmus, der Steinkern enthält ein bis drei haselnussgroße, fettreiche Samen.
Die geernteten Früchte müssen unverzüglich verarbeitet werden, da sonst durch Veränderungen des Öls erhebliche Verluste eintreten. Aus den Früchten werden zwei verschiedene Arten von Öl gewonnen:

– Palmöl durch Auspressen des Fruchtmuses (Fruchtfleisch), es dient als Speiseöl und zur Herstellung von Seifen, Kerzen oder Margarine
– Palmkernöl durch Auspressen der Samen, es gehört zu den besten Ölen und wird zur Speisefett- und Margarineherstellung verwendet.

Die Pressrückstände sind wertvolle Futtermittel. Aus den Stümpfen des abgeschnittenen männlichen Blütenstandes tritt zuckerhaltiger Saft aus. Er wird zu Palmzucker oder Palmwein verarbeitet.

Der **Ölbaum (Olivenbaum)** zählt zu den ältesten Kulturpflanzen. Er wird seit dem 3. Jahrtausend v. Chr. in Vorderasien und später im Mittelmeerraum kultiviert. Von hier aus kam der Ölbaum durch die Spanier nach Peru und Chile.
An Wärmemengen und Wasserverhältnisse stellt der Olivenbaum besondere Ansprüche. Die Jahresmitteltemperaturen müssen zwischen 15 und 20 °C liegen. Frost verträgt die Olive ebenso wenig wie große jährliche Temperaturschwankungen. Günstig sind jährliche Niederschläge von 500–700 mm, wobei während der Fruchtreife wenig Niederschlag fallen soll. Somit ist der Anbau von Olivenbäumen auf die sommertrockenen Subtropen begrenzt. Die Ansprüche an den Boden sind gering. Die Olive gedeiht auf nahezu allen Böden, wenn sie nicht zu feucht sind.
Die Frucht des Olivenbaums, eine zwetschgenähnliche Steinfrucht, enthält im Fruchtfleisch Öl. In Salz eingelegte Oliven sind in Südeuropa und in Vorderasien ein verbreitetes Nahrungsmittel, in Essig eingelegt werden sie ausgeführt. Oliven zum Einsalzen oder Konservieren (Tafeloliven) müssen mit größter Sorgfalt geerntet werden, um ein Quetschen der Früchte zu vermeiden. Der größte Teil der Oliven dient der Ölgewinnung durch Auspressen. Das ausgezeichnete Speiseöl hat einen hohen Nährwert, enthält Vitamine und wird nur schwer ranzig.

Die **Sonnenblume** gelangte 1569 aus Lateinamerika nach Spanien. Der feldmäßige Anbau begann im 19. Jh. in Russland. Heute wird die Sonnenblume in Mittel-, Ost- und Südosteuropa sowie in Süd- und Nordamerika angebaut.
Die Sonnenblume, sofern sie zur Ölgewinnung angebaut wird, beansprucht sehr warme und verhältnismäßig trockene Sommer. Sie ist eine Pflanze der feuchten Steppen in den Mittelbreiten. Lehmige Sandböden und Lehmböden sagen der Ölsonnenblume besonders zu.
Das wertvolle olivenähnliche Sonnenblumenöl gehört zu den wichtigsten pflanzlichen Fetten unter den Nahrungsmitteln. Es wird auch zur Margarineherstellung und zu technischen Zwecken verwendet. Aus den ein bis zwei Meter hohen Stängeln werden Cellulose oder Faserplatten hergestellt; aus dem Korbboden der tellergroßen Blüte wird Pektin gewonnen.

In Mittel-, Nord- und Westeuropa wird die Sonnenblume als Grünfutter im Zwischenfruchtbau angebaut.

Raps wird seit der Bronzezeit im nördlichen Mitteleuropa zur Gewinnung von Leuchtöl – bis zum Aufkommen der Petroleumlampe im 19. Jh. – auf kleinen Flächen angebaut. Großflächiger Anbau zur Gewinnung von Speisefett aus Rapsöl verbreitete sich erst im 17. Jh. von den Niederlanden aus nach Nord- und Süddeutschland. Heute ist Raps in Mittel- und Osteuropa und Kanada die wichtigste Ölpflanze (siehe auch Technische Pflanzen).
Raps ist eine Pflanze der kühlgemäßigten Klimate der gemäßigten Zone. Besonders hoch sind die Ansprüche an die Luftfeuchtigkeit, deshalb gedeiht Raps in Küstengebieten besonders gut.
Für den Rapsanbau eignen sich alle Böden, die tiefgrundig sind und über ausreichende Feuchtigkeit verfügen. Sand- und Moorböden scheiden aus. Der Gehalt der Samen an Rüböl liegt bei 40–50 %. Er wird durch Pressen gewonnen und zur Herstellung von Speisefett verwendet. Die Pressrückstände, der Presskuchen, werden an Milchvieh verfüttert. Raps wird auch als Grün- und Silagefutter im Zwischenfruchtbau genutzt.

Gemüse sind alle nicht zum Obst oder zum Getreide zählenden pflanzlichen Nahrungsmittel, die entweder roh oder gekocht der menschlichen Ernährung dienen. Je nachdem, welche Teile einer Pflanze als Gemüse genutzt werden, unterscheidet man zwischen:

- Kohlgemüse (z. B. Rosenkohl, Weißkohl, Rotkohl, Wirsingkohl, Grünkohl)
- Wurzel- und Knollengemüse (z. B. Sellerie, Möhre, Radies, Meerrettich)
- Blattgemüse (z. B. Kopfsalat, Endivien, Spinat)
- Fruchtgemüse (z. B. Tomaten, Melonen, Gurken, Kürbis, Mais, Bohne, Erbse)
- Zwiebel- und Lauchgemüse (z. B. Küchenzwiebel, Knoblauch, Lauch).

Der Nährwert des Gemüses liegt im Gehalt an Mineralstoffen und Vitaminen. Bei den Hülsenfrüchten ist der Gehalt an pflanzlichen Eiweiß von Bedeutung.

Obst liefernde Pflanzen gedeihen in allen Klimazonen, bis auf die Polarzone. Sie beanspruchen grundsätzlich viel Sonnenbestrahlung sowie ausreichende Feuchtigkeit. Nur die Obst liefernden Pflanzen der gemäßigten Klimate vertragen leichte Fröste. Dort wachsen sie deshalb vorwiegend in geschützen Lagen der Täler und Becken oder an Hängen.

Südfrüchte sind obstartige Früchte, die nur in subtropischen und tropischen Klimagebieten gedeihen.

Obst liefernde Pflanzen

Gemäßigte Zone und gemäßigte Regenklimate	Äpfel, Birne, Kirsche, Pfirsich, Pflaume, Aprikose, Haselnuss, Walnuss
Winterregenklima	Zitronen, Feigen, Oliven, Datteln, Apfelsinen, Pampelmusen, Mandarinen, Mandeln
Tropische Zone	Ananas, Banane, Olive, Datteln, Kokosnüsse

Obst bezeichnet alle essbaren und zuckerhaltigen Früchte oder Samen, die von mehrjährigen Pflanzen, meist Gehölzern, stammen. Man unterscheidet: Steinobst (z. B. Kirsche, Pflaume, Aprikose, Pfirsich), Kernobst (z. B. Apfel, Birne), Schalenobst (z. B. Walnuss, Haselnuss, Esskastanie), Beerenobst (z. B. Erdbeere, Himbeere, Brombeere, Johannisbeere, Stachelbeere, Weinbeere).
Die Heimat der meisten Obstgehölze liegt in Zentralasien. Von dort kamen sie in den Kaukasus und mit den Römern nach West-, Mittel- und Nordeuropa. Der Wert des Nahrungsmittels liegt in dem Gehalt an Zucker, Vitaminen und Mineralstoffen. Im Nährwert ist Obst etwa dem Gemüse gleichzusetzen.

Die Gruppe der **Zitrusarten** umfasst eine große Anzahl von Kulturformen (z. B. Grapefruit, Pampelmuse, Mandarine, Zitrone, Apfelsine) der Pflanzengattung Citrus (lat. = Zitronenbaum). Sie werden auch unter der Sammelbezeichnung Agrumen (ital. Agrumi) geführt. Die Stammformen waren in Südchina und Südostasien beheimatet. Heute sind die Zitrusarten über alle subtropischen Klimagebiete verbreitet.

Zitrusarten gedeihen am besten in den Sutropen bei Mitteltemperaturen um 21 °C, das Gehölz ist frostempfindlich. Qualitätsbestimmend ist die Wasserversorgung, deshalb ist in den sommertrockenen Subtropen Bewässerung notwendig. Die Ansprüche an den Nährstoffgehalt des Bodens ist gering, bei gesicherter Wasserversorgung gedeiht Zitrus auf allen Bodenarten.
Zitrusarten enthalten neben rund 80 % Wasser Zucker, Apfel- und Zitronensäure (erfrischender Geschmack), Eiweiße, Rohfaser und Vitamine.

Die **Weinrebe** gehört zu den ältesten Kulturpflanzen. Wildformen sind von Mitteleuropa bis Westasien verbreitet. Sie wurde in verschiedenen Gebieten kultiviert: um 3500 v. Chr. in Ägypten, Babylonien und Indien bekannt, Griechen und Römer kultivieren sie, Römer bringen sie nach Deutschland, je nach Klima und Boden vielfältige Rebsorten mit eigenen Qualitätsmerkmalen.

Die ausdauernde Liane hat eine lange Wachstums-periode, sie braucht reichlich Sommerwärme und stellt hohe Ansprüche an den Boden. Saftige Beeren bilden einen Fruchtstand, die Trauben. Sie werden im Herbst „gelesen" und vielseitig verwendet: roh genossen (Tafeltrauben), Traubensaft zu Wein oder Sekt (Schaumwein) vergoren, durch Destillation wird Weinbrand gewonnen, durch Vergärung Weinessig, in den Subtropen durch Trocknung Rosinen (kernlose hellere Rosinen heißen Sultaninen, aus kleineren roten Beeren gewonnene Rosinen heißen Korinthen).

Die **Banane** (Obstbanane) ist eine alte Kulturpflanze der Tropen, in vielen tropischen Ländern ein Grundnahrungsmittel. Das Fruchtfleisch enthält etwa 70 % Wasser, reichlich Kohlenhydrate (Stärke, Zucker), Mineralstoffe und Vitamine.

Vor über 2000 Jahren gelangt die Banane von Südostasien über Südasien nach Afrika, in Lateinamerika wird sie seit dem 16. Jh. kultiviert.

Optimale Wuchsbedingungen hat die Banane im immerfeuchten tropischen Tieflandsklima bei 2000 mm Jahresniederschlag, der gleichmäßig verteilt ist. Der Boden muss locker, tiefgründig, gut durchlüftet und nährstoffreich sein. Bananenpflanzen sind Stauden, keine Bäume, sie bilden Scheinstämme aus röhrenartigen Scheiden ihrer großen Blätter.

3.3.3 Genussmittelpflanzen

Der **Kakaobaum** ist in Lateinamerika beheimatet, seine Samen waren Nahrungs- und Zahlungsmittel der Indianer; sie verarbeiteten Kakaopulver zu einem Getränk „chocolatl". Das Wort cacao (cacau) bedeutet in der Mayasprache Frucht oder Pflanze. Im 16. Jh. gelangt der Kakao durch die Spanier nach Europa; Spanier, Portugiesen und Niederländer brachten den Kakaobaum nach Asien und Afrika (gegen Ende des 19. Jh.). Das hauptsächliche Anbaugebiet liegt heute an der Oberguineaküste.

Kakao ist eine immergrüne, baumförmige Pflanze des tropischen Regenwaldes. Sie stellt hohe Ansprüche an Temperatur und Niederschlag: Temperaturen zwischen 24 und 28 °C, nicht unter 20 °C, bei günstiger Niederschlagsverteilung reichen 1000 mm Jahresniederschlag; längere Trockenzeit verträgt Kakao nicht. Der Boden muss tiefgründig, humus- und nährstoffreich sein.

Von Genusspflanzen im eigentlichen Sinne hebt sich Kakao durch hohe Gehalte an Eiweiß, Fett und Kohlenhydraten ab, daneben Theobromin, einem stimulierenden Alkaloid.

Der größte Teil des Kakaos wird zu Schokolade verarbeitet, wobei die Herstellung vorwiegend in Ländern mit hoher Milch- und Zuckerproduktion liegt (Schweiz, Niederlande, Deutschland).

Kaffee nimmt heute als Stimulanz der Nerventätigkeit unter den Genusspflanzen die führende Stellung ein. Die Kaffeebohne enthält als Alkaloid Koffein. Die Kulturvölker Asiens und Afrikas kannten das Kaffeetrinken nicht, in Europa wurde es erst um die Mitte des 17. Jh. gebräuchlich. Die Heimat des Kaffeestrauchs ist Äthiopien. Die Kolonialstaaten brachten ihn nach Ostasien und Lateinamerika. Bei steigendem Verbrauch in den gemäßigten Breiten ist Kaffee ein wichtiges Welthandelsgut. Der 5–6 m hohe Kaffeestrauch wächst in immerfeuchten und wechselfeuchten Tropen bis in Höhenlagen von 1000 m. Zur Erntezeit braucht er Trockenheit. Deshalb liegen die Hauptanbaugebiete in den Feuchtsavannenklimaten.

Die **Teepflanze,** ein immergrüner etwa 6 m hoher Baum, den man in Plantagen strauchförmig hält, ist wahrscheinlich in den Hochländern Südwestchinas, Nordburmas und Nordostindiens beheimatet. Erst zwischen 600 und 900 entwickelte sich Tee zu Nationalgetränken der Chinesen und Japaner. Nach Europa kam der Tee im 17. Jh. über den Landweg durch Russland und über den Seeweg nach London. Die Briten sorgten für den Teeanbau in Indien und Ceylon.

Die anregende Wirkung des Tees beruht auf dem Alkaloid Koffein (Tein), das in den Blättern enthalten ist. Das Teearoma geht von ätherischen Ölen und Gerbstoffen aus.

Obwohl der Teebaum ein subtropisches Gewächs ist, kann er wegen seiner Anpassungsfähigkeit auch in den wechselfeuchten Tropen gedeihen. Günstig sind Jahresmitteltemperaturen von 20 °C. Die Teepflanze benötigt viel Feuchtigkeit, bei guter Verteilung über das Jahr mindestens 1300 mm Niederschlag; es werden aber auch Mengen von 5000 mm vertragen. Geeignet sind Hanglagen, die der Empfindlichkeit der Teepflanze gegenüber Staunässe entgegenkommen.

Die **Tabakpflanze** ist in tropischen und subtropischen Gebieten Amerikas beheimatet. Die Blätter enthalten das Alkaloid Nicotin. Es zählt zu den starken Giften. Der menschliche Körper vermag sich allmählich an das Gift zu gewöhnen. Es wirkt in kleinsten Mengen auf das Nevensystem erregend ein und ruft über Adrenalinausschüttung eine Blutdrucksteigerung hervor.

Als die Spanier nach Amerika kamen, waren den Indianern Anbau und Genuss bekannt. Erst im 16. Jh. kam Tabaksamen nach Spanien. Im 17. Jh. verbreitete sich der Tabakgenuss in Europa: Zuerst wurde Pfeife geraucht, im 18. Jh. vorwiegend geschnupft, dann folgten Zigarre und zuletzt Zigarette. Seither hat sich die Tabakpflanze zum Welthandelsgut entwickelt.

Tabak wird heute unter den verschiedensten Klimabedingungen, von den Tropen bis in die gemäßigten Klimate, angebaut. Mehr als 90 % der Weltproduktion kommen jedoch aus den tropischen und subtropischen Anbaugebieten. Die Qualität des Tabaks wird vor allem durch die Bodeneigenschaften beeinflusst.

Pfeffer ist in Europa seit dem Mittelalter bekannt und begehrt. Er wurde noch vielfältiger als heute verwendet. Die würzenden Inhaltsstoffe sind ätherische Öle und Alkaloide. Das weltweit verwendete Gewürz wird heute in allen tropischen Gebieten angebaut.

Die ausdauernde tropische Kletterpflanze ist wahrscheinlich in südindischen Wäldern heimisch. Sie kann wie Efeu bis 15 m hochranken. Die Pflanze liefert nach 7 Jahren etwa 15 Jahre volle Ernten.

Echte Vanille ist in Mexiko beheimatet. Das Gewürz war bis 1846 Monopol der Mexikaner. Aus einer Sammlung in England gelangten Stecklinge in die Botanischen Gärten von Antwerpen und Paris. Die Niederländer brachten Ableger nach Java und die Franzosen nach die Insel Réunion. Heute wird Vanille auch auf den Komoren und Madagaskar sowie in Uganda angebaut.

Vanille ist eine tropische Schlingpflanze, die an Waldrändern vorkommt. An Stützpflanzen rankt sie bis zu 10 m hoch. Die Fruchtschale enthält das Vanillin, dem noch 35 ätherische Öle beigemengt sind.

3.3.4 Technische Pflanzen

Die **Baumwolle** ist eine sehr alte Kulturpflanze, die auch heute noch die bei weitem wichtigste Naturfaser liefert. In der Alten Welt findet die Bauwolle die erste Erwähnung in den Hymnen des Rigveda (Sanskrit) im 15. Jh. v. Chr. Um das Jahr 500 v. Chr. gibt es Baumwolle im Niltal; in Europa wird sie durch den Feldzug *Alexanders* (333 v. Chr.) bekannt. Zum Anbau gelangt sie in Spanien und auf Sizilien aber erst durch die Araber im 9. und 10. Jh. In China dehnte sich der Anbau erst von etwa 1300 an stärker aus.

In der Neuen Welt waren bei den Azteken und Mayas in Mittelamerika der Anbau und die Verarbeitung der Baumwolle bereits vor der Entdeckung durch *Kolumbus* hoch entwickelt. Funde von Baumwollgarnen und -geweben in Peru werden auf die Zeit um 2400 v. Chr. datiert.

Die Baumwolle hat trotz der ständig zunehmenden Verarbeitung von synthetischen Geweben für die Bekleidungsindustrie und für technische Zwecke ihren Platz behaupten können. Die wertvollen Eigenschaften der Baumwolle und ihrer Produkte bestehen in der guten Spinnbarkeit und Färbbarkeit sowie in der Festigkeit, insbesondere ihrer Abriebfestigkeit und Widerstandsfähigkeit selbst im nassen Zustand oder bei ständig hoher Luftfeuchtig-

keit. Baumwollstoffe sind kochfest und saugfähig. Außerdem ist eine relativ billige Massenproduktion möglich.

Die Notwendigkeit sich zu kleiden ist nach der Ernährung das wichtigste Bedürfnis der Menschen. Zunächst war es der Schutz gegen die verschiedenen Einflüsse der Außenwelt, in erster Linie klimatische Bedingungen, die die Herstellung von Bekleidungsgegenständen notwendig werden ließ. Später kam das Moment der Mode hinzu.

Die Baumwolle gehört zur Familie der Malvengewächse. Der bis 3 m hohe Strauch besitzt weiße, gelbe, rote und rosa Blüten. Die Frucht ist eine mehrfächrige Kapsel. Zur Reifezeit quellen aus dieser Kapsel die Samen hervor. Ihre Samenhaare bestehen aus reiner Zellulose. Sie werden von den Samen getrennt und gelangen, in großen Ballen gepresst, als Rohstoff in die Textilfabriken. Die Samen der Baumwolle enthalten 18 % Öl, das zu Speisezwecken verwendet wird.

Der Strauch stellt sehr spezifische Ansprüche an die Klimabedingungen. In ariden tropischen Gebieten beheimatet, gedeiht die Pflanze gut in lufttrockenen Bereichen, während bei hoher Luftfeuchtigkeit das vegetative Wachstum zugunsten der Fruchtbildung zu sehr gefördert sein kann und auch die Befruchtung selbst beeinträchtigt wird. Entscheidend ist der Anspruch der Pflanze an hohe Lichtintensität. Bei 50 % und mehr Bewölkung ist der Anbau nicht mehr zweckmäßig.

Für eine gute Ertragsleistung ist ausreichende Wasserversorgung von der Keimung an bis zur Blütezeit und zum Kapselansatz notwendig. Unter ariden Bedingungen wird der Baumwollanbau durch Bewässerung möglich. Während der Reifezeit sollte trockenes Wetter herrschen, da die Qualität der Fasern geöffneter Kapseln durch Niederschläge erheblich beeinträchtigt und die Durchführung der Ernte erschwert wird. Bei hoher Luftfeuchtigkeit öffnen sich auch die Kapseln schlecht.

Die Anbaumaßnahmen sind in den zahlreichen Anbaugebieten prinzipiell die gleichen, wenn auch im Mechanisierungsgrad erhebliche Unterschiede bestehen. Überall wird der Bodenbearbeitung besondere Beachtung geschenkt, da sie eine wichtige Voraussetzung für hohe Erträge ist. Auf exakte Planierung der Felder ist besonders zu achten, wenn Bewässerung vorgesehen ist, damit der Zu- und Abfluss des Wassers später genau reguliert werden kann.

Die Baumwolle wird vielfach in Großbetrieben angebaut, die einen hohen Mechanisierungsgrad aufweisen. Arbeitsspitzen liegen in der Zeit der Pflege und der Ernte der Baumwolle. Vielfach – ausschließlich in kleineren Betrieben – wird die Ernte von Hand ausgeführt; denn die Qualität leidet unter der Anwendung von Pflückmaschinen.

Von weltwirtschaftlicher Bedeutung ist trotz synthetischer Faserstoffe noch immer die **Schafwolle**. Die wichtigsten Erzeugerländer liegen in Bezug auf Argentinien, Uruguay, Südafrika und Australien sowie der GUS-Länder und China in den Trockengürteln der Süd- und Nordhalbkugel und im Falle Neuseelands sowie Großbritanniens und Nordirlands in der ozeanischen Wiesenregion des sehr feuchten warmgemäßigten Regenklimas.

Jute ist die nach der Baumwolle wichtigste pflanzliche Faser. Das Herkunftsgebiet liegt in Indien und Ostasien. Heute liegen die Hauptanbaugebiete in Indien und Pakistan sowie in China und Taiwan. Der Name wird auf das Sanskritwort „yuta" zurückgeführt, was allgemein „Faser" bedeutet.
Die einjährige Pflanze benötigt ein feuchtwarmes Klima mit hoher Luftfeuchtigkeit und stellt hohe Ansprüche an den Boden. In Vorderindien baut man Jute in den Gebieten des Klimas der Feuchtsavannen in Bengalen während der Regenzeit an.
Jutefasern sind Stängelfasern, die sich durch ihre Länge und chemische Zusammensetzung bedingt in der Qualität von Baumwollfasern unterscheiden. Deshalb besteht zwischen beiden Faserpflanzen keine Konkurrenz. Die Jutefaser wird zur Herstellung von Säcken, Segeltuch, Seilerwaren und auch Papier verwendet.

Die Sisal-Agave gehört zu den weit mehr als hundert Agavenarten, die Blattfasern liefern. Sie ist in Mexiko beheimatet. Ihr Name geht auf die kleine Hafenstadt Sisal in der mexikanischen Provinz Yucatan zurück.
Die sukkulente Pflanze speichert in ihren fleischigen Blättern Wasser und kann Trockenzeiten von 5–6 Monaten überdauern. Sisal bevorzugt tropische Temperaturverhältnisse mit jährlichen Regenmengen zwischen 1 000 und 1 300 mm. Sie gedeiht demnach am besten im Klima der Trockensavanne und Feuchtsavanne.
In den lanzettförmigen, 1–2 m langen, 8–15 cm breiten, stachelspitzigen starren Rosettenblättern befinden sich Hartfasern, der Sisalhanf. In den 6–12 Jahren Lebenszeit der ausdauernden Pflanze liefert sie pro Jahr 15–20 Blätter. Die Sisalfaser dient zur Herstellung von Seilerwaren (Bindegarn, Schiffstauen, Seilen, Netzen, Hängematten) sowie daraus hergestellten Möbelstoffen und Teppichen. Die Produktion stagniert oder sinkt heute. Die Hauptanbauländer sind Brasilien, Tansania, Kenia, Venezuela und Angola.

Flachs (Lein) ist wahrscheinlich die älteste aller wirtschaftlich genutzten Faserpflanzen. Seine Kultur geht in das Neolithikum zurück und war in Eurasien und Ägypten verbreitet. In Ägypten wurde Leinentuch von legendärer Feinheit hergestellt. Es fand als Priesterkleidung und Mumientücher Verwendung und wurde als „gewebter Wind" bezeichnet. Später nutzte man nicht nur die Stängelfasern, sondern auch den Samen. Deshalb züchtete man die speziellen Sorten des Faserleins und Ölleins. Seit dem 19. Jh. geht der Flachsanbau infolge der Erfindung der Textilmaschinen und der Baumwollschwemme zurück. Die Hauptanbauländer sind heute Russland und einige europäische Länder sowie Ägypten.
Man schätzt Flachs aber noch wegen seiner hohen Faserqualität und der angenehmen Gebrauchseigenschaften. Wegen der hohen Wärmeleitfähigkeit wirkt die Faser kühlend. Sie ist gut zu verspinnen und als Garn zu verweben, jedoch schwierig einzufärben. Unsere Vorfahren waren insbesondere auf das in Irland und Deutschland hergestellte dauerhafte Leinentuch stolz.
Der schlanke Stängel der einjährigen Pflanze enthält 2–10 cm lange Fasern. Flachs bringt gute Faserqualität im humiden kühlgemäßigten Klima der gemäßigten Zone. Beste Qualitäten wachsen deshalb in Belgien und den Niederlanden.

Hopfen wurde zunächst nur als Heilpflanze verwendet. Hopfentee wirkt gegen Schlaflosigkeit, Nierenschwäche und nervöse Erregungszustände. Mit ansteigendem Bierverbrauch wurde Hopfen in Mitteleuropa seit dem 9. Jh., erstmals im Gebiet Freising in Bayern, landwirtschaftlich kultiviert. Bier wurde zwar schon im Altertum gebraut, es ist aber nicht nachgewiesen, ob dafür Hopfen verwendet wurde. Seit dem Mittelalter wurde Hopfen vor allem in der Hallertau in Bayern und im Gebiet Saaz in Böhmen angebaut.
Die in Mitteleuropa heimische, zweihäusige Liane schlingt sich an Bäumen und Sträuchern entlang von Flußufern und in Auewäldern empor. Wirtschaftlich interessant sind die weiblichen Pflanzen. Man erntet die unreifen Blütenstände wegen ihres Gehaltes an Lupulon und Humulon. Diese Bitterstoffe verleihen dem Bier Würze und Haltbarkeit.
Die Pflanze gedeiht im kühlgemäßigten Klima der gemäßigten Zone optimal bei Jahresmitteltemperaturen zwischen 8 und 10 °C bei Niederschlagssummen zwischen 500 und 900 mm. Zu Spitzenerträgen kommt es bei kühl-feuchten Sommern. An den Boden stellt Hopfen hohe Ansprüche. Auf tiefgründigen Mergel- und Lößböden werden die höchsten Erträge erzielt.
Der **Kautschuk** ist keine Pflanze, sondern eine Substanz, die in Wasser, Alkohol und Aceton unlöslich ist. Sie ist im Milchsaft vieler und sehr verschiedener Gewächse enthalten. Es handelt sich beim Naturkautschuk um ein Umwandlungsprodukt der bei der Assimilation gebildeten Kohlenhydrate zu einem Polymer des Isoprens [2-Methylbutadien(1,3)]:

$$-CH_2-\underset{\underset{CH_3}{|}}{C}=CH-CH_2- \qquad [= (C_5H_8)_n].$$

Die Doppelbindung bedingt eine gute Reaktionsfähigkeit, sodass Kautschuk vulkanisiert werden kann. Die Kautschukmoleküle erreichen eine Molekülmasse in der Größenordnung 250 000 und bestehen ungefähr aus 5 000 Isoprenmolekülen. Die in der Latex suspendierten Kautschuktröpfchen werden durch Trocknen und anschließendes Räuchern zum Zwecke der Konservierung ausgefällt und durch Pressen zu dünnblättrigen Stücken als hellgelber Crêpe oder zu dicken Fellen als braune Sheets verarbeitet. Dieser Rohkautschuk ist wenig wärme- und chemikalienbeständig. Er erweicht schon oberhalb 30 °C und wird klebrig. Bei der Vulkanisation mit Schwefel oder Dischwefeldichlorid (S_2Cl_2) werden die Fadenmoleküle unter Bildung von Schwefelbrücken durch Addition an den Doppelbindungen teilweise untereinander vernetzt. So erhält man den hochelastischen und wesentlich wärmebeständigeren „Gummi". Durch Oxidation an der Luft kann der „Gummi" nach längerer Zeit „altern", das heißt, er wird brüchig.

Als Kautschuk liefernde Pflanze ist heute volkswirtschaftlich nur der **Parakautschuk** (Hevea brasiliensis) von überragender Bedeutung. Er hat einen Anteil von über 95 % an der Welternte an Naturkautschuk. Die Produktion stammt fast ausschließlich von Plantagen.

Die Heimat des Parakautschuks ist das immerfeuchte tropische Amerika, vor allem die Regenwälder im Amazonastiefland. Schon *Kolumbus* sah 1495 auf Haiti „Gummibälle", mit denen die Indianer spielten und die aus dem Milchsaft des „weinenden Baumes" Ca-Hu-Chu hergestellt waren. 1839 fand *Goodyear,* dass durch Vulkanisieren der Kautschuk fest, zäh und elastisch wird, und 1842 wurde von *Hancook* durch Beifügen von noch mehr Schwefel Hartgummi hergestellt. Sprunghaften Aufschwung nahm der Kautschukbedarf durch die Erfindung der Luftbereifung von *Dunlop* im Jahre 1889, den Bedarf der Elektroindustrie an Isoliermaterial seit etwa 1900 und das stürmische Anwachsen der Kraftfahrzeugindustrie.

Zunächst wurde **Wildkautschuk** durch Sammelwirtschaft gewonnen. Das führte zum Kautschukboom in Brasilien. Obwohl zur Monopolerhaltung auf die Ausfuhr von Hevea-Samen aus Brasilien die Todesstrafe stand, gelang es dem englischen Botaniker *Wickham* im Jahre 1876, Samen nach England zu schmuggeln. Aus dem Gewächshaus in Kew Gardens wurden dann die ersten Pflanzen nach Ceylon, Malakka und Indonesien gebracht und im Jahre 1907 erschienen 6 000 t Plantagenkautschuk auf dem Weltmarkt.

Damit war der Zusammenbruch der Kautschuksammelwirtschaft eingeleitet. Heute ist neben den Pflanzungen in Malaysia und Indonesien der Anbau von Parakautschuk in Sri Lanka, Thailand, Vietnam, Indien, Burma, im tropischen Afrika und in Amerika verbreitet.

Die weitere Entwicklung der Naturkautschukproduktion wurde durch die technischen Möglichkeiten zur Herstellung von synthetischem Kautschuk wesentlich beeinflusst. Die Produktion begann in größerem Umfang in den 30er- und 40er-Jahren in den USA, in Deutschland, der UdSSR und Japan. Es lässt sich jedoch feststellen, dass die stark ansteigende Produktion synthetischen Kautschuks keineswegs zur Verdrängung des Naturkautschuks geführt hat, denn der synthetische Kautschuk kann den Naturkautschuk nicht in allen Anwendungsbereichen ersetzen.

Raps wird heute auch zur Brennstoffgewinnung (Biodiesel) angebaut.

Die **Korkeiche** besitzt ein Korkkambium, das über viele Jahre teilungsfähig ist. Deshalb kann von der Korkeiche alle 10–12 Jahre eine 6–10 cm dicke Korkschicht bis zu einem Alter des Baumes von 150 Jahren regelmäßig abgeschält werden. Aus dem Kork werden Flaschenkorken, Isoliermaterial, Teile von Rettungsringen und Schwimmwesten sowie Fußböden hergestellt.

Die Korkeiche ist ein Baum der sommertrockenen Subtropen. Sie wird in den Mittelmeerländern, in Kalifornien, Australien und am Südhang des Jailagebirges in Russland kultiviert.

Holz liefernde Pflanzen sind vor allem Bäume, weniger Sträucher. Es gibt über 15 000 Nutzhölzten. Holz ist ein fester und zugleich elastischer Zellverband, der aus Zellulose und Lignin besteht. Wegen seiner Elastizität, Druckfestigkeit und meist auch langen Haltbarkeit ist Holz ein wichtiger Rohstoff. Nach dem Gewicht liegt die Holzproduktion mit jährlich etwa 1 Mrd. Tonnen hinter Stein- und Braunkohle mit 2 Mrd. Tonnen an zweiter Stelle. Das Holz ist nicht nur der gewichtigste, sondern auch der älteste Rohstoff in der Weltwirtschaft.

Seit Beginn unseres Jahrhunderts wurden der Holzwirtschaft völlig neue Möglichkeiten durch die Erfindung der Sperrholzplatten und die Entwicklung der dafür nötigen Maschinen eröffnet. Von der Mitte unseres Jahrhunderts ab ist der Anteil der Sperrholzherstellung an der Nutzholzproduktion der Welt immer bedeutender geworden. In den 50er-Jahren wurden mit der Erfindung der Faserplatten und schließlich der Spanplatten immer wichtigere Verwendungsgebiete für Holz und vor allem für Holzabfälle eröffnet. Ein besonders großer Verbraucher des Rohstoffs Holz ist die Papierindustrie. Bis zur Mitte des vorigen Jahrhunderts wurde Papier vor allem aus Lumpen hergestellt.

Der Aufbau der Holz verarbeitenden Industrie ist vielgestaltig. Sägereien und Furnierwerke verarbeiten Holz zu Schnittholz, Eisenbahnschwellen und

Furnieren. Die Papierindustrie stellt Pappe, Zeitungspapier und andere Spezialpapiere her.

In den letzten Jahrzehnten ist es zu signifikanten Standortverlagerungen in der Holz verarbeitenden Industrie gekommen. Wegen der hohen Transportkosten – Holz ist ein leichtes, aber sperriges Gut – ist der Industriezweig zur Rohstoffbasis abgewandert. Hinzu kommt das Interesse der Holz liefernden Länder, den Rohstoff selbst zu verarbeiten und dadurch die Industrialisierung des eigenen Landes zu fördern. Günstige Standorte liegen in Schweden, Finnland, Russland und Kanada am Unterlauf der Flüsse. Somit steht der Holzindustrie das Wasser als Rohstoff in ausreichenden Mengen zur Verfügung.

Holz gehört zu den forstwirtschaftlich erzeugten Rohstoffen. Die Forstwirtschaft ist ebenso wie die Landwirtschaft an natürliche Bedingungen gebunden und muss biologische Gesetze berücksichtigen. Ihr besonderes Kennzeichen ist die lange Produktionsdauer. In der gemäßigten Zone liegen zwischen dem Pflanzen eines Baumes und seiner Nutzung 80–120 Jahre. Hinzu kommt die Großräumigkeit der Forstwirtschaftsbetriebe. Die Hauptaufgabe der Forstwirtschaft besteht darin, die Wälder so zu bewirtschaften, dass sie eine ständige und ergiebige Rohstoffquelle bilden.

Holz ist im Gegensatz zu den Bodenschätzen ein reproduzierbarer Rohstoff. Dieser Aufgabe widmet sich die Forstwirtschaft. Sie ist die höchstentwickelte Stufe der Waldwirtschaft und durch eine ständige Holzerzeugung infolge Nutzung, Walderneuerung, Waldpflege und erneuter Nutzung gekennzeichnet. Das Grundprinzip der Forstwirtschaft ist die Nachhaltigkeit, das heißt das Streben nach Dauer, Stetigkeit und Höchstmaß einer allseitigen Aufgabenerfüllung des Waldes für den Menschen. Das heißt, es wird im Schnitt nur so viel Holz eingeschlagen, wie im gleichen Zeitabschnitt nachwächst. Früher herrschte der Raubbau vor.

3.3.5 Tierische Ressourcen

Fleisch und Milch liefernde Tiere sind die wichtigste Eiweiß-, aber auch Fettquelle für die menschliche Ernährung. Der Eiweißgehalt des **Fleisches** beträgt etwa 20 %. Fleisch ist leicht verdaulich, jedoch unter der Einwirkung von Wärme und Feuchtigkeit auch rasch verderblich. Deshalb verträgt es ohne Konservierungsmaßnahmen keine langen Transportwege. So ist der hohe Grad der Fleischproduktion in den Hauptverbraucherländern selbst zu erklären. Allerdings sind der Fleischtransport und der Welthandel mit Fleisch durch die moderne Kühltechnik wesentlich gefördert worden.

Mit steigendem Wohlstand ist vor allem in Industrieländern der nördlichen gemäßigten Zone die Nachfrage nach hochwertigen Fleisch- und **Milch**produkten gestiegen. Fast der gesamte Welthandel ist auf europäische Länder gerichtet. Die USA hingegen decken ihren Bedarf aus der eigenen Produktion in den Prärien und im Mittelwesten. Ebenso spielt die Viehwirtschaft in den Staaten der GUS eine beachtliche Rolle. Die Hauptexporteure liegen in der Viehwirtschaftszone der Südhalbkugel. Dazu zählen die Savannen, Steppen und Wiesenformationen in Uruguay, Argentinien, Australien und Neuseeland.

Das **Rind** ist der wirtschaftlich wichtigste Eiweißlieferant. Die Rinderhaltung liefert sowohl Fleisch als auch Milch. Letztere wird zu Milchprodukten weiterverarbeitet.

Die **Schweine**haltung ist fast ausschließlich auf die nördliche gemäßigte Zone beschränkt. China steht zwar mengenmäßig an der Spitze der Schweinezucht, aber im Verhältnis zur Einwohnerzahl liegen andere Länder wie Dänemark, Ungarn, Polen, Deutschland, die USA und Brasilien weitaus günstiger.

Die **Schaf**haltung bringt einen doppelten Nutzen. Einmal dient sie der Fleischgewinnung, zum anderen der Fell- und Wollproduktion. Fleischschafe werden vor allem in den Mittelmeerländern gehalten. In England wurde mit dem Leicesterschaf ein vorzügliches Fleischschaf gezüchtet. In den islamischen Ländern Vorderasiens ist der Genuss von Schweinefleisch und im hindustanischen Vorderindien das Töten der Rinder verboten. Hier schließt das Schaffleisch eine Lücke in der Eiweißernährung.

Geflügel wird weltweit zur Eiweißversorgung gehalten. In den Industrieländern hat sich die Geflügelhaltung zu einem bedeutenden Wirtschaftszweig entwickelt, denn bei steigendem Lebensstandard wird zunehmend Geflügel nachgefragt. Die Geflügelhaltung kann, ähnlich der Rinder- und Schweinehaltung, völlig vom Landwirtschaftsbetrieb gelöst werden. Durch Mechanisierung, höchstmögliche Auslastung der Arbeitskräfte und Intensivhaltungsmethoden steigen Arbeitsproduktivität und Produktion.

Fisch gehört wie Fleisch und Milch zu den eiweißreichen Nahrungsmitteln. Außerdem sind in der Fischnahrung alle wesentlichen Nährstoffe enthalten, sodass die Meeresjäger der Nordpolargebiete fast ausschließlich vom Fischfang leben können. Für viele Menschen liefern Fische eine zusätzliche Nahrungsquelle und für die Bewohner der tropischen Regenwälder eine lebensnotwendige Eiweißquelle. Der Pro-Kopf-Verbrauch ist besonders hoch in Japan, Dänemark, Norwegen, Großbritannien und Südafrika. Diese Länder verfügen auch über eine leistungsfähige Fischereiwirtschaft.

Der **Maulbeerspinner** ist der wirtschaftlich wichtigste Vertreter der Familie der Seidenspinner. Er ist in Ostasien und Südasien beheimatet. Er wurde in China vor über 4000 Jahren zum Zwecke der Seidenherstellung gezüchtet. Das Geheimnis der Seidenraupenzucht (seit 2630 v. Chr. bekannt) kam über Indien und Turkestan 552 nach Europa. In Deutschland wird der Maulbeerseidenspinner erst seit dem 18. Jh. gehalten.

Die Raupe des Maulbeerseidenspinners stellt einen Kokon her, der aus einem Faden von 1000 bis 4000 m Länge besteht. Vom Kokon kann man einen Seidenfaden von 700–1000 m Länge abhaspeln. Der Kokonfaden, die Rohseide, ist der Rohstoff der seidenverarbeitenden Industrie. Sie stellt in Spinnereien und Webereien kostbare Seidenstoffe her. Die Zucht der Seidenraupen erfolgt in Hürden in gut lüftbaren Räumen. Für die Aufzucht von 1 g Eier (etwa 1500 Stück) benötigt man eine Fläche von 3 m^2 und etwa 40 kg Maulbeerblätter. Nach durchschnittlich 35 Tagen beginnen sich die Raupen einzuspinnen.

4. Ökologie

4.1 Systemisch Denken

Systeme bestehen aus Teilen, die untereinander vernetzt sind. So ergibt sich ein für jedes System bestimmendes komplexes Gefüge von Wirkungen, dem Netzwerk der Systemelemente. Jedes System ist mehr als die Summe seiner Elemente. Wechselwirkungen und Elemente werden durch Linien- und Flächensignaturen in Modellen dargestellt.

Modelle sind vereinfachte Darstellungen der Wirklichkeit. Sie bilden einerseits Merkmale eines Ausschnitts der Wirklichkeit ab und sie unterscheiden sich andererseits durch Merkmale von ihrem Original.

Modellhafte Darstellungen von Systemen erfolgen in der Regel als Fließdiagramm. Das Fließdiagramm ermöglicht eine in Abstufungen vereinfachende und veranschaulichende Darstellung der Vernetzungen von Systemelementen.

Systemisch Denken (Systemdenken, Denken in Systemen) kennzeichnet folgende Merkmale:

1. Die Betrachtungsweise wechselt von den Teilen zum Ganzen. Die wesentlichen Eigenschaften der Teile sind Eigenschaften des Systems. Zum Beispiel ist der spezifische Wärmehaushalt des kaltgemäßigten Klimas der gemäßigten Klimazone eine prägende Eigenschaft des Geosystems borealer Nadelwald.
2. Systemisch Denken hat die Möglichkeit, sich unter Verwendung der gleichen Begriffe wechselweise verschiedenen Systemebenen zuzuwenden. Im Geosystem des borealen Nadelwaldes stecken großmaßstäbigere Raumsysteme wie ozeanische, kontinentale und hochkontinentale Geosysteme des borealen Nadelwaldes. Auf jeder Ebene weisen die beobachtbaren Erscheinungen Eigenschaften auf, die auf niedrigeren Ebenen nicht existieren.
3. Es gibt keine Teile. So genannte Teile sind Erscheinungen in einem Netzwerk.

4.2 Grundbegriffe

Ökologie (oikos, griech. = Haushalt; logos, griech. = Lehre) ist die Wissenschaft von den Beziehungen der Organismen zu ihrer unbelebten und belebten Umwelt. Die Bezeichnung geht auf den Zoologen *Ernst Haeckel* zurück (1866).

Heute wird der Begriff in Politik und Massenmedien stark verallgemeinernd für alle Problemfelder der Umwelt und der Beziehungen zwischen Mensch und Umwelt (Luft, Wasser, Boden, Waldsterben, Müll, Energie, Lärm, Landschaftsverbrauch, Weltklima) verwendet.

Geofaktoren (Landschaftsbildner, Landschaftsfaktoren) sind Erscheinungen und Kräfte, die das Wirkungsgefüge eines Landschaftsraumes prägen. Man unterscheidet **abiotische Faktoren** (geologischer Bau, Relief, Wasserkreislauf, Klima, Boden) von **biotischen Faktoren** (Vegetation, auch Tierwelt).

Geoökofaktoren sind Erscheinungen und Kräfte, die den **Stoff-** und **Energiehaushalt** eines Landschaftsraumes bestimmen. Deren beobachtbare und messbare Bestandteile (z. B. Neigungswinkel eines Talhangs, Bodenfeuchte, Kalkgehalt des Bodens, Niederschlagsverteilung, Sonnenscheindauer, Wärmesummen) sind die **Geoelemente**.

Kulturgeographische Kräfte sind Einflussfaktoren im Landschaftsraum. Es sind Bestimmungsgrößen raumwirksamer Entscheidungen des Menschen und dessen regelhaften raumwirksamen

Systemzusammenhang
Kulturlandschaftsraum

Verhaltens. Folglich wirken kulturgeographische Kräfte – im Unterschied zu den Geofaktoren – nicht direkt auf Erscheinungen im Landschaftsraum, sondern über den Umweg menschlicher Entscheidungen und Handlungen. Raumwirksame Entscheidungen und raumwirksames regelhaftes Verhalten des Menschen wird durch das Wertesystem einer Gesellschaft bestimmt. Als kulturgeographische Kräfte gelten also: die Gebundenheit des Menschen an Volksgruppen und Sprachgemeinschaften, an die Religion und Tradition, an das historische Erbe, an die sozioökonomischen Verhältnisse, an den technologischen Entwicklungsstand, an das Herrschaftssystem.

Im Unterschied zu den kulturgeographischen Merkmalen, die veränderbare Größen darstellen und im Allgemeinen eine aktuelle Situation im Landschaftsraum wiedergeben (u. a. Verstädterungsgrad, Erwerbstätigenquote, Analphabetenrate), sind die kulturgeographischen Kräfte ähnlich den naturgeographischen Faktoren (Geofaktoren) langfristig wirkend anzusehen.

Raumwirksame Entscheidungen und raumwirksames regelhaftes Verhalten werden außer durch das Wertesystem einer Gesellschaft durch den vorgegebenen naturlandschaftlichen Gesamtkomplex, die Landesnatur, bestimmt. Das System der Landesnatur nimmt mehr oder weniger stark Einfluss auf die Bandbreite möglicher Entscheidungen und möglichen Handelns. Es gibt Rahmenbedingungen des Wirkens kulturgeographischer Kräfte, den naturgeographischen Rahmen, vor.

Ökosystem ist die Sammelbezeichnung für Wirkungsgefüge abiotischer und biotischer Geofaktoren. Dabei sind jeweils zwei Betrachtungsweisen zu unterscheiden. Die funktionale Betrachtungsweise berücksichtigt das Zusammenwirken der Faktoren, wobei die abiotischen Faktoren das **Geosystem** und die biotischen Faktoren das **Biosystem** bewirken. Die räumliche Betrachtungsweise zielt auf die räumliche Ausprägung des Ökosystems, das **Geotop** einerseits und das **Biotop** andererseits.

Das Wirkungsgefüge des Geosystems in einem bestimmten Gebiet wird als **Geoökosystem**, das Wirkungsgefüge des Biosystems in einem bestimmten Gebiet als **Bioökosystem** angesprochen.

Alle Vernetzungen zwischen dem Geoökosystem und dem Bioökosystem, also den abiotischen und biotischen Geofaktoren in einem bestimmten Gebiet, prägen auf einer höheren Systemebene den **naturlandschaftlichen Gesamtkomplex (Naturlandschaftsraum, Ökotop)**.

Somit wird die Abgrenzung zwischen einem geographischen und einem biologischen Fachbereich der Ökologie in Forschung und Lehre möglich. Die **Geoökologie** beschäftigt sich aus geowissenschaftlich-geographischer Sicht mit dem Landschaftshaushalt im Naturlandschaftsraum, die **Bioökologie** aus biologischer Sicht mit dem Systemzusammenhang Leben-Umwelt.

Der **Landschaftshaushalt** umfasst das Wirkungsgefüge von Geländeformen, Klima, Wasserbilanz und Bodendynamik in Wechselbeziehungen mit der Lebewelt eines bestimmten Gebietes. Wegen der weltweit verbreiteten Eingriffe des Menschen in die Naturlandschaftsräume sind die Belastungen der Umwelt durch Stoffentnahme und Stoffeinträge sowie Energieüberschüsse zu berücksichtigen.

Das **Landschaftsökosystem** (der **Landschaftsraum**) ist die höchste Systemebene eines bestimmten Ausschnitts der Landschaftssphäre

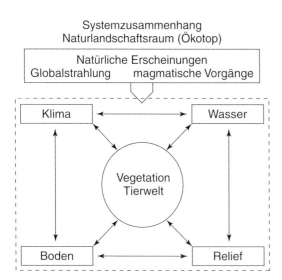

Systemzusammenhang
Naturlandschaftsraum (Ökotop)

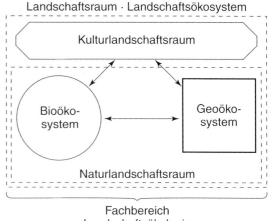

Landschaftsraum · Landschaftsökosystem

Fachbereich
Landschaftsökologie
(Landschaftskunde)

(Geosphäre, Erdhülle). Im Landschaftsökosystem vernetzen sich alle Geofaktoren, die Systemzusammenhänge der physischen (natürlichen) Faktoren mit den Systemzusammenhängen gesellschaftlicher Kräftekomplexe.

Die **Landschaftsökologie** (auch **Landschaftskunde**) ist die umfassendste Betrachtungsweise des Landschaftsraumes. Es ist jener Fachbereich, der den Gesamtkomplex von Wechselwirkungen zwischen allen Geofaktoren und Kräften, die den Landschaftsraum prägen, erforscht und in der Lehre vermittelt.

Die **Naturlandschaft** ist ein Landschaftsraum, der durch die Systemzusammenhänge der abiotischen und biotischen Geofaktoren geprägt wird. Vom Menschen unberührte Naturlandschaften sind heute nur noch in wenigen Gebieten der Landschaftssphäre erhalten.

Die **Kulturlandschaft** ist durch den Systemzusammenhang geistbestimmter Geofaktoren und gesellschaftlicher Kräftekomplexe geprägt. Sie ist ein

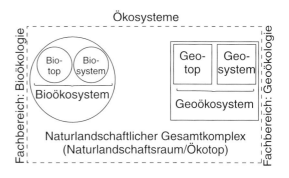

Landschaftsraum, der durch die Umgestaltung der Naturlandschaft durch menschliche Gruppen in der Entfaltung ihrer Daseinsgrundfunktionen entsteht. Der Grad der Inwertsetzung eines Landschaftsraumes ist abhängig von der sozioökonomischen Entfaltungsstufe der Gesellschaft. Demzufolge sind naturnahe von naturfernen Kulturlandschaften zu unterscheiden.

Landschaftswandel in den Steppen der USA

Zeit	Innovation	Landschaftstyp/Wirtschaftsform
		Naturlandschaftsraum der Prärien: winterkalte und subtropische Steppen
		Naturnaher Kulturlandschaftsraum
um 10 000 v. Chr.	Einwanderung indianischer Bevölkerung	Aneignungswirtschaft: Jägertum der Folsom-Kultur
um 1750	verwilderte Pferde aus dem spanischen Südwesten	Bisonjägerkultur: spezialisiertes Jägertum der Prärieindianer
um 1850	*Inwertsetzung der Prärie* europäische Siedler: Eisenbahnbau Vernichtung der Bisonherden	*Naturferner Kulturlandschaftsraum* Produktionswirtschaft Selbstversorgung Erlöschen der Bisonjägerkultur Gründung bäuerlicher Mischbetriebe
um 1870	Industrialisierung und Verstädterung im Osten der USA Eisenbahnbau	Marktproduktion Ranchwirtschaft mit extensiver Rinder-, Pferde- und Schafhaltung
um 1890	landwirtschaftliche Maschinen steigende Weizenpreise	Farmwirtschaft Weizenmonokulturen – Weizengürtel
um 1950	*Umwertung von Weideland* Mechanisierung, Bewässerung, Chemisierung, Hybridisierung, Management	Intensivierung der Landwirtschaft Agrarindustrielle Großbetriebe Fütterungswirtschaft

Das **Ökosystem Mensch-Erde** ist ein Modell der realen Welt, das den Menschen als Gestalter der Erde und damit als zentrales Systemelement auffasst.

Zu den Merkmalen des Lebens zählt, dass die Organismen mit ihrer Umwelt durch einen Stoffwechsel verbunden sind. Auch der Mensch als biologisches Wesen ist als Einzelner und in seinen gesellschaftlichen Gruppierungen in diesen „Stoffwechsel zwischen Gesellschaft und Natur" (*Neef*) eingebunden.

Die unbelebte wie die belebte Erdnatur besteht aus Systemen, die einander ergänzen, die zum Teil nebeneinander bestehen, die in einer Hierarchie von Untersystemen einander zugeordnet sind. Wachsen und Vergehen, Verfall und Erneuerung wiederholen sich in diesen natürlichen Systemen immer wieder.

Während die **geographische Erdhülle (Geosphäre)** ein System darstellt, in dem die abiotischen und biotischen Faktoren über einen untereinander verflochtenen Stoff- und Energieaustausch in Wechselbeziehungen treten, steht im Ökosystem Mensch-Erde der sich entscheidende und handelnde Mensch dem Stoff- und Energiesystem der Erde einschließlich der von ihm geschaffenen Kulturlandschaftssphäre gegenüber.

Die Geschichte des Menschen ist dadurch gekennzeichnet, dass er dank seiner geistigen und handwerklichen Fähigkeiten bestrebt ist, die natürlichen Stoff- und Energiesysteme der Geosphäre zu seinem Vorteil zu nutzen und zu verändern. Durch sein Handeln löst der Mensch nicht nur sozioökonomische Prozesse aus, er schafft auch Raumsysteme, indem er die Geosphäre einem Bewertungs- und Inwertsetzungsprozess unterwirft.

Die vom Menschen hervorgebrachten künstlichen Systeme der Kulturlandschaftsräume bestehen aus toten Materialien, die in raffinierter Weise organisiert sind. Es sind Teilsysteme, die auf bestimmte Ergebnisse und Ziele angelegt sind. Sie können sich nicht wie die natürlichen Systeme selbst erneuern. Sie müssen von außen gesteuert werden. Dabei werden ständig Stoffe und Energie aus den natürlichen Systemen der Umwelt verbraucht. Die vom Menschen hervorgebrachten Systeme arbeiten demnach auf Kosten der Faktoren des Geosystems, es sind offene Systeme.

Seit der Industrialisierung sowie mit der exponentiell wachsenden Weltbevölkerung und der Globalisierung sozioökonomischer Prozesse nehmen Zahl und Umfang der Eingriffe in den Naturhaushalt der Erde derart zu, dass die Belastung des Geosystems zu ökologischen Krisen besonderen Ausmaßes führen kann.

Diese politische Dimension gebietet es, den allgemein steigenden Ansprüchen einer dynamischen Weltgesellschaft an die Geosphäre mit dem **Prinzip der Nachhaltigkeit** entgegenzutreten. Mit der Veröffentlichung des *Brundtland*-Reports 1987 wendet sich die Umweltdiskussion: „**sustainable development**" meint die zukunftsorientierte Entwicklung und Inwertsetzung der Landschaftssphäre. Zukunftsfähig ist weder blindes Vertrauen in den technologischen Fortschritt noch ein technikfeindlicher Rückzug in vermeintliche ökologische Nischen. Nachhaltiges Wirtschaften setzt ökologisch angepassten Umgang mit der Technik voraus, der überwölbt ist von dem ethischen Bemühen um die „**Bewahrung der Erde**" (*Kroß*).

ATHMOSPHÄRE

Naturlandschaftsräume der Landschaftssphäre

Tropischer
Regenwald

Borealer
Nadelwald

LITHOSPHÄRE

90°N   0°   90°S

Hydrosphäre   **Biosphäre**   **Pedosphäre**

Eis

Wasser des Festlands
Wasser des Weltmeers

Geosphären und Landschaftssphäre

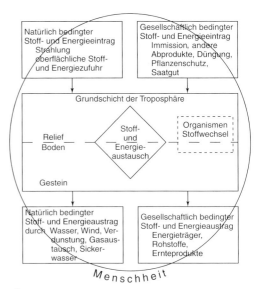

Ökosystem Mensch–Erde (nach: *Neumeister*)

5. Raumordnung

5.1 Grundbegriffe und Grundlagen der Raumordnung

Raumnutzungskonkurrenz ergibt sich aus der **Raumgebundenheit (Territorialität)** des Menschen. Der Mensch entfaltet zur Lebensbewältigung raumwirksame Tätigkeiten und Leistungen, die **Daseinsgrundfunktionen** (vgl. Geographie 1 – kurz & klar; S. 115). Die Gesellschaft in ihren Gruppierungen wie der einzelne Bürger stellen konkurrierende Ansprüche an die Landschaftsräume. Konflikte in der Raumnutzung sind bei wachsender Bevölkerung unvermeidbar. Sie führen zu den Alternativen: Durchsetzen oder Vermitteln. Letzteres bedeutet für die demokratische Gesellschaft, eine gerechte und zweckmäßige räumliche Ordnung des wirtschaftlichen, sozialen und kulturellen Lebens zu entwerfen.

Räumliches Verhalten ist das im Landschaftsraum zeitlich ablaufende Verhalten und den Landschaftsraum gestaltende Handeln von Individuen und Gruppen. Es umfasst die individuelle wie gruppenspezifische Befriedigung der Daseinsgrundfunktionen sowie die Kommunikation und Information der Menschen untereinander in ihren räumlichen Dimensionen. Räumliches Verhalten schließt demnach auch raumbezogenes Handeln ein.

Der **Aktionsraum** des Individuums umfasst alle tatsächlichen, möglichen und infolge von Einschränkungen nicht durchführbaren außerhäuslichen Tätigkeiten in ihrer räumlichen (Distanz, Richtung, Dichte) und zeitlichen (Dauer, Häufigkeit sowie tages-, wochen-, jahreszeitlichen Verteilung) Dimension.

Den **Handlungsspielraum** des Individuums bestimmen einerseits persönlich verfügbare Mittel (Geld, Zeit, PKW, soziale Stellung, Bildung), andererseits Einschränkungen durch raum-zeitliche Gegebenheiten (distanzielle und zeitliche Erreichbarkeit) und soziale Zwänge.

Aktions- und Handlungsspielräume werden zudem beeinflusst durch eine ungleiche Verteilung von Arbeitsstätten sowie Versorgungs- und Freizeiteinrichtungen. Derartige räumliche Disparitäten führen zur Ausprägung von Zentren und Peripherien.

Zentren sind wirtschaftlich starke Räume mit überdurchschnittlicher Bevölkerungsdichte und guter Infrastruktur (Verdichtungsräume, Ballungsräume, Aktivräume).

Peripherien sind dagegen strukturschwache Räume mit unterdurchschnittlicher Bevölkerungsdichte und schwacher Infrastruktur (ländliche Räume, strukturschwache Räume, Passivräume).

Raumordnung ist die bewusste Handhabung geeigneter Instrumente (Gesetze, Verordnungen, Pläne, Konzepte) durch den Staat, also ein Bereich der Regierungs- und Verwaltungstätigkeit, um eine zielbezogene Gestaltung, Nutzung und Entwicklung des Landschaftsraumes zu erreichen. Als gesellschaftliche Aufgabe und Feld politischen Handelns ist Raumordnung ein Teil raumwirksamer Staatstätigkeit.

Raumordnung heißt einerseits die Eingriffe des Menschen in den Landschaftsraum zu ordnen, andererseits den Landschaftsraum entsprechend den Bedürfnissen der Gesellschaft hinsichtlich einer gerechten und zweckmäßigen Ordnung des wirtschaftlichen, sozialen und kulturellen Lebens zu gestalten. Raumordnung soll den ausbeuterischen Eingriff in den Landschaftsraum abwehren. Raumordnung ist somit ein Teil von **Daseinsvorsorge.**

Raumplanung ist der Oberbegriff für die vier Planungsebenen in der Bundesrepublik Deutschland: **Bauleitplanung (Kommunal- und Stadtplanung), Regionalplanung, Landesplanung** und **Bundesraumordnung.** Dieses System rechtlicher, organisatorischer und inhaltlich voneinander abgegrenzter Planungsebenen entspricht dem föderativen Staatsaufbau Deutschlands. Die drei Planungsebenen sind durch das **Gegenstromprinzip** miteinander vernetzt.

Planung betrifft sowohl den privaten als auch den öffentlichen Bereich. Sie soll in diesen Bereichen die Daseinsbewältigung mithilfe eines Gefüges von Handlungszielen und Handlungsabfolgen für eine überschaubare Zeit positiv beeinflussen. Sie setzt ein systematisches Vorgehen voraus, das die Analyse der gegenwärtigen Lage und die Prognose ihrer Entwicklung umgreift.

Planung bringt – vor allem im öffentlichen Bereich – eine Vielzahl von Bestrebungen und Ansprüchen zu einem Ausgleich. In der Raumplanung stellt Planung einen politisch-administrativen Prozess zur Erstellung von überörtlichen und übergeordneten Programmen dar. Raumplanung und Raumordnung bedürfen der rechtlichen Ordnung. Ohne ein **Planungsrecht** wären Zielsetzungen und Hand-

Ablauf der Raumordnung in der Bundesrepublik Deutschland

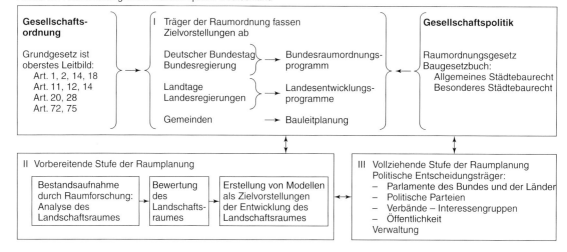

lungsabläufe im Verfassungsstaat (Rechtsstaat) nicht durchzusetzen.

Das **Raumordnungsrecht** ist ein Teil des Planungsrechts. Es ist festgeschrieben im **Raumordnungsgesetz (ROG)** des Bundes. Der **Rechtsstaat** kann nur in Gesetzen tätig werden, die vom gewählten Parlament mit Mehrheit beschlossen werden. Die rechtlichen Grundlagen der Raumordnung, auf die das ROG zurückzuführen ist, sind in den Artikeln 72 und 75 des Grundgesetzes festgelegt worden. Das ROG formuliert als Rahmengesetz Leitvorstellungen und materielle Grundsätze einer anzustrebenden Raumordnung, es führt die vier Ebenen der Raumplanung (Bauleitplanung, Regionalplanung, Landesplanung, Bundesraumordnung) zu einem System zusammen und steckt den Handlungsspielraum des Raumordnungspolitikers und des Raumplaners ab.

Mit dem ROG ist eine neue Rechtsform gefunden worden. Das Recht des Bürgerlichen Gesetzbuches hat konditionale Merkmale (konditional, lat. = eine Bedingung angebend); denn auf einen gegebenen Tatbestand folgen festgelegte Maßnahmen. Demgegenüber ist das Raumordnungsrecht ein finales Recht (final, lat. = die Absicht, den Zweck angebend), das eine flexible Planungspraxis ermöglicht.

Grundgesetz und Raumordnung. Das Grundgesetz ist oberstes Leitbild der Raumordnung für die Bundesrepublik Deutschland. Folgende Artikel des Grundgesetzes sind für die Raumordnung und Raumordnungspolitik von Bedeutung:

Artikel 1

(1) Die Würde des Menschen ist unantastbar. Sie zu achten und zu schützen ist Verpflichtung aller staatlichen Gewalt.

Artikel 2

(1) Jeder hat das Recht auf freie Entfaltung seiner Persönlichkeit, soweit er nicht die Rechte anderer verletzt und nicht gegen die verfassungsmäßige Ordnung oder das Sittengesetz verstößt.

Artikel 14

(1) Das Eigentum und das Erbrecht werden gewährleistet. Inhalte und Schranken werden durch die Gesetze bestimmt.

(2) Eigentum verpflichtet. Sein Gebrauch soll zugleich dem Wohle der Allgemeinheit dienen.

(3) Eine Enteignung ist zum Wohle der Allgemeinheit zulässig. Sie darf nur durch Gesetz oder aufgrund eines Gesetzes erfolgen, das Art und Ausmaß der Entschädigung regelt. Die Entschädigung ist unter gerechter Abwägung der Interessen der Allgemeinheit und der Beteiligten zu bestimmen. Wegen der Höhe der Entschädigung steht im Streitfalle der Rechtsweg vor den ordentlichen Gerichten offen.

- Daraus ist abzuleiten:
  - der freiheitlich-soziale Rechtsstaat,
  - die Autonomie der Person und die Gemeinschaftsgebundenheit des Individuums,
  - die pluralistische Gesellschaft.

Artikel 11

(1) Alle Deutschen genießen Freizügigkeit im ganzen Bundesgebiet.

Artikel 12

(1) Alle Deutschen haben das Recht, Beruf, Arbeitsplatz und Ausbildungsstätte frei zu wählen. Die Berufsausbildung kann durch Gesetz oder aufgrund eines Gesetzes geregelt werden.

(2) Niemand darf zu einer bestimmten Arbeit gezwungen werden, außer im Rahmen einer her-

kömmlichen allgemeinen, für alle gleichen öffentlichen Dienstleistungspflicht.

- Daraus ist abzuleiten:
  - Planung unter der Herrschaft des Grundgesetzes darf keine totale Planung sein.

Artikel 28

(2) Den Gemeinden muss das Recht gewährleistet sein, alle Angelegenheiten der örtlichen Gemeinschaft im Rahmen der Gesetze in eigener Verantwortung zu regeln. … Die Gewährleistung der Selbstverwaltung umfasst auch die Grundlagen der finanziellen Eigenverantwortung.

- Daraus ist abzuleiten:
  - die Planungshoheit der Gemeinden.

Artikel 72

(1) Im Bereiche der konkurrierenden Gesetzgebung haben die Länder die Befugnis zur Gesetzgebung, solange und soweit der Bund von seiner Gesetzgebungszuständigkeit nicht durch Gesetz Gebrauch gemacht hat.

Artikel 74

(1) Die konkurrierende Gesetzgebung erstreckt sich auf folgende Gebiete:

18. den Grundstücksverkehr, das Bodenrecht (ohne das Recht der Erschließungsbeiträge) und das landwirtschaftliche Pachtwesen, das Wohnungswesen, das Siedlungs- und Heimstättenwesen;

Artikel 75

(1) Der Bund hat das Recht, unter der Voraussetzung des Artikels 72 Rahmenvorschriften für die Gesetzgebung der Länder zu erlassen über:

4. die Bodenverteilung, die Raumordnung und den Wasserhaushalt;

- Daraus ist abzuleiten:
  - das föderalistische Prinzip weist dem Bund eine Rahmenkompetenz zu.

Raumforschung ist insoweit die Vorstufe der Raumordnung, als sie deren wissenschaftliche Grundlagen erarbeitet. Raumordnung, als vom Staat und deren **Körperschaften** (Gemeinden, Universitäten) betriebene raumstrukturelle Veränderung, bedarf der Kenntnis über den Landschaftsraum. Raumforschung ist auf die Methoden und Forschungsergebnisse verschiedener Sachwissenschaften wie Geographie, Geologie, Hydrographie, Soziologie, Betriebs- und Volkswirtschaftslehre, Politologie angewiesen. Ihr wissenschaftlicher Auftrag ist es, den Systemzusammenhang „Bedürfnisse der Gesellschaft" in seinen landschaftsräumlichen Bezügen zu analysieren und die Leitlinien herauszuarbeiten, nach denen die Raumordnung verfahren soll.

Stufen der Raumforschung

1. Raumanalyse: Erfassen des Systemzusammenhangs eines ausgewählten Landschaftsausschnitts.
2. Raumbewertung: Ausgehend von der Kenntnis der Landschaftsstruktur sind Prognosen für die zukünftige Entwicklung zu erstellen. Hierzu werden Raummodelle als alternative Entscheidungsmodelle entwickelt.
3. Erstellen von „**Leitbildern**" für den Landschaftsraum: Leitbilder sollen den politischen Arbeitsgruppen und Ausschüssen sowie den Verwaltungen in Bund, Ländern und Gemeinden zur Vorbereitung und Erleichterung ihrer Entscheidung die Planungsalternativen mit ihren jeweiligen Folgen für die Raumentwicklung zeigen.
4. Entwicklung von Verfahren der Raumplanung: Zu berücksichtigen sind die Koordination von Einzelmaßnahmen, deren zeitlicher Ablauf und deren Kosten.

Die **Körperschaft** ist allgemein eine Gruppe von Personen, die sich zu einem gemeinsamen Zweck und zu gemeinsamen Handeln zusammengeschlossen haben.

Die Körperschaft des öffentlichen Rechts ist ein rechtsfähiger Verband, der staatliche Aufgaben mit staatlichen Mitteln wahrnimmt. Sie hat im Rahmen staatlicher Aufsicht das Recht zur Selbstverwaltung (z. B. Gemeinden, Universitäten).

Fachplanungen sind aus der Sicht der Raumordnung alle raumwirksamen Planungen. Dazu gehören vor allem die Bereiche Infrastruktur (Verkehr, Bildungs- und Gesundheitseinrichtungen), Landwirtschaft, Umwelt. Sie werden auf allen Planungsebenen von den dafür zuständigen Fachbereichen wahrgenommen, in der Europäischen Union, in den Ministerien des Bundes und der Länder sowie in den Ämtern der Gemeinden.

Raumordnungsverfahren umfassen den Verwaltungsprozess, der die Programme und Pläne der Raumordnung auf ihre **Raumverträglichkeit** prüft und deren Durchführung genehmigt. Die Angaben der Raumordnungspläne reichen in der Regel nicht aus, um die Raumverträglichkeit des Vorhabens beurteilen zu können. Das Vorhaben ist deshalb, unter Berücksichtigung aller beteiligten Fachbereiche, auf dessen Auswirkungen auf die angestrebte raumstrukturelle Entwicklung zu überprüfen. Insbesondere sind im Umweltbereich Einzelvorhaben auf deren mögliche Auswirkungen zu prüfen (**Umweltverträglichkeitsprüfung**, UVP).

Beteiligungsverfahren sind im Raumordnungsrecht verankert. Es regelt, wer an landesplanerischen Entscheidungen beteiligt werden kann. Innerhalb einer Behörde (interne Beteiligung) können nachgeordnete Landesplanungsbehörden, Beiräte, Experten in Beiräten an der Planung beteiligt werden.

Eine Beteiligung außerhalb einer Behörde (externe Beteiligung) kann das zuständige Landesparlament als den Gesetzgeber, die Fachbehörden (Fachplanung), die Gemeinden, die Bürger und gegebenenfalls Nachbarstaaten einbeziehen. Außerdem wird die Form und der Umfang der Beteiligung (bloße Unterrichtung, Anhörung, Mitwirkung, Mitentscheidung) geregelt.

Raumordnungspolitik ist ein Bereich der Gesamtpolitik und deshalb an verfassungsrechtliche Grundaussagen gebunden, das heißt mit dem geltenden Recht verbunden. Raumordnungspolitik hat die Aufgabe, aus den durch Raumforschung nach wissenschaftlichen Erkenntnissen gewonnenen möglichen Leitbildern der Raumordnung eine Zielvorstellung durch politische Maßnahmen zu realisieren.

Raumbedeutsamkeit der Staatstätigkeit betrifft mehrere Politikbereiche, jedoch den verschiedenen Zielsetzungen staatlichen Handelns folgend in unterschiedlicher Wirksamkeit auf den Landschaftsraum. Politikbereiche mit erheblichem Raumbezug sind der Länder- und Kommunalfinanzausgleich, die Verkehrs-, Umwelt- und Agrarpolitik. Dagegen löst staatliches Handeln in den Bereichen Bildung, Wohnen, Gesundheit und Verteidigung erst durch den Einsatz der Instrumente positive oder negative Veränderungen im Landschaftsraum aus (z. B. Ausgaben für den Hochschulbau, steuerliche Vergünstigungen des Wohnungsbaus).

Das **Bodenrecht** ist für die Raumordnung von grundlegender Bedeutung, denn es bezeichnet die Gesamtheit der in vielen Gesetzen geregelten Rechtsbeziehungen zum Grund und Boden. Die zivilrechtlichen Sicherungen des Eigentums am Grund und Boden regelt das Sachrecht des Bürgerlichen Gesetzbuchs (BGB). Sie sind verfassungsrechtlich gewährleistet durch Artikel 14 des Grundgesetzes (GG).

Auf der Grundlage von Artikel 14 Absatz 1 Satz 2 und Absatz 2 GG unterwirft das öffentliche Recht das Eigentum an Grund und Boden aber zunehmend der **Sozialbindung**. Der Staat kann unter bestimmten Voraussetzungen über Grund und Boden verfügen.

Bodenrecht sind nach Art. 74 GG Nr. 18 auch die nicht privatrechtlichen Rechtsnormen wie das städtebauliche örtliche Planungsrecht, das die Art und Weise der baulichen Nutzbarkeit bestimmt, das Recht der Baulandumlegung und der Zusammenlegung von Grundstücken, das Baulanderschließungsrecht einschließlich der Erschließungsbeiträge sowie der bauliche Denkmalschutz, soweit er die Art und Weise der baulichen Nutzbarkeit von Grundstücken betrifft.

Infrastruktur ist die Ausstattung eines Gebietes mit materiellen, institutionellen und personellen Einrichtungen und Gegebenheiten, die als Voraussetzung und zum Funktionieren der wirtschaftlichen und sozialen Entwicklung und Versorgung notwendig sind.

Die Infrastruktur wird von allen Wirtschaftssektoren in Anspruch genommen. Sie ist Voraussetzung für die wirtschaftliche Leistungsfähigkeit, gesellschaftlich optimale Wettbewerbschancen und die Lebensqualität in einem Gebiet. Deshalb erwartet der Bürger vom Staat, dass er öffentliche Leistungen als Infrastrukturausstattungen bereitstellt.

Die Versorgung des Planungsraumes mit Infrastruktur und die Beseitigung infrastruktureller Mängel sind Aufgaben der Raumordnungspolitik.

Bereiche und Merkmale der Infrastruktur

1. materielle Infrastruktur:
   – Anlagen, Ausrüstungen und Betriebsmittel der Energieversorgung, Verkehrsbedienung, Telekommunikation,
   – Gebäude und Einrichtungen der staatlichen Verwaltung, des Erziehungs-, Forschungs-, Gesundheits- und Fürsorgewesens.
   Sie erbringt allgemeine, oft ortsgebundene Vorleistungen bei niedriger Kapitalproduktivität und hoher Kapitalintensität (vgl. Geographie 1 – kurz & klar, S. 138)
2. institutionelle Infrastruktur:
   historisch gewachsene und politisch gesetzte Normen, Einrichtungen und Verfahrensweisen einer Volkswirtschaft (z. B. Eigentumsordnung, Währungs- und Geldverfassung, Steuer- und Finanzverfassung, zweckmäßige räumliche Organisation der Verwaltung).
   Sie setzt den Rahmen für die Aufstellung, Entscheidung, Durchführung und Kontrolle der Wirtschaftspläne der Unternehmungen (vgl. Geographie 1 – kurz & klar, S. 144)
3. personelle Infrastruktur (Humankapital oder immaterielles Infrastrukturkapital: Bevölkerungszahl und Leistungspotenzial der Menschen [Allgemeinbildung, Spezialisierung, Qualifizierung]):
   – geistige, unternehmerische und handwerkliche Fähigkeiten,
   – Risiko- und Innovationsbereitschaft.
   Sie ist die Grundlage einer arbeitsteiligen Wirtschaft zur Ausschöpfung des Entwicklungspotenzials.

Zentrale Orte sind punkthafte Standortgruppierungen (vgl. Geographie 1 – kurz & klar, S. 143) von Einrichtungen, die Güter und Dienste zur Versorgung des Umlandes anbieten. Die Zentralität eines Ortes bedeutet einerseits die Eigenschaft, Mittelpunkt zu sein, andererseits kennzeichnet *zentral* die Eigenschaft, Bedeutungsüberschuss zu besitzen. Mittelpunkt ist ein Ort in seiner Beziehung zum Umland, denn die Nachfrage der Bewohner eines Gebietes nach Arbeit, Gütern und Dienstleistungen ist nicht an jedem Ort zu befriedigen. Es besteht ein räumlich-funktionaler Zusammenhang zwischen dem Angebot der Standortgruppierung und der Nachfrage im Umland.

Ist das Angebot an Gütern und Dienstleistungen eines Ortes größer als die Nachfrage seiner Bewohner, so entsteht ein Bedeutungsüberschuss. Der Ort übernimmt für sein Umland die Funktion eines Zentralen Ortes, weil die Umlandbewohner dessen Angebot nachfragen. Je größer, differenzierter und spezialisierter das Angebot, umso größer ist der Bedeutungsüberschuss, die Zentralität des Ortes und seiner Standortgruppierung.

Zentrale Orte kennzeichnet aber nicht nur der Bedeutungsüberschuss ihrer Funktionen, diese haben auch die Eigenschaft der Reichweite. Im Allgemeinen nimmt mit wachsender Zentralität die Entfernung zu den Nachfrageorten im Umland zu. Das heißt, der Einzugsbereich eines Zentralen Ortes hängt von dessen Zentralität ab. Daraus folgt eine Hierarchie der Zentralen Orte. Einem Ort mit hoher Zentralität sind mehrere mit geringerer Zentralität zugeordnet. Außerdem übt jeder Zentrale Ort einer höheren Ordnung auch die Funktionen der Orte niederer Ordnung aus.

Das Zentrale-Orte-Konzept hat sich in der Praxis der Raumordnung nicht nur in Deutschland bewährt, es wird inzwischen nahezu weltweit als theoretische Grundlage verwendet. Anwendungsfelder sind vor allem die Infrastrukturplanung und die Entwicklung regionaler und nationaler Städtesysteme.

Konzeptionen der Raumordnung. Grundvorstellungen zur Verwirklichung von Leitbildern räumlicher Gestaltung sind Gebietskategorien, zentrale Orte und Entwicklungsachsen sowie Regionen.

Gebietskategorien, die sich grundlegend unterscheiden, sind der Verdichtungsraum einerseits und der ländliche Raum andererseits. Zwischen diesen Gebieten besteht ein deutliches Gefälle in der Bevölkerungsdichte, der Infrastruktur und der Dichte an Arbeitsplätzen im sekundären und tertiären Sektor. Deshalb sind ländliche Räume strukturschwache Räume.

Zentrale Orte und Entwicklungsachsen sind ein Instrument, strukturschwache ländliche Räume zu entwickeln. Eine Zentrale-Orte-Hierarchie in Verbindung mit Entwicklungsachsen zwischen den Mittelzentren bildet das Grundmuster für den Infrastrukturausbau.

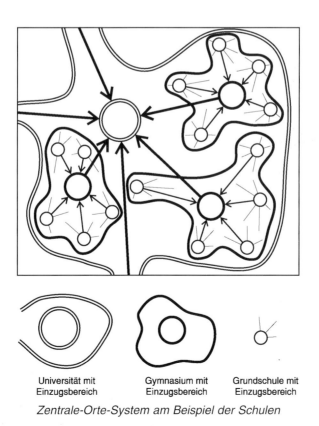

Universität mit Einzugsbereich   Gymnasium mit Einzugsbereich   Grundschule mit Einzugsbereich

Zentrale-Orte-System am Beispiel der Schulen

Gliederung der Zentralen Orte in Deutschland

Zentralitäts-stufe	Einwohner-richtwert für Ort und Nah-bereich	Zentrale Einrichtungen (Auswahl)	Bedeutung für die Versorgung der Bevölkerung
I. Kleinzentrum	> 5 000 E	Grundschule, Kindergarten, Arzt, Apotheke, Einzelhan-delsbetriebe, Postamt	Grundversorgung
II. Unterzentrum	> 10 000 E	Weiterführende Schule, meh-rere Ärzte, kleines Kranken-haus, verschiedene Kreditin-stitute, Dienstleistungen ver-schiedener freier Berufe, un-tere Verwaltungsbehörde	Versorgung mit Gütern des längerfristigen Bedarfs
III. Mittelzentrum	> 30 000 E	Höhere Schulen, Berufsschu-le, Fachärzte, Krankenhaus mit drei Fachabteilungen, viel-seitige Einkaufsmöglichkeiten, höhere Verwaltungsbehörden	Versorgung mit Gütern des gehobenen Bedarfs
IV. Oberzentrum	> 100 000 E	Hochschulen, Spezialkliniken, spezialisierte Einkaufsmöglich-keiten, Dienststellen höherer Verwaltungsstufen, Theater, Museen, Banken	Versorgung mit Gütern des höheren, episodisch-spezifischen Bedarfs

Die Regionen-Konzeption verfolgt die Umsetzung des Leitziels, in allen Gebieten gleichwertige Lebensbedingungen zu erreichen. Regionen, die hinter der allgemeinen Entwicklung zurückgeblieben sind (strukturschwacher Raum), werden als Vorranggebiete gefördert. Dabei unterscheidet man die für eine Verdichtung geeigneten Räume von den nicht zur Verdichtung geeigneten Räumen. Erstere sollen derart entwickelt werden, dass sie die Verdichtungsräume entlasten (Dezentralisierung). Letzteren werden naturnahe Funktionen übertragen (Wassergewinnung, Erholung, Land- und Forstwirtschaft, ökologischer Ausgleich). Dementsprechend erfolgt die Förderung der Vorranggebiete.

Gebietskategorien. Planung und Gestaltung des geographischen Raumes erfordert seine Gliederung. Solche Landschaftsräume können nach verschiedenen Gesichtspunkten ermittelt werden.

Der *Aktivraum* ist ein Landschaftsraum mit starker wirtschaftlicher Leistung, guter Infrastruktur und vielen Arbeitsplätzen sowie wachsender Bevölkerung durch Zuwanderung aus Passivräumen.

Der *Passivraum* ist ein Landschaftsraum mit geringer wirtschaftlicher Leistung und Mangel an Arbeitsplätzen. Deshalb überwiegt die Abwanderung vorwiegend jüngerer und qualifizierter Arbeitskräfte. Sie ist mit Überalterung der Bevölkerung verbunden.

Verdichtungsräume sind Gebiete mit einer hohen Dichte von Einwohnern und Arbeitsstätten. Der Vorgang der Verdichtung ist verbunden mit der Verstädterung. In der Bundesrepublik Deutschland gilt, dass ein Verdichtungsraum mehr als 150 000 Einwohner in einem zusammenhängenden Gebiet aufweist. In den derart abgegrenzten Verdichtungsräumen leben auf 11 % der Fläche etwa 40 Mio. Einwohner, das sind 50 % der Bevölkerung.

Der *ländliche Raum* (Passivraum, Agrarlandschaft) ist derjenige Teil der Kulturlandschaft, der überwiegend land- und forstwirtschaftlich genutzt wird. Er ist durch ländliche Siedlungen, landwirtschaftlich genutzte Flächen (Flur), Wald und Ödland geprägt. Der ländliche Raum ist heute kaum noch an der wirtschaftlichen Entwicklung beteiligt, er erfährt einen Bedeutungsverlust.

5.2 Ebenen der Raumordnung

5.2.1 Gemeindeplanung

Die **Gemeinde** ist eine politische und verwaltende (administrative) Einrichtung mit eigenem Territorium (Gemeindegebiet). Die meisten Gemeinden sind Gebietsteile von Landkreisen.

Die Bezeichnung „Dorf" hat keine rechtliche Bedeutung. Sie ist gefühlsmäßig, im Sinne von ländlich und beschaulich, zu verstehen. Viele Gemeinden sind Städte. Diese Bezeichnung wurde ihnen verliehen, den meisten Gemeinden im Mittelalter durch den Landesherrn.

Die großen Städte erfüllen als „kreisfreie Städte" Aufgaben einer Stadt und zugleich eines Kreises. In einigen Ländern gibt es die Zwischenstufe der „großen Kreisstadt". Kreisfreie Städte, kreisangehörige Gemeinden und Kreise bilden zusammen die Kommunen.

Die **Kommune** (communis, lat. = gemeinschaftlich) umfasst politisch und rechtlich die Stadt, die Gemeinde und den Kreis. Sie sind Träger der kommunalen Selbstverwaltung. Die Kommune ist nach dem Verwaltungsaufbau der Bundesrepublik Deutschland die unterste Ebene der Staatsgewalt. Sie ist, von gesetzlichen Einschränkungen abgesehen, ausschließliche und eigenverantwortliche Trägerin der öffentlichen Verwaltung. Sie ist eine Gebietskörperschaft, also auf ein Territorium bezogen. Gemeindeaufgaben sind öffentliche Aufgaben kommunaler Verwaltungstätigkeit. Zu ihnen gehören: Allgemeine Verwaltung; Finanzen; Recht, Sicherheit und Ordnung; Schule und Kultur; Soziales, Jugend und Gesundheit; Bauwesen; Öffentliche Einrichtungen; Wirtschaft und Verkehr. Zu unterscheiden sind die Aufgaben der freiwilligen und pflichtigen Selbstverwaltungsangelegenheiten (z. B. Jugendhilfe, Straßenbau, Abfallbeseitigung, Kultureinrichtungen) von den vom Staat übertragenen Pflichtaufgaben und Auftragsangelegenheiten (z. B. Meldewesen, Ausländerrecht).

Die **Kommunale Selbstverwaltung** geht aus den *Stein-Hardenberg*'schen Reformen in Preußen (1808) hervor. In der Bundesrepublik Deutschland ist kommunale Selbstverwaltung verfassungsrechtlich gewährleistet. In Artikel 28 GG ist festgelegt, dass den Gemeinden das Recht gewährleistet sein muss, alle Angelegenheiten der örtlichen Gemeinschaft im Rahmen der Gesetze in eigener Verantwortung zu regeln. Was zu den „örtlichen Aufgaben" gehört, ist abschließend nicht festgelegt. Außerdem sind Einschränkungen aufgrund eines Gesetzes möglich, soweit es nicht den Kernbereich der Selbstverwaltung trifft.

Dorferneuerung ist eine durch Steuergelder geförderte Maßnahme der ländlichen Gemeinden mit dem Ziel der Sanierung von ländlichen Siedlungen (Dörfern) und Ortsteilen. Der Strukturwandel in der Landwirtschaft führte zur Abnahme der Anzahl landwirtschaftlicher Betriebe bei gleichzeitiger Vergrößerung verbleibender Betriebe. Zugleich erfolgte eine Abwanderung aus dem ländlichen Raum.

Die Grundversorgung der verbleibenden Bevölkerung war beeinträchtigt.

Diese Entwicklungen liefen den Grundsätzen der Raumordnung, in Deutschland gleichartige Lebensverhältnisse zu ermöglichen, entgegen. Dementsprechend wurden vom Deutschen Bundestag 1971 mit dem „Gesetz über städtebauliche Sanierungs- und Entwicklungsmaßnahmen in den Gemeinden" (Städtebauförderungsgesetz) Maßnahmen zur Strukturverbesserung ermöglicht. Als Gemeinschaftsaufgabe „Verbesserung der Agrarstruktur und des Küstenschutzes" kamen Maßnahmen der Dorferneuerung hinzu.

Sanierung ist eine Daueraufgabe zur Beseitigung städtebaulicher Missstände. Anfangs wurde Sanierung oft als Abriss und Neubau verstanden. Heute stehen Erhaltung und Weiterentwicklung älterer Stadtviertel bzw. ländlicher Gemeinden im Vordergrund. Es sollen soziale Beziehungen und gewachsene bauliche Strukturen erhalten werden. Deshalb ist Bürger- und Betroffenheitsbeteiligung gesetzlich festgeschrieben worden. Es geht um behutsame Stadt- und Dorferneuerung.

Das Städtebauförderungsgesetz von 1971 verpflichtete den Bund zur Übernahme eines Drittels der Kosten; Land und Kommune teilten sich in der Regel die restlichen Kosten. Heute erfolgt die Finanzierung nach dem Baugesetzbuch allein durch Länder und Kommunen. Damit sind dem Vorhaben wirtschaftliche Grenzen gesetzt.

Stadterneuerung bezweckt eine Verbesserung der Lebensbedingungen und wirtschaftlichen Leistungsfähigkeit einer Stadt oder eines Stadtviertels unter sich verändernden Bedürfnissen und wirtschaftlichen Bedingungen. Ziel ist die Aufwertung einer Stadt oder eines Stadtviertels. Das Vorhaben kann auf erheblichen Widerstand Betroffener (Hauseigentümer, Bewohner, Unternehmer, Arbeitnehmer) führen.

Stadtplanung meint die vorausschauende Lenkung der räumlichen Entwicklung einer Stadt. Es kann sich um die Planung eines künftigen Zustandes oder um die zweckmäßige Verwendung knapper räumlicher Ressourcen handeln.

Zur Gestaltung eines Neubaugebietes benötigt man einerseits einen Plan, ein Modell seiner beabsichtigten räumlich-funktionalen Gestalt, andererseits einen Ablaufplan, in dem Finanzierung, Grunderwerb, Erschließung mit Straßen und Leitungen, Anschluss an das öffentliche Verkehrsnetz zuvor geklärt werden. Das öffentlich-rechtliche Instrument zur Verwirklichung der Planung ist der Bebauungsplan. Hinzu kommt privatrechtliches Handeln von Investoren, z. B. einzelner Bauwilliger, von Unternehmungen, von Entwicklungsgesellschaften.

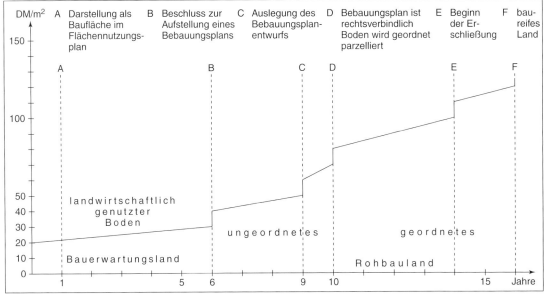

Baulandpreisentwicklung in Abhängigkeit von städtebaulichen Maßnahmen

Für zukünftige Planungen gilt es, mit den räumlichen Ressourcen hauszuhalten. Der Flächennutzungsplan ist ein Modell zur langfristigen Nutzung der im Territorium der Gemeinde vorhandenen Flächen. In ihm sind die Möglichkeiten baulicher Erschließung bisher nicht bebauter Flächen (Stadterweiterung) und die beabsichtigten Veränderungen in der bestehenden Bausubstanz (Stadterneuerung) darzustellen.

5.2.2 Regional- und Landesplanung

Landesplanung ist Raumordnung auf der staatlichen Ebene der Länder. Deshalb wird auch von Landesentwicklung gesprochen. Sie gliedert sich in zwei Bereiche, die Erarbeitung von Leitvorstellungen der Landesentwicklung und die Entscheidung über den bestimmten Landschaftsraum. Dieser Einzelfall wird durch das Raumordnungsverfahren verwirklicht.

Die Entwürfe zur Landesentwicklung werden in den Ländern der Bundesrepublik Deutschland unterschiedlich bezeichnet, z. B. in Baden-Württemberg und Sachsen Landesentwicklungsplan, in Bayern und Sachsen-Anhalt Landesentwicklungsprogramm. Bis auf die Stadtstaaten Berlin, Hamburg und Bremen sowie im Saarland werden in den Ländern die Pläne zur Landesentwicklung durch eine Regionalplanung verdeutlicht.

Die **Region** bezeichnet ein durch bestimmte Merkmale gekennzeichnetes Gebiet mittlerer Größen-

ordnung. In der Umgangssprache wird der Begriff verwendet, um Vorgänge oder Gegebenheiten im Nahraum anzusprechen, so anstelle von „Heimat". Als Planungsregion spielt der Begriff im Horizont politisch-administrativer Entscheidungen der Raumordnung heute eine Rolle (Regionen-Konzeption).

Regionale Strukturpolitik umfasst beabsichtigte Handlungen zur Gestaltung der Wirtschaftsstruktur eines Gebietes. In der marktwirtschaftlichen Wirtschaftsordnung der Bundesrepublik Deutschland bestimmen im Rahmen naturgeographischer Bedingungen grundsätzlich unternehmerische Planungen und die Kräfte des Marktes über die räumliche Verteilung von Standorten der Betriebe. Der Staat wird in Standortentscheidungen eingreifen, wenn die Entwicklungen am Markt nicht mit gesellschaftlichen Leitbildern übereinstimmen. Solche Leitbilder sind: Ausgleich von krassen Einkommensunterschieden, Sicherung eines Existenzminimums, Vermeidung sozialer Unruhen, Beseitigung oder Verminderung von Arbeitslosigkeit, zusammengefasst: Schaffung einheitlicher bzw. gleichwertiger Lebensverhältnisse im gesamten Staatsraum, das heißt Abbau räumlicher Disparitäten.

Instrumente regionaler Strukturpolitik sind:

– durch Zureden und Empfehlungen (moralischer Appell) die Handlungsweise von Entscheidungsträgern beeinflussen,

– Entscheidungsträger hinreichend durch Regionalstatistiken, Regionalprognosen, Standortkataloge, Landesentwicklungsberichte informieren,

- Verbesserung der Infrastruktur und Anreizpolitik über geldliche Leistungen (Tarife, Steuern, Subventionen),
- direkte Lenkung durch staatliche Ver- und Gebote (z. B. Ansiedlungsverbote in Verdichtungsräumen, Baugebote in Sanierungsgebieten).

Regionalplanung ist der auf eine Region bezogene Bereich der Landesplanung. Sie zielt auf die Entwicklung von Landschaftsräumen in der Region. Somit hat die Regionalplanung eine vermittelnde Aufgabe:

- Sie hat die Vorgaben der Raumordnung und Landesplanung des Bundes und des jeweiligen Landes – bei grenzüberschreitender Planung der beteiligten Länder – zu beachten.
- Sie muss die Struktur- und Entwicklungsprobleme der Landschaftsräume in der Region ermitteln und unter Einbeziehung kommunaler Planungen Zielvorstellungen für einen Regionalplan festlegen.

Dieser vermittelnden Aufgabe im Spannungsfeld von kommunalen und regionalen Interessen kann die Regionalplanung durch Anwendung des Gegenstromprinzips bewältigen.

Das **Gegenstromprinzip** ist ein grundsätzliches Verfahren der Landesplanung, um die vielen an der Planung beteiligten Institutionen auf bestimmte, untereinander vereinbarte Zielvorstellungen hin koordinieren zu können. Mit dem Gegenstromprinzip soll die Eigenständigkeit der jeweiligen Planungsebene nicht infrage gestellt werden. Es soll aber eine isolierte, auf eigene Vorteile bedachte Raumplanung ausgeschlossen werden.

Ländliche Neuordnung (Flurbereinigung) zielt auf die Anpassung räumlicher Strukturen in Kulturlandschaften an veränderte wirtschaftliche und gesellschaftliche Bedingungen. So war es beim Übergang von der Agrargesellschaft zur Industriegesellschaft erforderlich, die landwirtschaftliche Bodenordnung zu verändern (z. B. zersplitterten und zerstreuten Grundbesitz zusammenzulegen, Allmendebesitz in Eigentum überzuführen). Die Vereinigung Deutschlands erforderte die Feststellung und Neuordnung der Eigentumsverhältnisse im Beitrittsgebiet (Gebiet der ehemaligen DDR). Dem begegnete der Gesetzgeber mit dem Landwirtschaftsanpassungsgesetz 1990.
In der Bundesrepublik Deutschland ermöglichte es das Flurbereinigungsgesetz (1953, Novellierung 1976), die Flurbereinigung auch als Instrument der Landesentwicklung zu nutzen.

5.2.3 Bundesplanung

Bundesraumordnung ist notwendig, um die raumordnerischen Maßnahmen von Bund, Ländern und Kommunen aufeinander abzustimmen. Das geschieht horizontal innerhalb der Aufgaben des Bundes und vertikal zwischen der Ebene der Europäischen Union und den Ebenen der Landes- und Kommunalplanung.

Seit 1972 ist das Bundesministerium für Raumordnung, Bauwesen und Städtebau für die Bundesraumordnung zuständig Es muss mit anderen Ministerien zusammenarbeiten (z. B. Bundesministerium für Verkehr – Verkehrspolitik, Bundesministerium für Wirtschaft – regionale Wirtschafts- und Strukturpolitik, Bundesministerium für Umwelt – Umweltpolitik, Bundesministerium für Landwirtschaft – Agrarpolitik) und deren Maßnahmen mit den Grundsätzen des Raumordnungsgesetzes in Übereinstimmung bringen. Über Meinungsverschiedenheiten zwischen den betroffenen Bundesministwerien entscheidet die Bundesregierung und notfalls der Bundeskanzler nach Art. 65 GG („Der Bundeskanzler bestimmt die Richtlinien der Politik und trägt dafür die Verantwortung."). Die Ministerkonferenz für Raumordnung berät in Zweifelsfragen und äußert Empfehlungen an die Bundesregierung.

Die **Ministerkonferenz für Raumordnung** ist ein beratender Ausschuss aller an der Raumordnung beteiligten Fachministerien in Bund und Ländern. Sie hat die Aufgabe, die Planungen und Maßnahmen von Bund und Ländern aufeinander abzustimmen. Bis heute liegen Entschließungen und Stellungnahmen zur Raum- und Siedlungsstruktur, zu raumwirksamen Fachplanungen, zur Struktur- und Standortpolitik sowie Finanzreform, zu Rechts- und Verkehrsfragen und zur Koordinierung der Datengrundlagen vor. Ab Mitte der 70er-Jahre befasst sie sich zunehmend mit Fragen der europäischen Raumordnung.

Grundsätze der Raumordnung sind 1965 im Raumordnungsgesetz formuliert worden. Es sind keine abschließenden raumordnerischen Entscheidungen, sondern Maßstäbe zur Abwägung von raumordnerischen Maßnahmen. Sie haben sich an folgenden Leitvorstellungen auszurichten:

- freie Entfaltung der Persönlichkeit in der Gemeinschaft,
- Gestaltungsmöglichkeiten der Raumnutzung sind langfristig offen zu halten,
- Schutz, Pflege und Entwicklung der natürlichen Lebensgrundlagen,
- Schaffung gleichwertiger Lebensbedingungen im Bundesgebiet und Überwindung der Folgen der Vereinigung Deutschlands,
- Zusammenarbeit im europäischen Raum.

Gemeinschaftsaufgaben sind eine besondere Form der Zusammenarbeit von Gesamtstaat (Bund) und Gliedstaaten (Ländern) in einem Bundesstaat. 1969 wurden in der Bundesrepublik Deutschland nach Art. 91a GG drei Gemeinschaftsaufgaben eingerichtet. Diese waren:

– der Ausbau und Neubau von wissenschaftlichen Hochschulen einschließlich Hochschulkliniken,
– die Gemeischaftsaufgabe „Verbesserung der regionalen Wirtschaftsstruktur",
– die Gemeinschaftsaufgabe „Verbesserung der Agrarstruktur und des Küstenschutzes". Inzwischen haben die Gemeinschaftsaufgaben an Bedeutung verloren. Dahinter steckt die Befürchtung der Länder, der Bund könnte seine Befugnisse zu Lasten der Länder erweitern. Zudem werden die Zuständigkeiten im Bereich der Agrarstruktur- und Regionalpolitik zunehmend auf die Ebene der Europäischen Union verlagert.

Der **Länderfinanzausgleich** soll in allen Ländern der Bundesrepublik Deutschland eine in etwa gleiche Finanzausstattung pro Kopf der Bevölkerung sichern. Damit soll vermieden werden, dass aufgrund unterschiedlicher Steuereinnahmen die „Wahrung der Einheitlichkeit der Lebensverhältnisse" (Art. 72 Abs. 2 und Art. 106 Abs. 3 GG) leidet. Der Finanzausgleich regelt die Zahlungen der Länder mit überdurchnittlich hohem Steueraufkommen an die Länder mit geringem Steueraufkommen. Einige Länder treten inzwischen aus Gründen des wirtschaftlichen Wettbewerbs für die Neuregelung des Länderfinanzausgleichs ein.

Länderneugliederung bezeichnet die Frage, ob die gegenwärtige Gliederung des Bundesgebietes in 16 Länder reformbedürftig ist. Art. 29 GG in der alten Fassung von 1949 verpflichtete den Bund zur Neugliederung des Bundesgebietes. Diese verfassungsrechtliche Regelung muss im Zusammenhang mit politischen Entscheidungen der Besatzungsmächte Frankreich, Großbritannien, Sowjetunion und USA zwischen 1945 und 1947 gesehen werden. Die Militärregierungen hatten Preußen durch Kontrollratsbeschluss 1947 aufgelöst und in ihren Besatzungszonen nach ihren Bedürfnissen neue Länder gebildet (z. B. Rheinland-Pfalz, Nordrhein-Westfalen, Niedersachsen, Sachsen-Anhalt, Brandenburg).

Nach 1949 gab es verschiedene Vorschläge zur Neugliederung in der Bundesrepublik Deutschland. Eine vom Bundesminister des Innern berufene unabhängige Sachverständigenkommission legte 1973 dem Bundeskanzler einen Entwurf zur Verringerung der elf Länder auf fünf oder sechs vor. Er blieb ohne politische Wirkung. Daher ist der Art. 29 GG 1976 dahingehend geändert worden, dass aus der Muss-Vorschrift eine Kann-Vorschrift zur Neugliederung wurde.

Die SED-Führung hatte in der DDR 1952 durch einen staatsstreichartigen Verwaltungsakt die von der sowjetischen Militärverwaltung in Deutschland gebildeten fünf Länder aufgelöst. In einem Einheitsstaat konnte die Einparteienherrschaft der SED unbehindert errichtet werden. 1990 wurden die fünf Länder im Wesentlichen in Anlehnung an die alten Grenzen wieder eingerichtet (Ländereinführungsgesetz der Volkskammer der DDR 1990). Diese Länder wurden mit dem Beitritt der DDR 1990 nach Art. 23 GG Gliedstaaten der Bundesrepublik Deutschland. Seither stellt sich die Frage nach der Länderneugliederung verschärft. Sie hat im Rahmen der politischen Einigung Europas wegen der Bedeutung von Regionen eine Chance.

6. Sozioökonomische Strukturen

6.1 Sozioökonomische Entwicklung

6.1.1 Entwicklungsstufen

Die **Wirtschafts- und Gesellschaftsentwicklung** der Menschheit ist ein zeitlicher und räumlicher Prozess. Die Entfaltung der Zivilisation und die Erschließung des Raumes sind eingebunden in das Ökosystem Mensch – Erde. Verschiedene Autoren haben versucht, die Entwicklung in Theorien zu fassen. Es ergaben sich Stufen, die aufeinander folgten und noch nebeneinander bestehen.

In drei großen Etappen hat der Mensch den Wirtschaftsraum Erde gestaltet. Haupttriebkraft der Entwicklungen war die Sicherung und Befriedigung seiner Grundbedürfnisse, die Notwendigkeit zur Daseinsbewältigung und Daseinsvorsorge, das Streben nach Überwindung der Güterknappheit und Raumbezogenheit der Produktion.

In der **Wildbeutergesellschaft** war das Ziel der gesellschaftlichen Organisation und des wirtschaftlichen Handelns zunächst das Überleben. Dieses Grundmotiv wurde in der langen **agrargesellschaftlichen Epoche** mit zunehmender Arbeitsteilung durch Wachstum der Güterproduktion ergänzt. In der **Industriegesellschaft** wird wirtschaftliches Wachstum schließlich zu einer Leitlinie privaten und öffentlichen Handelns. Die exponentielle Zunahme der Weltbevölkerung, die Globalisierung immer neuer Lebensbereiche und der rasante technologische Fortschritt sind neuartige Erscheinungen im Ökosystem Mensch – Erde. Sie erfordern eine nachhaltig wirtschaftende Wissensgesellschaft, die „ihre Bedürfnisse befriedigt, ohne die Aussichten künftiger Generationen zu schmälern" (*Lester Brown* 1981, Worldwatch Institute in Washington, DC).

Stufen der volkswirtschaftlichen Entwicklung
(*E. Friederich* 1926)

1. Stufe: *reflexive Wirtschaft:* wirtschaftliche Tätigkeit als Befriedigung der Grundbedürfnisse durch individuelle Nahrungssuche, vorwirtschaftliches Stadium.
2. Stufe: *instinktive Wirtschaft:* Anfänge des Wirtschaftens, Naturzwang ist noch ausschlaggebend, primitiver Feldbau und Tierhaltung lösen Sammelwirtschaft ab.
3. Stufe: *traditionelle Wirtschaft:* planmäßige Anwendung langer Erfahrungen, intensive Formen des Feldbaus und der Tierhaltung, Ausbildung von Bergbau, Handwerk, Handel und Verkehr, Arbeitsteilung, neue soziale Organisationsformen: Städte, Staaten, Hochkulturen.
4. Stufe: *wissenschaftlich-technische Wirtschaft:* wissenschaftliche Erkenntnisse und technische Fortschritte ermöglichen zielgerichtete, rationale Nutzung sowie weitgehende Beherrschung der Natur, technisierte Landwirtschaft, Städteballungen, Industriegebiete.

Hauptstufen der Gesellschafts- und Wirtschaftsentfaltung in geographischer Sicht
(*H. Bobek* 1959) (vgl. Geographie Bd. 1 – kurz & klar, S. 161)

Wildbeuterstufe: primitive Stufe, umfasste 98–99 % der Menschheitsgeschichte, geringe Bevölkerungsdichte, starke Naturabhängigkeit; der Wildbeuter verändert den Naturlandschaftsraum nicht.

Stufe der spezialisierten Jäger, Sammler und Fischer: gegen Ende der Altsteinzeit und in der mittleren Steinzeit, Großwildjagd, Anfänge des primitiven Feldbaus, einsetzende Rodung, gebietsweise dichtere Bevölkerung und Dauersiedlungen, erste Eingriffe in den Naturlandschaftsraum.

Stufe des Sippenbauerntums mit dem Seitenzweig des Hirtennomadismus: in der Jungsteinzeit Übergang von der Sammel- und Aneignungswirtschaft zur Produktionswirtschaft, neolithische Revolution (besser: neolithische Evolution), Bauerntum mit Feldbau und Tierhaltung, Bevölkerungsverdichtung bis 10 E./km^2, dörfliche Siedlungen mit zugehörigen Territorien (Gemarkungen), geschlossene Hauswirtschaft (Selbstversorgungswirtschaft = Subsistenzwirtschaft), hauswirtschaftliche Arbeitsteilung mit Handwerk und Tauschhandel, Bauern gestalten naturnahe Kulturlandschaften.

Hirtennomadismus: ökologisch bedingter Seitenzweig des Bauerntums, aus Vieh haltendem Feldbauerntum des Vorderen Orients ausgegliedert, auf Güteraustausch mit Bauern angewiesen.

Stufe der herrschaftlich organisierten Agrargesellschaft: frühe Staatenbildung, beruht auf Verfügungsgewalt der Herrschenden über Mensch und Boden; Herrschaft und fortgeschrittene Arbeitsteilung (Berufsbildung und Berufsspaltung, einsetzende Produktionsteilung: primärer, sekundärer, tertiärer Sektor) führen zur Bildung sozialer Schichten (Priester, Krieger, Beamte, Handwerker neben Bauern), Gründung von Städten (zentrale Orte), ermöglichen Gemeinschaftsleistungen (Bewässerungsanlagen, monumentale Bauten), Stadtwirtschaft mit Stadt-Umland-Beziehungen, Bevölkerungsverdichtung auf 20 E./km² im Mittel.

Stufe des älteren Städtewesens und des Rentenkapitalismus: seit dem 4. Jt. v. Chr. im Vorderen Orient, Ausbreitung nach Indien, China, in den Mittelmeerraum, in der Neuzeit in Lateinamerika, Herausbildung eines Systems zentraler Orte; Städte befestigt, baulich und funktional in Viertel gegliedert, von bäuerlichem Hinterland umgeben (Stadtwirtschaften); Rentenkapitalismus: Städtische Oberschicht erwirbt durch Verschuldung der Bauern und Kleinhandwerker Besitztitel an Produktionsfaktoren, schöpft Erträge aus der Arbeit der Schuldner ohne eigene produktive Arbeit ab, parasitäre Oberschicht reinvestiert das Kapital nicht, wirtschaftliche Entwicklung wird gehemmt.

Stufe des produktiven Kapitalismus, der industriellen Gesellschaft und des jüngeren Städtewesens: seit dem 18. Jh. Industrialisierung in Phasen (vgl. Geographie Bd. 1 – kurz & klar, S. 140), Ausbreitung von Großbritannien über West- und Mitteleuropa nach Nordamerika, Nord- und Südeuropa, Russland, Japan, in die europäischen Siedlungs- und Kolonialgebiete, bei fast flächendeckender Verkehrserschließung in den Industrieländern. Herausbildung von naturfernen Kulturlandschaften (Industrielandschaften, Stadtregionen), zugleich national und global räumliche Disparitäten zwischen Aktiv- (Zentren) und Passivräumen (Peripherien), starke Berufsspaltung und innerbetriebliche Arbeitsteilung, Verlagerung der Produktionsteilung auf den sekundären und tertiären Sektor; Triebkräfte der Entwicklung: Idee des Liberalismus (Kapital wird produktiv investiert), moderne Naturwissenschaften, technologischer Fortschritt, Herausbildung von Nationalwirtschaften und im 19. Jh. der Weltwirtschaft, Übergang von der Agrargesellschaft zur Industriegesellschaft, zunächst Verschärfung sozialer Gegensätze, später allgemein höherer Lebensstandard und Massenkonsum.

Stadien-Lehre (*W. W. Rostow* 1960)

Traditionelle Gesellschaft (traditional society): Naturwissenschaft und Technologie sind nicht verfügbar, Landwirtschaft beherrscht den Wirtschaftsraum, Herrschaft der Grundbesitzer behindert soziale Mobilität, Bevölkerung verharrt in Fatalismus.

Anlaufphase des wirtschaftlichen Aufstiegs (preconditions for take off): Innere und äußere Anstöße schaffen Voraussetzungen für wirtschaftlichen Aufstieg der Gesellschaft des Übergangs: wissenschaftlich-technische Erkenntnisse, neuer Unternehmertyp, wirtschaftlicher Profit wird zum Wachstumsimpuls, Staat baut Infrastruktur aus, soziale Mobilität erhöht sich, nationale Märkte verdichten sich, Außenhandel wächst.

Wirtschaftlicher Aufstieg (take off): In der Startgesellschaft setzen selbsttragendes Wachstum und tief greifende Änderungen des sozialen Gefüges in Aktivräumen (Zentren) ein, Ursachen:

– Steigerung der Investitionsrate auf mindestens 10 % des Volkseinkommens,
– Ansiedlung von Wachstumsindustrien, z. B.: Baumwoll- und Schwerindustrie, Eisenbahnbau,
– Wissenschaftlich-technische Erkenntnisse erlauben Ausweitung der Produktion und Steigerung der Produktivität in allen Wirtschaftsbereichen,
– zunehmende Mobilitätsbereitschaft aller Sozialschichten.

Take-off-Phase erreicht Großbritannien um 1800, Deutschland um 1850, Indien und China um 1950.

Sektor-Theorie (*C. Clark* 1940 und *J. Fourastié* 1954) (vgl. Geographie Bd. 1 – kurz & klar, S. 141)

Betrifft Bedeutungswandel der Wirtschaftszweige; Wandel von der Agrar- über die Industrie- zur Dienstleistungsgesellschaft bedingt die Verlagerung des Schwergewichts vom primären zum sekundären und schließlich zum tertiären Sektor, Ursache: Einkommenselastizität der Sektoren ist unterschiedlich, mit steigendem Einkommen wächst Nachfrage nach Agrarprodukten weniger stark als die nach Industrieprodukten und später nach hochwertigen Dienstleistungen.

6.1.2 Theorien der Unterentwicklung

Der **Nord-Süd-Konflikt** ist eine der Herausforderungen unserer Zeit. Die Ursache ist das weltweite Wohlstandsgefälle zwischen den Industrieländern in der gemäßigten Klimazone, die vorwiegend auf der Nordhalbkugel liegen, und den Entwicklungsländern in der tropischen Klimazone. Diese globale Lebenswirklichkeit kennzeichnet ein doppelter Widerspruch:

– eine globale Ungleichheit (globale Disparität) mit sich verschärfender Tendenz,
– eine globale Abhängigkeit (globale Interdependenz) mit wachsender Notwendigkeit zwischenstaatlicher Zusammenarbeit.

Daraus können sich Konflikte in den sozialen, wirtschaftlichen und politischen Beziehungen zwischen Staaten und Staatengruppen ergeben. Deshalb ist es unabdingbar, im Sinne von Weltinnenpolitik (*C. F. v. Weizsäcker* 1970) durch solidarisches Handeln die Disparität abzubauen und im Dialog der Abhängigkeit zu begegnen. Beide Strategien setzen das Wissen um die Problematik und das Begreifen der explosiven globalen Lage voraus.

Entwicklung ist ein auf verschiedenartige Veränderungen verwendeter Begriff. Allgemein sind darunter Prozesse und Wandlungen von Strukturen und Systemen entweder zu anderen oder von niederen zu höheren Zustandsverhältnissen zu verstehen. Die Veränderungen können stetig (evolutionär) oder sprunghaft (revolutionär) verlaufen, es können quantitative oder qualitative Entwicklungen sein.
Wird der Begriff auf Staaten bezogen, so liegt es nahe, entwickelte von unterentwickelten Staaten zu trennen. Dieser Sprachgebrauch kann von den betroffenen Bevölkerungen als Herabsetzung verstanden werden. Der übliche Begriff „**Entwicklungsland**" erscheint deshalb problematisch.
Entwicklung ist auf ein Ziel gerichtet und deshalb gesellschaftlichen und individuellen Wertvorstellungen unterworfen. Somit wird es immer unterschiedliche Auffassungen über das Ziel gesamtgesellschaftlicher, also sozioökonomischer und räumlicher Entwicklung geben. Konsensfähig ist aber die Auffassung, dass gesellschaftliche Entwicklung die Verbesserung der Lebensbedingungen bedeuten müsse.
Entwicklung ist demzufolge die Überwindung von Armut und Ungleichheit durch Industrialisierung und Wirtschaftswachstum, Übergang von der Agrar- zur Industriegesellschaft, Abbau räumlicher Disparitäten, Herstellung sozialer Gerechtigkeit, Mitwirkung am politischen Entscheidungsprozess. Damit wird deutlich, dass der politische Entwicklungsbegriff nicht nur auf materielle Lebensbedingungen zielt, sondern auch menschliche Würde, Sicherheit, Gerechtigkeit und Gleichheit umfasst. Demnach ist der Umfang an Lebensqualität für alle Bevölkerungsgruppen das Kriterium des Entwicklungsstandes eines Staates.

Merkmale der Unterentwicklung stehen im Zusammenhang mit den wichtigsten Erscheinungen der globalen Disparität: Bevölkerungsexplosion, Welternährungskrise, Bildungsgefälle. In den Entwicklungsländern steigt heute die Bevölkerung ähnlich stark an wie in den hoch entwickelten Staaten beim Übergang von der Agrar- zur Industriegesellschaft. Die Versorgung mit Nahrungsmitteln ist gekennzeichnet durch Überfluss in den Industrieländern und Mangel in den Entwicklungsländern.

Der Umfang und die Qualität schulischer Bildung und beruflicher Ausbildung liegt erheblich unter dem Stand in den Industrieländern.

Der **Entwicklungsstand eines Staates** (Grad der Unterentwicklung bzw. Entwicklung) wird anhand zahlreicher Indikatoren ermittelt. Sie betreffen die wirtschaftliche Leistungskraft, die Transportmittelausstattung, den Bildungsstand, die Ernährungssituation, die Gesundheitsfürsorge, die Lebenserwartung, das natürliche Bevölkerungswachstum. Die gebräuchlichsten Indikatoren sind:

- Bruttosozialprodukt je Einwohner in US-Dollar,
- Anteil der Industrie und der Landwirtschaft am Bruttoinlandsprodukt in %,
- Elektrizitätsproduktion je Einwohner in kWh,
- Anzahl der Personenkraftwagen je 1000 Einwohner,
- Alphabetenquote für Erwachsene in %,
- Anzahl der Besucher weiterführender Schulen in % der Altersgruppe,
- Stadtbevölkerung in % der Gesamtbevölkerung,
- Einwohner je Arzt,
- Lebenserwartung bei der Geburt,
- Säuglingssterblichkeitsziffer, Alter unter einem Jahr,
- Kalorienverbrauch,
- Proteinverbrauch in kg je Einwohner.

Entwicklungstheorien (Theorien der Unterentwicklung) sind vorwiegend wirtschaftswissenschaftliche und soziologische Ansätze zur Erklärung der Entwicklungsunterschiede zwischen den Staaten und Regionen. Die meisten Theorien erheben den Anspruch, Unterentwicklung allgemein und weltweit gültig erläutern zu können. Derartige universale Erklärungsansätze vernachlässigen grob die regionalen Unterschiede gesellschaftlicher und räumlicher Systemzusammenhänge. Sie erfüllen nicht immer den Anspruch einer Theorie, da sie keine gesicherten Aussagen über allgemein gültige Grundsätze und Regeln machen können. Es wäre angemessen, von Entwicklungshypothesen (Hypothesen der Unterentwicklung) zu sprechen. Grob zu unterscheiden sind Modernisierungs- und Dependenztheorien.

Die **Modernisierungstheorie** erkennt die Ursachen der Unterentwicklung in der mangelnden gesellschaftlichen und wirtschaftlichen Modernisierung, also endogen bedingt. Die sozioökonomische und räumliche Entwicklung wird als zielgerichteter Prozess begriffen, der zur hoch entwickelten Industriegesellschaft hinführt. Der Maßstab für Entwicklung ist folgerichtig der technisch-industrielle Entwicklungsstand in den Industrieländern Die Modernisierung wird als universaler Vorgang gesehen. Deshalb stellt der Modernisierungsrückstand eine Entwicklungsphase dar, die durch Nachahmung und Angleichung an die in den Industrieländern vorausgegangene Entwicklung zu überwinden ist.

Die **Dependenztheorie** (Dependenz, lat. = Abhängigkeit) erklärt die Unterentwicklung aus der historisch gewachsenen Abhängigkeit der Entwicklungsländer von den Kolonialmächten und Industrieländern, also exogen bedingt. Diese Abhängigkeit wird als direkte und strukturelle Gewalt beschrieben. Die Kolonialmächte übten durch Herrschaft und Ausbeutung direkte Gewalt aus. Sie passten die Produktionsstrukturen in den Kolonien ihren wirtschaftlichen Bedürfnissen an. Die bis zum Beginn der kolonialen Ausbeutung eigenständige und ausgeglichene Entwicklung wurde gewaltsam abgebrochen.

Seit dem Ende des Kolonialismus ziehen die Industrieländer mithilfe einer ungerechten Weltwirtschaftsordnung Nutzen aus den Handelsbeziehungen zu den Entwicklungsländern. Die Industrieländer bilden aufgrund struktureller Gewalt die Zentren im Weltwirtschaftssystem, die Entwicklungsländer die Peripherie mit traditioneller Wirtschaft.

6.1.3 Entwicklungshilfe

Entwicklungsstrategien sind soziale, wirtschaftliche, raumordnerische und politische Maßnahmen, mit deren Anwendung die Unterentwicklung überwunden werden soll. Sie machen die inhaltliche Konzeption von Entwicklungspolitik aus. Entwicklungsstrategien lassen sich aus den Entwicklungstheorien ableiten.

Die Modernisierungstheorie legt eine **Aufholstrategie** nahe. Mit dem Einsatz von Kapital, Knowhow und moderner Technologie soll ein selbsttragendes Wachstum hervorgerufen werden. Von Entwicklungspolen soll der „Big Push" ausgehen und über Sickereffekte auf das Hinterland übergreifen.

Aus der Dependenztheorie wird die **Abkoppelungsstrategie** hergeleitet. Das Entwicklungsland soll sich durch eine vorübergehende Abkoppelung vom Weltmarkt unter Bewahrung seiner kulturellen Identität und politischen Unabhängigkeit selbst entwickeln (Self-Reliance). Statt kapitalintensiver Großprojekte sollen die Grundbedürfnisse der ländlichen Bevölkerung gedeckt werden. Eine weitergehende Strategie ist die **neue Weltwirtschaftsordnung**.

Entwicklungspolitik (Entwicklungshilfe) umfasst alle staatlichen und privaten materiellen und immateriellen (Dienstleistungen) Leistungen aus den Industrieländern an die Entwicklungsländer, die über ohnehin bestehende technisch-wirtschaftliche und kulturelle Beziehungen hinausgehen. Es sind bewusste und gezielte Maßnahmen zur Verbesserung

der räumlichen, wirtschaftlichen und sozialen Verhältnisse in den Entwicklungsländern.

Träger der Entwicklungshilfe können sein:

1. bei interner Entwicklungshilfe: Einwohner oder herrschende Schichten eines Entwicklungsgebietes führen selbst die Maßnahmen durch bzw. leiten sie ein.
2. Bei der bilateral-externen Entwicklungshilfe wird ein Industrieland in einem Entwicklungsland tätig.
3. Bei der multilateral-externen Entwicklungshilfe werden mehrere Industrieländer oder übernationale Organisationen (z. B. die UNO) tätig.

Einrichtungen der Entwicklungszusammenarbeit in Deutschland

1. Einrichtungen, die staatliche Entwicklungshilfe aus Steuermitteln unter rechtlicher Trägerschaft und politischer Steuerung des Bundesministeriums für wirtschaftliche Zusammenarbeit (BMZ) durchführen: Kreditanstalt für Wiederaufbau, Deutsche Gesellschaft für Technische Zusammenarbeit (GTZ), Deutsche Stiftung für internationale Entwicklung, Goethe-Institut, Deutscher Entwicklungsdienst, Deutscher Akademischer Austauschdienst;
2. kirchliche Einrichtungen wie Brot für die Welt (aus Kirchensteuer und Spenden), Misereor (aus Kirchensteuer, Spenden, Steuermitteln), Deutscher Caritasverband (aus Kirchensteuer, Spenden, Steuermitteln);
3. politische Stiftungen aus Steuermitteln wie Friedrich-Ebert-Stiftung, Konrad-Adenauer-Stiftung, Friedrich-Naumann-Stiftung;
4. private Einrichtungen wie Deutsches Rotes Kreuz (Mitgliedsbeiträge, Spenden, Steuermittel), Deutsche Welthungerhilfe (Spenden, Steuermittel), Terre des Hommes (aus Spenden, Steuermitteln).

Brot für die Welt ist das Hilfswerk der Evangelischen Kirche in Deutschland, das in den Entwicklungsländern Entwicklungsprojekte und Hilfsprogramme finanziert. Es werden vor allem Programme zur Selbsthilfe gefördert und von der diakonischen Arbeitsgemeinschaft (Diakonie = berufsmäßiger Dienst an Armen und Hilfsbedürftigen, z. B. Krankenpflege und Gemeindedienst in der Kirche; von diakonos, griech. = Diener) betreut. Die Gelder stammen aus Spenden: Sammeln während des Gottesdienstes (Kollekte) in der Weihnachtszeit, Einzelspenden, Sonderaktionen.

Misereor ist die 1959 gegründete Einrichtung der deutschen Katholiken, die Notleidenden der Welt langfristig und dauerhaft bei der Beseitigung der Ursachen ihres Elends helfen soll. Die Mittel kommen vor allem aus einem jährlichen Fastenopfer der Katholiken.

Caritas (karitativ = mildtätig; zu carus, lat. = lieb) ist die Kurzbezeichnung für den Deutschen Caritasverband der Katholischen Kirche (DCV). Er umfasst alle Gebiete der Wohlfahrtspflege und der sozialen Hilfe: Seelsorge, Kinder-, Jugend-, Alten-, Studenten- und Überseehilfe; Familien-, Gesundheits-, Nichtsesshaften-, Obdachlosen-, Gefährdetenfürsorge; Missionshilfe; Fürsorge für Auswanderer, Flüchtlinge, Vertriebene, politisch und rassisch Verfolgte.

Selbsthilfe ist eine Form der Entwicklung, die nicht auf die Hilfe von außen setzt, sondern die wirtschaftliche und soziale Entwicklung durch das Ausschöpfen der landeseigenen Möglichkeiten betreibt. In der Entwicklungshilfe heißt „Hilfe zur Selbsthilfe", den Gestaltungswillen und die Gestaltungskraft der einheimischen Bevölkerung anzuregen und zu fördern.

UNO (United Nations Organization). Die Vereinten Nationen traten 1945 an die Stelle des Völkerbundes. Die internationale Organisation will den Weltfrieden aufrechterhalten und die internationale Zusammenarbeit auf allen Gebieten fördern.

FAO (Food and Agriculture Organization). Die Ernährungs- und Landwirtschaftsorganisation ist eine Sonderorganisation im Verband der Vereinten Nationen. Sie widmet sich der Verbesserung der land-, forst- und fischereiwirtschaftlichen Produktion in den Entwicklungsländern zur Hebung des Ernährungs- und Lebensstandards.

UNICEF (United Nations International Children's Emergency Fund). Der internationale Kinderhilfsfonds der Vereinten Nationen bekämpft Kinderkrankheiten in tropischen Ländern.

UNESCO (United Nations Educational, Scientific and Cultural Organization). Eine Sonderorganisation der UNO mit der Aufgabe, die Zusammenarbeit der Mitglieder auf den Gebieten der Erziehung, Wissenschaft und Kultur zu fördern. Sie hat ihren Sitz in Paris.

WHO (World Health Organization). Die Weltgesundheitsorganisation ist eine Sonderorganisation der UNO. Sie wurde 1948 gegründet und hat ihren Sitz in Genf. Ziel der Organisation ist es, den besten erreichbaren Gesundheitszustand aller Völker herbeizuführen. Sie ist insbesondere auf dem Gebiet der Seuchenbekämpfung in Entwicklungsländern erfolgreich.

IWF (Internationaler Währungsfond). Fast alle Mitgliedstaaten der Vereinten Nationen sind im IWF zusammengeschlossen. Der IWF berät die internationale Währungspolitik und trifft grundlegende Entscheidungen über das Währungssystem (Grundsätze der Währungspolitik). Die Mitglieds-

länder müssen entsprechend ihrer Wirtschaftskraft eine Summe in eigener Währung bei der Weltbank einzahlen. Dementsprechend kann die Weltbank bei Zahlungsschwierigkeiten der Mitgliedsländer Kredite gewähren.

Weltbank (Internationale Bank für Wiederaufbau und Entwicklung). Die Bank der Mitgliedsländer des IWF. Sie vergibt vor allem Kredite an Entwicklungsländer für einzelne Entwicklungsprojekte.

6.1.4 Regionalisierung der Welt

Regionalisierung bedeutet allgemein die Gliederung eines Territoriums in Teilterritorien nach ausgewählten Kriterien (z. B. die wirtschaftsräumliche Gliederung eines Staates) oder unter bestimmten Zielsetzungen (z. B. die Ausweisung von Planungsregionen in einem Land der Bundesrepublik Deutschland).

Die **Gliederung der Staaten der Erde** nach ihrem sozioökonomischen Entwicklungsstand stellt eine **Regionalisierung** in der geosphärischen Dimension dar. Sie bezweckt die Typisierung der Staaten, um die Vielfalt der Entwicklungsunterschiede erfassen und ihr gerecht werden zu können. Die Regionalisierung der Welt ist somit eine orientierende Grundlage für Entwicklungspolitik. Mit diesem Instrument kann man sowohl der globalen Disparität als auch der globalen Interdependenz angemessen begegnen.

Fünf-Welten-Gliederung der Weltbank (1996)

1. Westliche (marktwirtschaftliche) Industrieländer: USA, Kanada, Island, Großbritannien, Irland, Norwegen, Schweden, Finnland, Dänemark, Frankreich, Niederlande, Belgien, Luxemburg, Deutschland, Schweiz, Österreich, Spanien, Frankreich, Italien, Japan, Australien, Neuseeland;
2. Schwellenländer (Newly Industrializing Countries = NIC): Mexiko, Brasilien, Südkorea, Taiwan;
3. Öl exportierende Länder mit hohem Einkommen: Libyen, Saudi-Arabien, Kuwait, Bahrain, Katar, Vereinigte Arabische Emirate;
4. Länder mit mittlerem Einkommen (Middle Income Countries = MIC): z. B. Venezuela, Peru, Argentinien, Chile, Tunesien, Angola, Südafrika, Polen, Tschechien, Slowakei, Ungarn, Rumänien, Slowenien, Jugoslawien, Bulgarien, Weißrussland, Ukraine, Russland, Estland, Lettland, Litauen, Türkei, Kasachstan, Irak, Iran, Thailand, Indonesien;
5. Länder mit niedrigem Einkommen (Low Income Countries = LIC): z. B. Nicaragua, Ägypten, Su-

dan, Mali, Niger, Republik Kongo, Äthiopien, Tansania, Simbabwe, Mosambik, Madagaskar, Jemen, Pakistan, Indien, VR China, Nordkorea, Vietnam.

Fünf-Welten-Gliederung (*Bratzel/Müller* 1979)

1. Welt: Höchstentwickelte Länder (z. B. USA, Frankreich);
2. Welt: Startländer (Take-off-Länder) (z. B. Italien, Argentinien);
3. Welt: Schwellenländer (z. B. Mexiko, Brasilien, Libyen);
4. Welt: Entwicklungsländer mit guten Entwicklungsvoraussetzungen (z. B. Peru, Simbabwe, Saudi-Arabien, Indonesien);
5. Welt: Unterentwickelte Länder (z. B. Bolivien, Algerien, Mali, Niger, Sudan, Republik Kongo, Indien, Vietnam).

Drei-Welten-Gliederung

Erste Welt: parlamentarische Demokratien der Industriestaaten mit einer marktwirtschaftlichen Ordnung (z. B. USA, Frankreich, Bundesrepublik Deutschland);
Zweite Welt: Volksdemokratien der Industriestaaten mit Sozialistischer Planwirtschaft (z. B. Union der Sozialistischen Sowjetrepubliken, Volksrepublik Polen, Deutsche Demokratische Republik);
Dritte Welt: Entwicklungsländer.

Diese Gliederung war in der Epoche der West-Ost-Konfrontation („kalter Krieg") von 1945/46 bis 1989/90 zwischen den Staaten mit parlamentarisch-demokratischer Staatsform und marktwirtschaftlicher Ordnung einerseits und den Staaten mit volksdemokratisch-diktatorischer Staatsform und zentralplanwirtschaftlicher Ordnung andererseits üblich. Der Prozess der Auflösung der Kolonien nach dem Zweiten Weltkrieg führte zur Bildung unabhängiger Staaten (Entkolonialisierung). Diese Entwicklungsländer sahen sich als dritte Kraft in der Weltpolitik.

Dritte Welt ist ein Sammelbegriff für die Entwicklungsländer. Eine pauschale Zusammenfassung der Entwicklungsländer ist wegen ihrer enormen geographischen und sozioökonomischen Unterschiede nicht sinnvoll.

Industrieländer sind Staaten, in denen der überwiegende Teil der Erwerbstätigen im sekundären und tertiären Wirtschaftssektor beschäftigt ist und die Industrie einen bedeutenden Anteil am Bruttoinlandsprodukt hat. Industriestaaten kennzeichnet ein hoher wirtschaftlicher Entwicklungsstand.

Entwicklungsländer sind Staaten, in denen die Industrialisierung und Tertiärisierung bedeutend schwächer als in den Industriestaaten vorangeschritten sind. Sie haben daher einen niedrigeren wirtschaftlichen und technischen Entwicklungsstand. Gemeinsame sozioökonomische Merkmale der Entwicklungsländer sind unter anderem: niedriges Pro-Kopf-Einkommen, starkes Bevölkerungswachstum, Mangelernährung, Analphabetismus, geringe Arbeitsproduktivität, Kapitalmangel, soziale und räumliche Disparitäten.

Ein **informeller Sektor** hat sich in den Entwicklungsländern neben dem primären, sekundären und tertiären Wirtschaftssektor herausgebildet. Er umfasst die Vielzahl von Kleinhandwerkern, Straßenhändlern und Altstoffsammlern. Es handelt sich um eine von den Behörden geduldete Selbsthilfewirtschaft, die das Überleben eines großen Teils der sozial schwachen städtischen Bevölkerung sichert. Die Einkommen im informellen Sektor werden nicht verteuert, sie gehen nicht in die Berechnung des Bruttosozialprodukts ein.

Schwellenländer (**Take off Countries, Newly Industrializing Countries = NIC**) sind Staaten mit verhältnismäßig fortgeschrittenem räumlichem und sozioökonomischem Entwicklungsstand.

Least Developed Countries (LDC) sind Entwicklungsländer mit einem sehr geringen räumlichen und sozioökonomischen Entwicklungsstand und extrem niedrigem Lebensstandard.

6.2 Ordnungsformen der Wirtschaft

6.2.1 Merkmale der Wirtschaftsordnung

Die **Wirtschaftsordnung** ist die Gesamtheit aller geltenden Regeln des wirtschaftlichen Geschehens in einer arbeitsteiligen Gesellschaft. Ihre Notwendigkeit ergibt sich aus der unterschiedlichen Interessenlage der Akteure (Unternehmer, Arbeitnehmer, Produzenten, Konsumenten) und der Knappheit der Sachgüter und Dienste. Beide Erscheinungen führen ständig zu Konflikten. Sie können nur im Rahmen einer Wirtschaftsordnung überbrückt werden. Die Aufgabe der Wirtschaftsordnung besteht folglich darin, die Knappheit der Güter zu mindern, die Befriedigung der menschlichen Bedürfnisse zu sichern und wirtschaftliche Verluste zu vermeiden.
Die Aufgabenstellungen der Wirtschaftsordnung verlangen zweierlei Regelungen: die Wirtschaftsverfassung und das Wirtschaftssystem.

Die **Wirtschaftsverfassung** ist das staatlich verfasste Regelwerk von geltenden Rechtsbestimmungen, die sich auf den Wirtschaftsprozess auswirken.

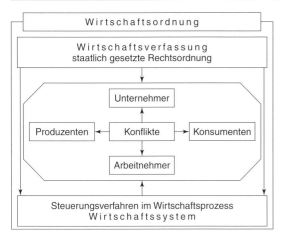

Merkmale der Wirtschaftsordnung

Mit dem **Wirtschaftssystem** werden die beiden ordnungspolitischen Grundfragen einer Volkswirtschaft beantwortet: 1. die Frage nach der Entscheidungsgewalt im Wirtschaftsprozess, 2. die Frage nach der gegenseitigen Abstimmung von Angebot und Nachfrage. Das Wirtschaftssystem ist somit von den jeweiligen Gesichtspunkten gekennzeichnet, nach denen der Wirtschaftsprozess gelenkt werden soll. Als reine Steuerungsverfahren gelten der Wettbewerb und die zentrale Planung.

6.2.2 Arten der Wirtschaftssysteme

Wirtschaftssysteme sind überwiegend aus vernünftig entwickelten oder weltanschaulich ausgerichteten Leitbildern (Liberalismus, Sozialismus) hervorgegangen. Die beiden Grundtypen von Wirtschaftssystemen sind die **Marktwirtschaft (individualistische Wirtschaft)** und die **Zentralverwaltungswirtschaft (zentralgeleitete, kollektivistische Wirtschaft)**. Für das zentralgeleitete Wirtschaftssystem wird auch der Begriff **Planwirtschaft** gebraucht; daraus könnte gefolgert werden, dass nur in diesem Wirtschaftssystem planmäßig gewirtschaftet wird. Tatsächlich erfordert jedes Wirtschaften nach dem ökonomischen Prinzip (vgl. Geographie 1 – kurz & klar, S. 138) den Wirtschaftsplan.

Mit dem **Wirtschaftsplan** verfolgt das Wirtschaftssubjekt den Zweck, vorhandene oder beschaffbare Mittel in einem überschaubaren Zeitraum bestmöglich einzusetzen. Diese in die Zukunft gerichtete rationale Planung zielt sowohl auf materielle als auch immaterielle Bedürfnisse. Sie schließt nicht aus, dass sich die Wirtschaftssubjekte in ihren Planungen irren können. Träger von Wirtschaftsplänen sind Haushalte (persönlicher Haushalt des Bürgers), Unternehmen und der Staat.

Wirtschaftssubjekte versuchen das Wirtschaftsgeschehen planmäßig zu beeinflussen, um daraus Nutzen ziehen zu können. Juristisch gesehen können Wirtschaftssubjekte natürliche (Einzelmenschen oder Gruppen) und juristische Personen (Kapitalgesellschaften, Körperschaften, Staat) sein. Nach ihrer Stellung im Wirtschaftskreislauf sind sie entweder Haushalte, Unternehmen oder Gebietskörperschaften (Kommune, Gliedstaat, Gesamtstaat).

In der **Marktwirtschaft** ergibt sich der Wirtschaftsprozess aus dem Zusammenwirken der von jedem Wirtschaftssubjekt (Betriebe, Haushalte) selbstständig aufgestellten Wirtschaftspläne. Betriebe und Haushalte handeln auf eigene Initiative (Individualprinzip). Die Wirtschaftssubjekte haben für die Folgen ihres Tuns und Unterlassens einzustehen (Haftungsprinzip). Die Abstimmung der vielen einzelnen Wirtschaftspläne geschieht durch die am Markt gebildeten Preise. Die Preisbildung erfolgt durch Angebot und Nachfrage im Wettbewerb auf freien Märkten (Wettbewerbsprinzip).

Voraussetzungen individuellen Handelns auf freien Märkten ist die freie Verfügbarkeit der Betriebe über die Produktionsfaktoren und der Haushalte über die Konsumgüter. Beides wird durch das Recht auf Privateigentum an Boden, Geld- und Sachkapital (von *Karl Marx* „kapitalistische Wirtschaft" genannt) einerseits und auf der Grundlage von Verträgen (Kauf-, Arbeits-, Gesellschafts-, Versicherungsverträge) zwischen den Beteiligten (Vertragsfreiheit) andererseits gewährleistet.

Das Gewinnstreben ist ein notwendiger Motor der Marktwirtschaft (Erwerbs- oder Rentabilitätsprinzip). Es wird durch den Leistungswettbewerb und den Preiswettbewerb der Betriebe am Markt reguliert. Der Markt trägt somit zur bestmöglichen Bedürfnisbefriedigung der Konsumenten bei.

In der **Zentralverwaltungswirtschaft** steuert als einziges Wirtschaftssubjekt eine zentrale Instanz (Staat, Staatspartei) den Wirtschaftsablauf durch einen Gesamtplan. Die zentrale Planungsbehörde bestimmt über Bedarfs-, Produktions- und Verteilungspläne, was erzeugt und verbraucht wird (Prinzip der Bedarfsdeckung).

Der Einzelne hat keinerlei wirtschaftliche Handlungsfreiheit, seine wirtschaftliche Betätigung besteht in der Durchführung von Anweisungen der zentralen Instanz. Sie beziehen sich, um den Bedarf an Sachgütern decken zu können, auf die Sollerfüllung des Planes. Dazu gehören die hohe Produktivität und die Berufslenkung (Prinzip der Subordination).

Voraussetzung der zentralen Planung ist die Verfügungsgewalt der zentralen Instanz über die Produktionsmittel (Verfassung des Gemeineigentums – Volkseigentum = sozialistische Wirtschaft). Die Zielsetzung

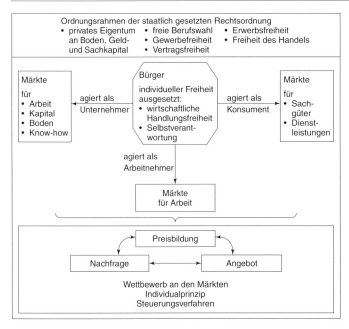

Wirtschaftssystem der Marktwirtschaft

Wirtschaftssystem der Zentralverwaltungswirtschaft

Ordnungsrahmen der staatlich gesetzten Rechtsordnung
– kollektives (sozialistisches) Eigentum an den Produktionsmitteln
– staatliches Monopol über Währung und Finanzen
– staatliches Monopol über den Außenhandel
– Recht auf Arbeit und Pflicht zur Arbeit
– Recht auf soziale Sicherheit (Sozialprinzip)

Bürger

kollektiven Zwängen unterworfen:
• Planerfüllung
• hohe Produktivität
• Berufswahl

Bedarfsplanung • Produktionsplanung • Verteilungsplanung

Zentrale Planung
Prinzip der Bedarfsdeckung
Steuerungsverfahren

einer sozialistischen Wirtschaft ist soziale Sicherheit für alle durch Umverteilung (Sozialprinzip).

Der wirtschaftliche **Liberalismus (Wirtschaftsliberalismus)** entsteht an der Wende vom 18. zum 19. Jh. Denker wie _Adam Smith_ (1717–1790) und _David Ricardo_ (1772–1823) fordern freie Bahn für den technologischen Fortschritt und für den Erwerbssinn des Menschen („Prinzip des Eigennutzes"). Das Ordnungsgesetz dieser liberalen, individualistischen Gesellschaft vertraut auf die Vernunft des freien Menschen (Zeitalter der Aufklärung).

Die ordnungspolitischen Aufgaben des Staates gel-

ten der staatlich gesetzten Rechtsordnung zur Sicherung von Freiheit und Eigentum des Bürgers (Rechtsstaat) und der Durchsetzung der Rechtsordnung („Nachtwächterstaat"). Die staatliche und kommunale Verwaltung ist Ordnungsverwaltung.
Hinzu kommen die Erhaltung der Verteidigungsbereitschaft sowie die Schaffung und Unterhaltung von öffentlichen Infrastruktureinrichtungen. _James Mill_ (1806–1873) fügt als weitere Staatsmaßnahmen zur Befriedung kollektiver Bedürfnisse, denn das System der Marktwirtschaft versagt in diesem Bereich, den Kinder- und Jugendschutz, das Bildungswesen und das Gesundheitswesen hinzu.

Der **Sozialismus** ist die Antwort der Kritiker des Liberalismus, insbesondere durch *Karl Marx* (1818–1883) und *Friedrich Engels* (1820–1895). Von der Marktwirtschaft gehen im 19. Jh. starke Impulse auf die Entfaltung des produktiven Kapitalismus über. Das Kapital wendet sich der Produktion zu, die dadurch einen gewaltigen Auftrieb erfährt. Es stellt sich jedoch nicht die von *Smith* und *Ricardo* vorausgesagte gesellschaftliche Harmonie ein. Die Entwicklung führt statt dessen schnell zu krassen sozialen Unterschieden, weil die wirtschaftlich Starken die wirtschaftlich Schwachen ausnutzen. Außerdem wird die Vertragsfreiheit zur Einschränkung der Wettbewerbsfähigkeit benutzt.

Marx entwickelt aus der Kritik am Liberalismus und dem „Manchestertum" (schrankenlose Wirtschaftsfreiheit) die „Verelendungstheorie" und die „Klassenkampftheorie". Die Eigentümer an Produktionsmitteln („Kapitalisten") könnten den Gewinn aus dem Kapitaleinsatz immer wieder gewinnbringend einsetzen und so Geldkapital und Sachkapital grenzenlos vermehren („Mehrwert", „Kapitalakkumulation"). Die besitzlosen Arbeitnehmer („Proletarier") könnten nur ihre Arbeitskraft verkaufen.

Da es weder Gewerkschaften noch eine den Arbeitnehmer schützende staatliche Sozialpolitik gibt, sind die Arbeitnehmer gegenüber den Unternehmern bei einem Überangebot von Arbeit (*K. Marx*: „industrielle Reservearmee" = Arbeitslose) tatsächlich in einer unterlegenen Stellung. Die kapitalistische Gesellschaft sei, so *Marx*, in zwei Klassen (Kapitalisten und Proletarier) geteilt. Sie würden verschiedene Interessen vertreten und stünden deshalb im „Klassenkampf antagonistisch" gegenüber. *K. Marx* fordert mit *F. Engels* im „Manifest der Kommunistischen Partei" (1847) das Proletariat zum „gewaltsamen Umsturz aller bisherigen Gesellschaftsordnung" auf.

W. I. Lenin (1870–1924) und *J. W. Stalin* (1879–1953) entwickeln den grundlegenden Entwurf einer kollektivistischen Wirtschafts- und Gesellschaftsordnung des Sozialismus von *K. Marx* und *F. Engels* zur „real existierenden" **sozialistischen Planwirtschaft** und diktatorischen Herrschaft der Kommunistischen Partei („Diktatur des Proletariats") in der Sowjetunion weiter.

Sozialreformer wie *Claude Henri de Rouvroy Saint-Simon* (1760–1825), *Charles Fourier* (1772–1837) und *Robert Owen* (1771–1858) treten für staatliche Maßnahmen ein, um den Benachteiligungen der Arbeitnehmer gegenüber den Unternehmern begegnen zu können (Koalitionsrecht,

Art der Güterproduktion	Wirtschaftssystem		Art der Bedarfsdeckung
	← Einfluss des Unternehmens →		
Breite Produktionspalette mit Schwerpunkt auf der Herstellung von ständig neuartigen Konsumgütern	**„Manchestertum"** („Nachtwächterstaat") Krasse soziale Disparität Massenarmut		• Unterversorgung der besitzlosen Massen • Wohlstand und Luxus für wenige Besitzende
	Freie Marktwirtschaft • Staat schafft Rahmenbedingungen • Gewerkschaften vertreten Arbeitnehmerinteressen		• Übergang zum Massenkonsum
	Soziale Marktwirtschaft • Konjunkturpolitik • Sozialpartnerschaft		• Massenkonsum
Eingeschränkte Produktionspalette von Konsumgütern	**Zentralverwaltungswirtschaft** Bedarfspläne – Produktionspläne – Verteilungspläne im Gegenstromprinzip		• Eingeschränkter Massenkonsum • Engpässe • Luxus für wenige Mitglieder der Führungszirkel
Schwerpunkt auf der Herstellung von Investitionsgütern	**Zwangswirtschaft** • Deckung des Grundbedarfs		• Rationierung der Güter
	← Einfluss des Staates →		

Wirtschaftssysteme im Vergleich

Nichtbeschäftigung von Kindern unter 10 Jahren, 10 1/2-stündiger Normalarbeitstag, Kranken- und Alterspensionskassen, genossenschaftliche Konsumläden, Produktionsgenossenschaften).

Der Sozialdemokrat *Eduard Bernstein* (1850 bis 1932) ist der Meinung, dass wesentliche Aussagen im „Manifest der Kommunistischen Partei" nicht zuträfen. Er sichert nach heftigen Auseinandersetzungen mit orthodoxen Marxisten dem Revisionismus, eine den Marxismus kritisch betrachtende Richtung mit sozialreformerischen Zielen, in der Sozialdemokratischen Partei Deutschlands die Oberhand.

Die **gelenkte Marktwirtschaft** ist eine Mischform aus marktwirtschaftlichen Prinzipien (Privateigentum, Vertragsfreiheit, Gewinnstreben, Selbstverantwortung) und Eingriffen des Staates in das Wirtschaftsgeschehen als ein Merkmal der Zentralverwaltungswirtschaft. Das Kennzeichen einer derartigen gelenkten Marktwirtschaft ist die Schaffung und dauernde Erhaltung einer funktionsfähigen Wettbewerbsordnung durch den Staat. Ziel des staatlichen Eingriffs in den Leistungs- und Preiswettbewerb ist der allgemeine soziale Ausgleich. Die staatliche und kommunale Ordnungsverwaltung des liberalistischen Staates wandelt sich zur Leistungs- oder Eingriffsverwaltung mit immer weiter reichenden Aufgaben der Daseinsvorsorge.

Die **soziale Marktwirtschaft** der Bundesrepublik Deutschland ist eine gelenkte Marktwirtschaft. Den gedanklichen Entwurf dazu erarbeitete der Volkswirtschaftler *Alfred Müller-Armack* (1901–1978). Er prägte den Begriff „Soziale Marktwirtschaft" und beschrieb dieses Wirtschaftssystem als den Versuch, „die Freiheit auf dem Markt mit dem Prinzip des sozialen Ausgleichs zu verbinden". Beide Prinzipien seien grundsätzlich gleichrangig und müssten sich die Waage halten. Rahmenbedingungen und Zielsetzungen sind nach *Müller-Armack*:

– Die Gewährleistung eines Wettbewerbs der echten wirtschaftlichen Leistung, der nicht zum gezielten Schädigungs- und Vernichtungswettbewerb entarten darf. Leistungswettbewerb bewirkt ein Höchstmaß an Produktivität. Ein faires Zusammenwirken der wirtschaftlichen Kräfte erschwert die Bildung von privater wirtschaftlicher und politischer Macht.
– Die Grundlage muss ein stabiler Geldwert und ein von größeren Schwankungen freier, hoher allgemeiner Beschäftigungsgrad sein. Dadurch werden der Wille und die Fähigkeit breiter Schichten zur Eigentumsbildung gefördert. Eine

Sozialversicherung trägt zur sozialen Sicherheit bei.
– Der Staat muss große strukturelle Anpassungen nötigenfalls durch geeignete vorübergehende Maßnahmen erleichtern, glätten und beschleunigen. Dazu zählen auch die Bereiche des Sozialen, der Raumordnung und der Erziehung. Dieser genau umrissene Zweck bestimmt zugleich das Höchstmaß staatlicher Eingriffe.

Ludwig Erhard (1897–1977) setzte als Wirtschaftminister (1949–1963) die soziale Marktwirtschaft in der Bundesrepublik Deutschland gegen erhebliche Widerstände politisch durch. Er gilt deshalb als „Vater des deutschen Wirtschaftswunders".

Die **Ziele der Wirtschaftspolitik** sind 1967 im „Gesetz zur Förderung der Stabilität und des Wachstums der Wirtschaft" (Stabilitätsgesetz) festgeschrieben worden. Danach soll ein „gesamtwirtschaftliches Gleichgewicht", also gleichzeitig Preisstabilität, hoher Beschäftigungsgrad, außenwirtschaftliches Gleichgewicht bei stetigem und angemessenem Wirtschaftswachstum („magisches Viereck") angestrebt werden.

In einer demokratisch-pluralistischen Gesellschaft wird umstritten bleiben, worin wirtschaftliche Stabilität im Einzelnen besteht und was dabei das Wichtigste und das weniger Wichtige ist. In dieser Auseinandersetzung müsste danach gefragt werden, inwieweit die Verletzung der vier wirtschaftlichen Ziele die Verwirklichung gesellschaftspolitischer Grundwerte beeinträchtigen könnte. Als gesellschaftspolitische Grundwerte der Bundesrepublik Deutschland gelten:

– der Freiheitsspielraum des Einzelnen (vgl. GG I. Grundrechte, im wirtschaftlichen Bereich vor allem Freizügigkeit, freie Wahl von Beruf, Arbeitsplatz und Ausbildungsstätte, Recht auf Eigentum),
– soziale Gerechtigkeit und Sicherheit sowie sozialer Frieden (Sozialprinzip nach Art. 20.1 und 14.2, 3 GG),
– die Förderung des Wohlstands für alle Bürger (Wohlstand auf der Grundlage wirtschaftlichen Wachstums ist heute umstritten: Konflikt zwischen Ökonomie und Ökologie, vgl. Prinzip Nachhaltigkeit sowie Art. 20a GG: Der Staat schützt auch in Verantwortung für die künftigen Generationen die natürlichen Lebensgrundlagen im Rahmen der verfassungsmäßigen Ordnung …).

Ordnungsrahmen der staatlich gesetzten Rechtsordnung
- privates Eigentum an Boden, Geld- und Sachkapital (Art. 14.1 GG) durch Art. 14.2, 3 und Art. 15 GG eingeschränkt
- freie Berufswahl (Art. 12 GG)
- Gewerbefreiheit (Art. 12 GG), bestimmend ist die Gewerbeordnung
- Erwerbsfreiheit und Vertragsfreiheit innerhalb der Schranken, die das Sozialprinzip setzt (Art. 20.1 GG)
- freier Wettbewerb durch das „Gesetz gegen Wettbewerbsbeschränkung" (Kartellgesetz) garantiert und teilweise eingeschränkt, desgleichen Erwerbs- und Vertragsfreiheit

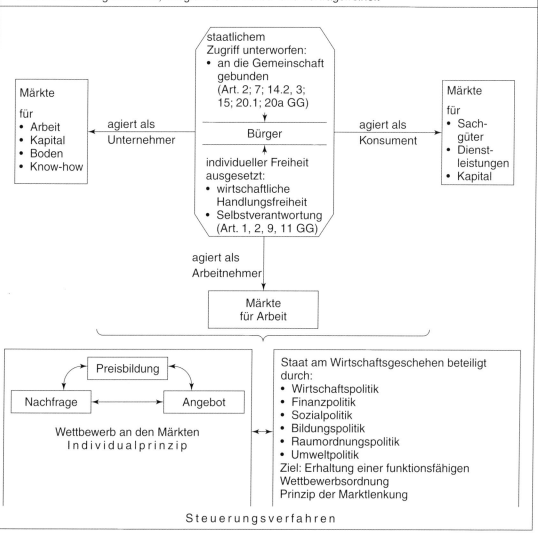

Wirtschaftssystem der sozialen Marktwirtschaft in Deutschland

6.3 Standorttheorien

6.3.1 Standort als wirtschaftliches Problem

Standorte sind Stellen der Landschaftssphäre verschiedener Flächengröße, auf denen Menschen als Wirtschaftssubjekte in Betrieben einer wirtschaftlichen Betätigung nachgehen. Im Flächenanspruch (Flächenintensität) unterscheiden sich die Betriebe der drei Wirtschaftsbereiche grundlegend.
Land-, forst- und fischereiwirtschaftliche Betriebe produzieren überwiegend auf großen Gebietsflächen. Das produzierende Gewerbe sowie Handel und Dienstleistungen nutzen für jeweils notwendige Einrichtungen in der Regel verhältnismäßig kleine Grundstücke. Dienstleistungen lassen sich zudem in Geschossflächen von Hochhäusern in großer Anzahl stapeln. Der Verkehr beansprucht für seine Wege mehr oder weniger breite linienhafte und bandartige Flächen, die in unterschiedlicher Dichte netzartig die Landschaftssphäre überziehen.
Jede wirtschaftliche Tätigkeit ist an einen Standort gebunden. Die geographische Unterschiedlichkeit der Orte und die Notwendigkeit, die Distanzen zwischen diesen zu überwinden, verursachen wirtschaftliche Standortprobleme.

Wirtschaftliche Standortprobleme erwachsen insbesondere in einer mobilen Gesellschaft mit arbeitsteiliger Wirtschaft.
Mit dem Übergang von der Selbstversorgungswirtschaft zur Produktionswirtschaft sind zunehmende Mobilität und Arbeitsteilung, fortschreitende Verteilung der Betriebe und Haushalte über die Landschaftssphäre sowie eine räumliche Erweiterung des Handels mit Gütern von der geschlossenen Hauswirtschaft (Selbstversorgungswirtschaft) über die Nationalwirtschaft zur Weltwirtschaft verbunden (vgl. Geographie 1 – kurz & klar, S. 130, 161). Die Notwendigkeit zur Überwindung von Entfernungen nimmt infolge dieser Entwicklungen erheblich zu. Das betrifft sowohl die Länge der Transportwege als auch die Menge der Transporte.
Für jede wirtschaftliche Tätigkeit ist die Qualität eines Standorts von Bedeutung. So bringen z.B. die Verfügbarkeit über Böden mit hoher natürlicher Fruchtbarkeit oder qualifizierte Arbeitskräfte gegenüber dem nicht bevorzugten Produzenten bei gleicher Marktentfernung einen höheren Gewinn.
Die Standortfrage eines Betriebes oder eines Haushaltes lässt sich somit auf zwei Sachverhalte zurückführen:

1. **Raumüberwindungskosten.** Die Überwindung der räumlichen Distanzen zwischen Betrieben bzw. zwischen Haushalten und Betrieben verursacht Transportkosten und beansprucht Zeit.

2. **Standortqualität.** Qualitative Standortvorteile von Betrieben bewirken gegenüber standortmäßig benachteiligten Betrieben bei gleicher Marktentfernung durch kostengünstigere Produktion einen höheren Gewinn.

In jedem **Wirtschaftssystem** sind **Raumüberwindungskosten** und **Standortqualität** von Bedeutung. Unterschiedlich sind jedoch die Gesichtspunkte, unter denen Standortentscheidungen vorgenommen werden.
In der Marktwirtschaft können Unternehmungen und Haushalte ihren Standort im Rahmen der Gesetze grundsätzlich frei bestimmen. Der Wettbewerb reguliert auf lange Sicht die Beständigkeit einer Standortentscheidung. Deshalb wird man bei der Standortwahl die Standortfaktoren als Einflussgrößen berücksichtigen.
In der Zentralverwaltungswirtschaft wird der Standort von der staatlichen Planungsbehörde festgelegt. In der Regel wird man sich um den wirtschaftlich bestmöglichen Standort bemühen. Die Praxis der sozialistischen Planwirtschaft kennt aber auch Fälle ideologisch bestimmter Standortentscheidungen (z. B. Steinkohlebergbau in Workuta, Buntmetallverhüttung in Norilsk, Eisenhüttenkombinat Ost in der DDR). Bei fehlendem Wettbewerb findet eine nachträgliche Standortauslese nicht statt.

Bestimmungsgründe der Standortwahl können rational-ökonomische und gesellschaftspolitische Zwecke oder psycho-emotionale Neigungen sein.
Verfolgt ein Wirtschaftssubjekt **rational-ökonomische Zwecke**, so wählt es den Standort des Betriebes oder Haushalts ausschließlich unter dem Gesichtspunkt von Kostenvorteilen oder Gewinnchancen. Der Unternehmer will den maximalen Gewinn im Verhältnis zu Kapitaleinsatz, der Bürger die Wohnung mit den geringsten Kosten im Verhältnis zur Größe, Ausstattung und geographischen Lage.
Gesellschaftspolitische Zwecke für die Standortwahl können sozialer (Ansiedlung von Betrieben im ländlichen Raum), strategischer (Kolonisation im Grenzland) oder militärischer Art (Anlage eines Rüstungsbetriebs im Berg) sein.
Erfolgt die Standortwahl aus **psycho-emotionalen Neigungen**, so sind wirtschaftliche Betrachtungen ausgeschlossen. Das Wirtschaftssubjekt lässt sich in seiner Entscheidung von Heimatliebe, Tradition, Land- und Hausbesitz, Freizeitwert des Umfeldes oder Willkür leiten.

6.3.2 Standorttheorien

Standorttheorien befassen sich mit der Frage nach der räumlichen Ordnung der Wirtschaft. Es sind Theorien des Wirtschaftsraums, allgemein **Raumtheorien**. Die Verteilung von Betrieben und

Haushalten in der Landschaftssphäre ist nicht zufällig. Die **Entfernungsüberwindung,** die Unterschiede der **Standortqualität** und die nach dem ökonomischen Prinzip handelnden **Wirtschaftssubjekte** sind ordnende Kräfte. Sie beeinflussen die räumliche Lage der Standorte und tragen zur Herausbildung regelhafter Standortmuster der Produktion, des Handels und Verkehrs, der Dienstleistungen und des Wohnens bei. In der Landschaftssphäre bilden sich **wirtschafts- und sozialräumliche Ordnungsmuster.**

Zur **Theorie der wirtschaftsräumlichen Ordnung** haben *J. H. Thünen* (1826) und *A. Weber* (1909) grundlegende Beiträge geleistet. Sie haben die Standortlage einzelner Betriebe oder von Betriebsgruppen zum Gegenstand ihrer Untersuchungen gemacht. Beide wollen die der räumlichen Ordnung zugrunde liegenden Regelhaftigkeiten aufdecken. Begründer der Standorttheorie ist *Johann Heinrich von Thünen* (1783–1850) in seinem Buch „Der isolierte Staat in Beziehung auf Landwirtschaft und Nationalökonomie". *Thünen* gewinnt seine Erkenntnisse durch Beobachtungen auf seinem Gut in Tellow südlich von Rostock.

Die grundlegende Industriestandorttheorie formuliert *Alfred Weber* (1868–1958). *Weber* führt den Begriff des Standortfaktors ein und versteht darunter „einen in seiner Art scharf abgegrenzten Vorteil, der für eine wirtschaftliche Tätigkeit dann eintritt, wenn sie sich an einem bestimmten Ort oder auch generell an Plätzen bestimmter Art vollzieht" (vgl. Geographie 1 – kurz & klar, S. 143 und 144).

Der **landwirtschaftliche Standort** ist gekennzeichnet durch die Unbeweglichkeit des Produktionsfaktors Boden. Ein Wirtschaftssubjekt, in aller Regel der Landwirt, kann deshalb nur – etwa anhand einer landwirtschaftlichen Standorttheorie – die Möglichkeiten der Anpassung der Produktion an die Naturbedingungen prüfen. Es sind die vorgegebenen klimaökologischen (Wärme- und Niederschlagsverhältnisse) und orographisch-pedologischen (Geländeformen und Bodenfruchtbarkeit) Rahmenbedingungen, also das Geoökosystem und der Landschaftshaushalt zu beachten.

Die **Standorte des produzierenden Gewerbes** und der **Dienstleistungen** sind im Rahmen des ökonomischen Prinzips, Bergbau sowie Energie- und Wasserversorgung ausgenommen, frei wählbar. Es gilt, für eine gegebene betriebliche Leistung einen bestmöglichen Standort zu suchen. Dabei kann sich das Wirtschaftssubjekt ausschließlich oder vorwiegend auf einen Faktor (Beschaffung, Absatz, Transport) beziehen oder sich am zu erwartenden Gewinn als Ergebnis von Kosten und Verkaufserlösen orientieren.

Bei der Standortwahl für Betriebe des Bergbaus und der Wasserversorgung ist, ähnlich wie in der Landwirtschaft, die Produktion an die natürliche Beschaffenheit der Lagerstätte anzupassen. Die Standortwahl für Betriebe der Energieversorgung hängt vor allem von der Art des eingesetzten Energieträgers ab (vgl. Geographie 1 – kurz & klar, S. 149, 158).

Deduktive Modelle zur Bestimmung des bestmöglichen Standorts für einen Betrieb der Landwirtschaft und des verarbeitenden Gewerbes gelten nur unter vereinfachenden Bedingungen. Sie vermindern die Gesamtzahl möglicher Einflussfaktoren und setzen rational-ökonomisches Verhalten der Wirtschaftssubjekte voraus. Deduktive Modelle sind die landwirtschaftliche Standorttheorie *Thünens* (*Thünen*'sches Modell) und die Industriestandorttheorie *Webers*.

***Thünens* Modell** will regelhafte Raummuster in der Landwirtschaft erklären. Er analysiert die Zusammenhänge zwischen der Marktentfernung, der bestmöglichen Anbauweise und dem Produktionsertrag landwirtschaftlicher Betriebe. *Thünen* geht bei seinen Betrachtungen von einer Annahme, dem „isolierten Staat", aus, damit er den Einfluss der Entfernung vom Absatzzentrum auf das landwirtschaftliche Betriebssystem untersuchen kann. Es ergeben sich konzentrische Kreise verschiedener Nutzungen um den Marktort, die so genannten *Thünen*'schen Ringe.

Die **Industriestandorttheorie *A. Webers*** fußt ebenfalls auf einschränkenden Annahmen. Er begrenzt seine Untersuchungen auf Kostenvorteile und schließt den Einfluss der Absatzlage aus. Bestimmende Faktoren sind für ihn neben den Arbeitskosten die Transportkosten, welche die Materialkosten enthalten. Der vorläufige Standort liegt dort, wo die Transportkostenbelastung am niedrigsten ist. Das ist der **Transportkostenminimalpunkt.**

Verhaltenswissenschaftliche Ansätze der Standortwahl berücksichtigen Willensentscheide der Wirtschaftssubjekte, die über rational-ökonomische Zwecke hinausgreifen. Sie berücksichtigen, dass subjektive Wertvorstellungen, Zufall oder Willkür eine Standortwahl entscheiden können.

In der Regel verfügen die Wirtschaftssubjekte nur begrenzt über zuverlässige Kenntnisse von den prägenden Einflussgrößen. Außerdem verursachen die Erfassung und Bearbeitung des notwendigen Datenmaterials Kosten und sie beanspruchen Zeit. Die Kenntnisse beziehen sich fast immer auf einen begrenztes Standortsuchgebiet, das den Entscheidungsträgern aufgrund persönlicher Erfahrungen psychisch-emotional nahe liegt. Oftmals handelt es sich um ihren Aktionsraum, der nicht immer allein der Nahraum sein muss. Gelegentlich führen die begrenzten geistigen Fähigkeiten der Wirtschaftssubjekte zu einer unzureichenden Verarbeitung aller zur Verfügung stehenden Informationen.

Die **Betriebsgröße** bleibt nicht ohne Einfluss auf die Standortwahl. Klein- und Mittelbetriebe führen in der Regel aus Kostengründen keine umfassenden Analysen durch und beschränken ihre Suche auf mehr oder weniger bekannte Landschaftsräume. Es erfolgt die Wahl von Standorten, die ein gewünschtes Anspruchsniveau erfüllen sowie persönliche Bedürfnisse und Kontakte befriedigen. Klein- und Mittelbetriebe sind deshalb mit ihrem Aktionsraum verflochten. Dementsprechend gehen von ihnen höhere regionale Multiplikatoreffekte aus als von Großbetrieben.

Größere Betriebe verlassen sich häufiger auf rational-ökonomisch begründete Entscheidungen. Sie führen deshalb genaue Standortanalysen durch. Bei Produktionsengpässen werden Zweigbetriebe errichtet. Sie liegen zunächst in der Nähe des Stammwerkes. In späteren Erweiterungsphasen finden Ansiedlungen im Inland, später im Ausland statt.

Der **Produktzyklus** bleibt nicht ohne Einwirkung auf die Raumstruktur. Die Produktzyklenhypothese besagt, dass materielle Güter im Laufe der Zeit hinsichtlich der Gestaltung, der Produktionsbedingungen und der Absatzbedingungen eine zyklische Entwicklung durchlaufen. Zugleich verändern sich die Anforderungen an den Produktionsstandort, was zu räumlichen Verlagerungen führt.
Auf internationaler Ebene dient die Hypothese zur Erklärung der Arbeitsteilung zwischen Ländern verschiedenen Entwicklungsstandes und auf der nationalen Ebene zwischen Zentrum und Peripherie.

Produktzyklus und regionale Schwerpunkte der Produktion

Merkmale	Phase I Entwicklung und Einführung	Phase II Wachstum	Phase III Reife	Phase IV Schrumpfung
Produktion Standortfaktor:	humankapitalintensiv		sachkapital- oder arbeitsintensiv	
– qualifizierte Arbeitskräfte	sehr wichtig	wichtig	weniger wichtig	
– hochwertige Infrastruktur	sehr wichtig	wichtig	weniger wichtig	
– Ballungsvorteile (Zulieferer, Dienste)	wichtig	sehr wichtig	weniger wichtig	
– Marktnähe	wichtig	sehr wichtig	wichtig	weniger wichtig
– billige Arbeitskräfte	weniger wichtig		sehr wichtig	
– niedrige Standortkosten (Betriebsgelände, Abgaben)	weniger wichtig		sehr wichtig	
Innovationen	Produktinnovationen		Prozessinnovationen	
Investitionen	Forschungs- und Entwicklungsinvestitionen		Rationalisierungsinvestitionen	
Produktionsmenge	kleine Losgrößen	Massenproduktion		
Marktstellung	Verkäufermarkt	Käufermarkt		
Gewinne	Verlust	ansteigende Gewinne	abnehmende Gewinne	Verlust
Optimaler Produktionsstandort	Ballungsraum Industrieländer		Umland des Ballungsraumes	ländlicher Raum in Industrieländern, Entwicklungsländer („verlängerte Werkbänke")

6.4 Weltwirtschaft

6.4.1 Entwicklung der Weltwirtschaft

6.4.1.1 Grundbegriffe

Die **Weltwirtschaft** umfasst alle wirtschaftlichen Beziehungen zwischen den am internationalen Güter- und Kapitalverkehr beteiligten Staaten. Der Bedarf an Gütern und Kapital kann nicht an jedem Ort vollwertig gedeckt werden. Der Landschaftshaushalt und die sozialökonomische Entfaltung der Gesellschaft stehen diesem Idealzustand entgegen. So entwickelt sich aus der globalen räumlichen Disparität von Nachfrage und Angebot die Weltwirtschaft als weltumspannendes Austauschsystem.

Ein **Welthandelsraum**, in dem die Staaten der Erde durch zwischenstaatlich festgeschriebene und anerkannte wirtschaftliche und handelspolitische Spielregeln untereinander mehr oder weniger stark verflochten sind (**Welthandelsverflechtungen**) entwickelt sich erst seit dem 19. Jh. Voraussetzungen der Welthandelsverflechtungen sind:

- Im Prozess der Europäisierung der Erde werden durch geographische Entdeckung und Erforschung sowie Kolonialismus alle Wirtschaftsräume bekannt.
- Technische Entwicklungen (Dampfmaschine, Schiffsschraube, Dampfschiff, Mechanisierung der Seehäfen, Eisenbahn) lösen bestehende Transportprobleme, die Hochseeschifffahrt wird sicherer, leistungsfähiger, schneller.
- Der Übergang zu arbeitsteiliger Massenproduktion in Fabriken führt zur Ablösung der Agrargesellschaft mit bäuerlich-handwerklicher Selbstversorgung, geringem Lebensstandard und stagnierender Wirtschaft durch die Industriegesellschaft mit wirtschaftlichem Wachstum, verbunden mit steigendem Rohstoff- sowie Energiebedarf und Überschussproduktion.
- Die Befreiung (Liberalisierung) des internationalen Güter- (Waren- und Dienstleistungs-), Kapital- und Zahlungsverkehrs von Beschränkungen.

Die **Liberalisierung des Außenhandels** ist verbunden mit der Unterwerfung der Industriestaaten unter die Goldwährung. Dadurch war bei festen Wechselkursen die Freizügigkeit von Personen sowie ein freier Waren- und Kapitalverkehr gegeben. Mit diesem Höhepunkt des Wirtschaftsliberalismus ist zugleich der entscheidende Schritt zur Weltwirtschaft getan.

Die Liberalisierung des Außenhandels beginnt 1847 in Großbritannien mit der Abschaffung der Kornzölle. Es folgen Freihandelsverträge zwischen Großbritannien und Frankreich 1860 sowie Deutschland 1862. Dem Freihandelssystem

schließen sich, außer den USA und Russland, nahezu alle anderen Staaten an. Dennoch entsteht ein **Weltmarkt**, der alle nationalen Märkte umfasst. Der Welthandel wächst stürmisch.

Freihandel ist der ungehinderte Warenaustausch (Austausch materieller Güter) zwischen Staaten und Staatengruppen.

Die **Freihandelstheorie** wird von *A. Smith* und *D. Ricardo* entworfen. *Ricardo* fordert eine Beseitigung aller national errichteten Handelsschranken. Er wendet sich gegen jeglichen Protektionismus, weil nur so die Vorteile der internationalen Arbeitsteilung voll ausgeschöpft werden könnten. Dadurch käme eine weltweite und allgemeine Steigerung des Wohlstandes zustande.

Protektionismus (Schutzzollpolitik) ist der planmäßige Schutz der inländischen Produktion oder einzelner Zweige des produzierenden Gewerbes vor ausländischer Konkurrenz durch Schutzzölle. Schutzzölle sind Mittel staatlicher Handelspolitik in einer gelenkten Marktwirtschaft oder in einer Zentralverwaltungswirtschaft. Sie stehen im Gegensatz zur Lehre des Wirtschaftsliberalismus.

Autarkie (griech. = Selbstgenügsamkeit) ist die mehr oder weniger vollständige Selbstversorgung eines Staates. Sie ist verbunden mit politischer Unabhängigkeit.

Internationale Arbeitsteilung ist eine Folge des Freihandels. Der Freihandel führt dazu, dass in einem Staat die Unternehmen diejenigen Güter produzieren, bei denen sie kostenmäßig günstiger als die Unternehmen in anderen Staaten liegen.
Nach der Freihandelslehre käme durch internationale Arbeitsteilung eine allgemeine Wohlstandssteigerung zustande. Tatsächlich gerieten zur Kolonialzeit die Kolonien in die Rolle von Rohstofflieferanten und Abnehmern der Überschussproduktion in den Industrieländern. Diese nachteilige Struktur einseitiger Abhängigkeit von der Erzeugung und der Ausfuhr von Rohstoffen ist bis heute das Problem der Entwicklungsländer.

Die **räumliche Ordnung der Weltwirtschaft** spiegelt gegenwärtig Disparitäten der Welthandelsverflechtungen. Das neue weltumspannende Austauschsystem bezeichnet man als **Triade**, auch Hightech-Triade. In der zweiten Hälfte des 19. Jh. bilden die frühen Industriestaaten Europas – Großbritannien, Deutschland und Frankreich – noch das einzige Zentrum der Weltwirtschaft (**unizentrische Weltwirtschaft**). Mit der Industrialisierung der USA entwickelt sich um 1900 ein zweites Zentrum (**bizentrische Weltwirtschaft**). Im 20. Jh. entstehen vor allem in Japan und in der Sowjetunion weitere Industrielandschaften und somit eine **polyzentrische Weltwirtschaft**.

Der Welthandel der 90er-Jahre ballt sich nach dem Zusammenbruch des Sowjetimperialismus auf drei Wirtschaftsblöcke zusammen, den Europäischen Wirtschaftsraum, Nordamerika sowie Hongkong, Japan, Süd-Korea, Malaysia, Singapur und Taiwan in Ost- und Südostasien. Dagegen bleibt der Handel mit den bis Anfang der 90er-Jahre kommunistisch regierten Staaten mit Zentralverwaltungswirtschaft in Ostmittel- und Osteuropa sowie den Entwicklungsländern und Australien gering. Somit beherrschen die marktwirtschaftlich orientierten Industrieländer zu fast drei Viertel den Welthandel.

Globalisierung der Wirtschaft ist eine zunehmende Verflechtung der Produktion und des Absatzes von Waren und Dienstleistungen über nationalstaatliche Grenzen hinweg. Der Prozess setzt im Zeitalter der großen geographischen Entdeckungen und des Kolonialismus ein, erfährt mit der Industrialisierung und Liberalisierung im 19. Jh. einen gewaltigen Auftrieb und nimmt seit den 1970er- und 1980er-Jahren neue Ausmaße an. Insbesondere wächst im Weltwirtschaftsraum der zwischenstaatliche Austausch von Kapital und Informationen.

Ausdruck der Globalisierung sind heute folgende Erscheinungen:

– Zunahme der internationalen Arbeitsteilung,
– Zunahme ausländischer Direktinvestitionen,
– Verdichtung der Welthandelsverflechtungen, die jedem Wirtschaftssubjekt (Unternehmer und Konsument) den Zugang zum Weltmarkt ermöglichen,
– Transnationale Konzerne (Multis) operieren weltweit („global player") mit mobilem Kapital sowie Vertriebs-, Fertigungs- und Planungsabteilungen, es entstehen neue Arbeitsplätze,
– ein immer effektiver und schneller werdendes Kommunikations- und Nachrichtensystem,
– Zunahme der Mobilität von Arbeitskräften mit grenzüberschreitenden Wanderungen,
– Zunahme der Umweltbelastungen.

Auswirkungen auf Veränderungen der Wirtschaftsräume haben vor allem die Ausweitung des internationalen Handels, das Anwachsen der internationalen Kapitalströme und die grenzüberschreitende Organisation der Produktion.

Nicht alle Zweige der Wirtschaft sind von der Globalisierung in gleichem Umfang betroffen. Man kann drei Gruppen unterscheiden:

– vollständig globalisierte Zweige: keine nennenswerten Hemmnisse für Waren- und Dienstleistungsströme sowie Direktinvestitionen,
– teilweise globalisierte Zweige: Raum- und Grenzüberwindungskosten verhindern Einfuhren, Gründe dafür können sein: Einfuhrbe-

schränkungen, hohe Transportkosten, eine schwierige Handelbarkeit von Waren,
– nicht globalisierbare Zweige.

Regionalisierung, die Herausbildung wirtschaftlicher Großregionen und regionaler Märkte, ist eine Folge der Globalisierung. Einerseits schließen sich Gruppen von Staaten in Verträgen zu Freihandelszonen und Wirtschaftsgemeinschaften zusammen (EWR, NAFTA). Andererseits bilden sich durch Handels- und Kapitalverflechtungen überstaatliche Wirtschaftsräume (Staaten des ost- und südostasiatischen Raumes).

Die Globalisierung führt zu einem Anpassungsdruck in den Regionen, zu einer Umwertung des räumlichen Gefüges: Herkömmliche Industriezweige und Altindustriegebiete verlieren an Bedeutung, Arbeitsplätze gehen verloren und die Arbeitslosigkeit steigt, zukunftsorientierte Industriegruppen (Hightech-Industrie) und Dienstleistungsbereiche (unternehmensorientierte Dienstleistungen wie EDV, Marketing, Konstruktion, Rechtsbereich, Umweltberatung) müssen sich entwickeln, Industrieparks mit neuartigen Arbeitsplätzen entstehen.

Globalisierung und Regionalisierung im Weltwirtschaftsraum sind zwei Seiten einer Medaille. Beide Prozesse beeinflussen sich gegenseitig. Wie die Globalisierung wird auch die Regionalisierung durch technologische Innovationen in den Bereichen Kommunikation und Transport sowie durch politische Maßnahmen zur Liberalisierung und Deregulierung begünstigt. Mit der Verflechtung von Kapital, Dienstleistungen und Produktion im Weltwirtschaftsraum ist die Herausbildung von Steuerungszentren globaler Reichweite in Weltstädten, **Global Cities**, verbunden.

Deregulierung bezweckt den behutsamen Wandel von einer überregulierten zur weniger geregelten Marktwirtschaft. Politische Maßnahmen zur Lockerung staatlicher Rahmenbedingungen für die Wirtschaft können sein:

– Privatisierung öffentlicher Einrichtungen (z. B. die Bahn),
– Abschaffung staatlicher Monopole (z. B. die Post),
– flexible Formen der Arbeitszeit, des Ladenschlusses.

Die **Goldwährung** ist eine Metallwährung. Zwischen dem Gold als Währungsmetall und der Geldeinheit besteht ein gesetzlich festgelegtes, gleich bleibendes Austauschverhältnis (im Bankgesetz des Deutschen Reiches bis zu Ausbruch des Ersten Weltkriegs: 1 kg Feingold = 2790 Mark). Das Gold kann als Goldmünze unmittelbar als Zahlungsmittel dienen oder es wird in der Notenbank hinterlegt (Goldparität). Die Notenbank wird verpflichtet, jederzeit den An- und Verkauf von Gold gegen ihre Noten durchzuführen. So bleiben die Wechselkurse im internationalen Zahlungsverkehr stabil. Der Ausgleich der Zahlungsbilanz ist stets gegeben, erfolgt gleichsam automatisch („Goldautomatismus"). Das Gold trägt infolge des Goldautomatismus langfristig zur selbsttätigen (automatischen) Regelung der Handelsbeziehungen bei.

Der **Saldo** (saldoconto, ital. = Schlussrechnung) ist der Unterschiedsbetrag zwischen der Soll- und Habenseite eines Kontos. Er entsteht, wenn sich Last- und Gutschriften zum Zeitpunkt der Aufrechnung des Kontos nicht ausgleichen.

Durch die **Zahlungsbilanz** (Bilanz; bilancio, ital. = Waage, Gleichgewicht) wird der gesamte Waren-, Dienstleistungs- und Zahlungsverkehr zwischen einer Volkswirtschaft und dem Ausland während eines Jahres in Teilbilanzen dargestellt: Handelsbilanz, Leistungsbilanz, Kapitalbilanz, Bilanz der unentgeltlichen Leistungen, Devisenbilanz.

Die **Handelsbilanz** einer Volkswirtschaft ergibt sich aus dem Saldo von Warenausfuhr und Wareneinfuhr.

In der **Leistungsbilanz** werden alle Warenumsätze, also die Warenaus- und Wareneinfuhr (Handelsbilanz), und die Dienstleistungen wie Transport-, Versicherungs-, Bankleistungen des Inlands im Verkehr mit dem Ausland einer Volkswirtschaft einander gegenübergestellt.

Die **Kapitalbilanz** enthält die Zu- und Abnahme von Forderungen bzw. Verbindlichkeiten einer Volkswirtschaft zum Ausland.

Die **Bilanz der unentgeltlichen Leistungen** nimmt die privaten und öffentlichen unentgeltlichen Leistungen einer Volkswirtschaft (z. B. Wiedergutmachungsleistungen, Reparationen, Entwicklungshilfe in Form von Zuschüssen und Geschenken) auf.

Die **Devisenbilanz** umfasst die Veränderungen in den Gold- und Devisenbeständen einer Volkswirtschaft.

Die Zahlungsbilanz ist als nationale Buchführung, wie jede andere Bilanz, rechnerisch immer ausgeglichen. Unausgeglichen können dagegen die einzelnen Teilbilanzen sein. So muss z. B. ein Aktivsaldo in der Leistungsbilanz (= Exportüberschuss) seine Gegenbuchung entweder in einem Passivsaldo der Kapitalbilanz (= Kreditgewährung an das Ausland) oder einer Vermehrung der Devisenbestände haben.

6.4.1.2 Herausbildung des Weltwirtschaftssystems

Die **Herausbildung des einheitlichen weltwirtschaftlichen Systems** erfolgt zwischen der Mitte des 19. Jh. und dem Ausbruch des Ersten Weltkriegs. Es ist derjenige Abschnitt des Welthandels

als vollkommener Freihandel. Zwei Phasen sind zu unterscheiden:

1. **Großbritannien, Motor der Entwicklung** (etwa 1850 bis 1880): Großbritannien gibt als Mutterland des Liberalismus und der Industrialisierung den Anstoß zur Herausbildung des Weltwirtschaftssystems. In den frühen Industriestaaten West- und Mitteleuropas wächst mit der Bevölkerung auch die Zahl kaufkräftiger Nachfrager stark. Der Kolonialismus fördert den Wohlstand.

2. **Hochindustrialisierung in Europa und den USA** (etwa 1880 bis 1914): In den drei Jahrzehnten bis zum Ersten Weltkrieg wächst der Welthandel mit Gütern und Kapital stürmisch. Ursachen sind:
   – der Ausbau des Eisenbahnnetzes und der Wasserstraßen (Suezkanal 1869, Nordostseekanal 1895, Panamakanal 1914, Binnenwasserstraßen),
   – ein Netz zwischenstaatlicher Verträge (Handelsverträge, Allgemeiner Postverein 1874, Weltpostverein 1878),
   – das System der Goldwährung.

6.4.1.3 Krisen des Weltwirtschaftssystems

Beide **Weltkriege** und die **Weltwirtschaftskrise** treffen das Weltwirtschaftssystem empfindlich.

Schon der **Erste Weltkrieg** (1914–1918) bedeutet einen tiefen Einschnitt in den Welthandel und Weltverkehr. Das internationale Währungssystem und der Freihandel als Grundlage der Weltwirtschaft zerbrechen 1914. Unmittelbare Folgen des Ersten Weltkriegs, die zum teilweisen Abbau weltwirtschaftlicher Verflechtungen führen, sind vor allem:

– Bevölkerungsverluste und Zerstörungen in Europa,
– die Bildung neuer Staaten mit um 20 000 km längeren Grenzen, also neuen Zoll- und Handelsschranken,
– der Prozess der Enteuropäisierung der Weltwirtschaft bei gleichzeitigem Aufstieg der USA, Kanadas und Japans,
– die gegenüber europäischen Industriestaaten modernere Produktions- und Exportstruktur der USA mit zukunftsorientierten Industrien der zweiten Phase der industriellen Revolution: halb- und vollautomatische Fertigungsprozesse, Automobilbau, Maschinenbau, Erdölchemie.

Die **Weltwirtschaftskrise** (1929–1932/33) führt zum Zusammenbruch des Weltwirtschaftssystems zwischen 1929 und 1939. Sie ist einerseits eine weltweite Konjunkturkrise, andererseits eine Krise der Einrichtungen und Verflechtungen der Weltwirtschaft und somit ein starker Einschnitt in das System des produktiven Kapitalismus. Es zerfallen die Handelsbeziehungen zwischen Rohstoff- und

Agrarländern einerseits und Industrieländern andererseits. Der Welthandel schrumpft demzufolge. Am stärksten sind davon die Rohstoff- und Agrarländer betroffen.

Die Weltwirtschaft zerfällt in wenig untereinander verflochtene Blöcke:

- die USA und Kanada mit einigen lateinamerikanische Staaten,
- die Sowjetunion, die sich durch das System der Zentralverwaltungswirtschaft isoliert,
- das Sterlinggebiet mit Vorzugszöllen,
- der Yen-Block, der durch die militärische Expansion Japans in China erzwungen wird,
- die Autarkiepolitik der Nationalsozialisten in Deutschland. Der Autarkiegedanke wird seit der Weltwirtschaftskrise 1929 in Deutschland zu einem Schlagwort. Die nationalsozialistische Reichsregierung erhebt die Autarkie 1933 zu ihrem Programm, das bedeutet: Beschränkung der Einfuhr (besonders an Rohstoffen), Steigerung der Erzeugung (besonders in der Landwirtschaft), Einschränkung des Verbrauchs. Die Autarkiepolitik der Nationalsozialisten fordert von exportorientierten Staaten Gegenmaßnahmen heraus.

Der **Zweite Weltkrieg** (1939–1945) verstärkt die Herausbildung autarker Großwirtschaftsräume. Ein arbeitsteiliges Weltwirtschaftssystem besteht nicht mehr. Am Ende des Krieges sind die USA politisch-militärisch und wirtschaftlich die einzige Weltmacht. Nach den Erfahrungen einer zerstörten Weltwirtschaft wächst die Bereitschaft zur zwischenstaatlichen Zusammenarbeit.

6.4.1.4 Wiederaufbau und wachsende Kraft des Weltwirtschaftssystems

Die **Zurückgewinnung des einheitlichen weltwirtschaftlichen Systems (Reintegration der Weltwirtschaft)** scheiterte trotz der Erfahrungen aus der Zwischenkriegszeit nach dem Ende des Zweiten Weltkriegs vorerst. Auf Druck der USA und angesichts der Kriegszerstörungen und des Entwicklungsrückstands der Wirtschaft im westlichen Kontinentaleuropa wurde eine regional begrenzte Reintegration der Weltwirtschaft angestrebt. Ein Ergebnis dieser Bestrebungen ist der Europäische Wirtschaftsraum.

Die Gründung des **Rates für gegenseitige Wirtschaftshilfe (RGW,** auch: **Council for Mutual Economic Assistance, Comecon)** 1949 ist die wirtschaftspolitische Antwort der Sowjetunion auf die handelpolitischen Absichten der USA und Westeuropas. Dem RGW müssen alle kommunistischen Staaten, die unter dem politischen Einfluss der Sowjetunion stehen (1950: Bulgarien, Tschechoslowakei, DDR; 1962: Mongolei; 1972: Kuba;1978: Polen, Rumänien, Ungarn, Vietnam) beitreten. Der RGW versucht eine Abstimmung der staatlichen Pläne und bemüht sich um Arbeitsteilung zwischen den Mitgliedstaaten. Vorrang hat jedoch der wirtschaftliche Vorteil der Sowjetunion. Die wirtschaftliche Stellung des RGW im Welthandel blieb gering.

Das **Abkommen von Bretton Woods** (1944) schafft die Grundlage für ein neues Weltwährungssystem. Ende 1945 entstehen der Internationale Währungsfonds (IWF) und die Bank für Wiederaufbau und Entwicklung (Weltbank). Die USA schlagen die Gründung einer **Internationalen Handelsorganisation (International Trade Organization, ITO)** vor. Die **Charta von Havanna** der Vereinten Nationen (1948) legt Prinzipien weltweiter Zusammenarbeit unter dem Dach der ITO vor. Die Gründung der ITO scheitert an der Ablehnung durch den amerikanische Kongress.

Das **Allgemeine Zoll- und Handelsabkommen (General Agreement on Tariffs and Trade, GATT)** übernimmt nach Scheitern der Charta von Havanna die Aufgabe der ursprünglich geplanten Weltwirtschaftsorganisation (ITO). Das GATT wird 1947 von 23 Staaten abgeschlossen. Inzwischen hat das GATT über 130 Mitglieder. Die Bundesrepublik Deutschland ist Mitglied seit 1951. Die Mitglieder treffen sich in unregelmäßigen Abständen zu Verhandlungsrunden: Genf 1974, Annecy 1949, Torquay 1950/51, Genf 1955/56, Dillon-Runde 1961/62, Kennedy-Runde 1964–67, Tokio-Runde 1973–79, Uruguay-Runde 1986–93.

GATT verpflichtet seine Mitglieder, die Meistbegünstigung („most-favoured-nation-clause") einzuhalten. Sie besagt, dass jede einem Staat gewährte Zollsenkung auch den anderen Mitgliedstaaten gewährt werden muss. Hauptaufgabe des GATT ist der Abbau zwischenstaatlicher Handelshemmnisse durch Beseitigung von Zollschranken für Waren und Dienstleistungen und der mengenmäßigen Beschränkung von Ein- und Ausfuhr, durch den ungehinderten Handel mit technischen Normen, durch die Vermeidung von Subventionen in der Landwirtschaft.

Die **UN-Konferenz für Handel und Entwicklung (United Nations Conference on Trade and Development, UNCTAD)** wurde 1964 als Einrichtung der UN-Generalversammlung ins Leben gerufen, um die internationalen Wirtschaftsbeziehungen in Richtung auf eine Einbeziehung der Entwicklungsländer fortzuentwickeln und durch eine NWWO zu gestalten.

Bemühungen um eine **Neue Weltwirtschaftsordnung (NWWO)** – seit einer Erklärung der Vereinten Nationen 1974 – gehen auf die Tatsache zurück, dass die Eingliederung der Entwicklungsländer in die Weltwirtschaft noch nicht gelungen ist. Das Problem der Entwicklungsländer besteht in der einseitigen Abhängigkeit von der Erzeugung und der Ausfuhr von Rohstoffen sowie in der steigenden Verschuldung. Die Benachteiligung der Entwicklungsländer im weltwirtschaftlichen Güteraustausch wird durch die Betrachtung der Terms of Trade deutlich.

Terms of Trade (engl. = Bedingungen des Handelns), die gegebenen Austauschverhältnisse im zwischenstaatlichen Handel. Sie werden ausgedrückt durch das Preisverhältnis zwischen Ausfuhr- und Einfuhrgütern. Es gibt an, wie viel Mengeneinheiten an Einfuhrgütern man für eine Mengeneinheit Ausfuhrgüter erhält. Sie legen somit offen, ob und in welchem Maße ein Staat Gewinn aus dem Außenhandel zieht.

Die **Schuldenkrise** ergibt sich aus der zumeist hohen Verschuldung der Entwicklungsländer bei den Industrieländern und bei der Weltbank (IWF). Darin kommt auch die wechselseitige Abhängigkeit zum Ausdruck. Geringes wirtschaftliches Wachstum in den Industrieländern bedeutet für die Entwicklungsländer geringere Ausfuhrmöglichkeiten. Die Kreditnehmerländer können ihre Schulden nur bedienen, wenn sie in der Ausfuhr ausreichende Deviseneinnahmen erwirtschaften. Erfolgt die Kreditaufnahme in einem Umfang, der eine laufende Zinszahlung und Abtragung der Schuld nicht zulässt, so wird eine Umschuldung (alte Schulden werden durch neue Kredite abgelöst), ein Zinsaufschub oder ein Schuldenerlass notwendig.

Die **AKP-Staaten,** 58 Entwicklungsländer aus dem afrikanischen, karibischen und pazifischen Raum, schließen 1975 in Lomè (Togo) mit der EG ein Abkommen, dass die Handelssituation der Entwicklungsländer gegenüber der EG verbessern soll. Das Abkommen wird 1984 als **Lomè II** erneuert.

6.4.2 Weltwirtschaftsräume

Die **Europäische Union (EU)** ist der freiwillige Zusammenschluss von 15 selbstständigen Staaten (Finnland, Schweden, Dänemark, Deutschland, Österreich, Irland, Großbritannien, Niederlande, Belgien, Luxemburg, Frankreich, Portugal, Spanien, Italien, Griechenland). Jedes Mitglied gibt einige Rechte an die EU ab. Die EU hat rund 370 Mio. Einwohner.
Drei Pfeiler politischer und wirtschaftlicher Ziele tragen die EU:

1. Pfeiler:
Europäische Gemeinschaft (EG). Grundlage der Zusammenführung der Staaten sind die Zollunion und der Binnenmarkt. Die Wirtschafts- und Währungsunion mit einheitlichem „Euro-Geld" wird 2002 verwirklicht sein. Jeder EU-Einwohner erhält zu seiner Staatsbürgerschaft die „Unionsbürgerschaft".
2. Pfeiler:
Gemeinsame Außen- und Sicherheitspolitik (GASP). Es werden unter den Mitgliedstaaten politische Absichten (Schwerpunkte sind: Menschenrechte, Friedenserhaltung, Demokratie) gegenüber Drittstaaten abgestimmt. Fernziel ist eine europäische Armee.
3. Pfeiler:
Zusammenarbeit in den Bereichen Justiz und Inneres (JI). Die Mitgliedstaaten stimmen sich über Fragen der Einwanderung und des Asyls ab. Sie bekämpfen gemeinsam den Drogenhandel, die Mafia und den Terrorismus.

Zeittafel der europäischen Einigung

1951: Belgien, die BRD, Frankreich, Italien, Luxemburg, die Niederlande gründen in Paris (Pariser Vertrag) die Europäische Gemeinschaft für Kohle und Stahl (EGKS).

1952: Die EGKS-Staaten unterzeichnen den Vertrag zur Gründung der Europäischen Verteidigungsgemeinschaft (EVG). Die französische Nationalversammlung lehnt ihn 1954 ab. Damit scheitert die EVG und der Plan einer Europäischen Politischen Gemeinschaft.

1957: Die EGKS-Staaten gründen in Rom (Römische Verträge) die Europäische Wirtschaftsgemeinschaft (EWG) und die Europäische Atomgemeinschaft (EURATOM). Die gemeinsame Politik wird ausgedehnt auf Landwirtschaft, Fischerei, Verkehr, Wettbewerbsrecht, Außenhandel.

1962: Einigung auf die Grundsätze einer Gemeinsamen Agrarpolitik.

1968: Vollendung der Zollunion. Import und Export sind zollfrei.

1972: Neue Bereiche der Zusammenarbeit werden vereinbart: Energie-, Regional-, Umweltpolitik.

1973: Dänemark, Irland, Großbritannien treten bei.

1979: Erste Direktwahl des Europäischen Parlaments.

1981: Beitritt Griechenlands.

1986: Portugal und Spanien treten bei. Erste umfassende Änderung der drei Gründungsverträge in der Einheitlichen Europäischen Akte (EEA). Die Beteiligung des Parlaments und die Schaffung des Europäischen Binnenmarktes werden festgeschrieben.

1992: In Maastricht wird der „Vertrag über die Europäische Union (EU)" unterzeichnet. Weitere Bereiche der Zusammenarbeit werden vereinbart: Bildung, Kultur, Gesundheitswesen, Verbraucherschutz, Industrie, Entwicklungshilfe, Außen- und Sicherheitspolitik, Justiz und Inneres.

1993: Der Binnenmarkt ist verwirklicht. Der Vertrag über die EU tritt in Kraft.

1994: Der Europäische Wirtschaftsraum (EWR) wird gebildet. Die zweite Stufe der Wirtschafts- und Währungsunion (WWU) beginnt. Die Europäische Zentralbank mit Sitz in Frankfurt am Main wird vorbereitet.

1995: Finnland, Österreich und Schweden treten bei.

1997: Vorlage der „Agenda 2000 – eine stärkere und erweiterte Union" beschreibt die weltweiten Entwicklungsmöglichkeiten der EU, ihre zukünftige Politik, die sich aus der Erweiterung ergebenden Probleme, den Finanzrahmen.

1998: Beginn des EU-Erweiterungsprozesses, Beitrittsverhandlungen mit Estland, Lettland, Litauen, Polen, Tschechien, Slowakei, Ungarn, Rumänien, Bulgarien.

Die **Europäische Freihandelszone (European Free Trade Area, EFTA)** wird unter der Führung Großbritanniens 1960 von den Staaten (Dänemark, Großbritannien, Norwegen, Österreich, Portugal, Schweden, Schweiz) gegründet, denen die Bindungen in der Europäischen Gemeinschaft (EG) zu weit gingen. Als 1973 Großbritannien und Dänemark zur EG übertreten, schließt die EG mit den übrigen EFTA-Staaten jeweils gesonderte Freihandelsabkommen. 1991 sind Finnland, Island, Liechtenstein, Norwegen, Österreich, Schweden und die Schweiz Mitglieder, 1995 verlassen Finnland, Österreich und Schweden die EFTA.

Der **Europäische Wirtschaftsraum** umfasst die 15 Staaten der Europäischen Union (EU) sowie die Staaten der Europäischen Freihandelszone (EFTA) Island, Liechtenstein und Norwegen. Die Schweiz hat sich 1992 in einer Volksabstimmung gegen die Teilnahme am EWR entschieden. Der EWR ist heute der größte und am stärksten zusammengebundene Markt der Welt. Er hat rund 380 Mio. Einwohner. In den Landschaftsräumen der subpolaren, gemäßigten und subtropischen Zone wird jährlich eine Wirtschaftskraft von 7 Bill. US-$ aufgebracht. Die Mitgliedstaaten bestreiten 40 % des Welthandels.

Im EWR wird der freie Verkehr für Waren, Dienstleistungen, Kapital und Personen des Binnenmarktes der EU („vier Freiheiten") auf die EFTA-Staaten ausgedehnt. Diese wenden das Recht der EU an und übernehmen deren Wettbewerbsregeln. Der EWR ist aber keine Zollunion wie die EU. Der freie Warenverkehr im EWR gilt nur für Waren aus dem Wirtschaftsraum. Insofern bleiben Grenzkontrollen zwischen EU- und EFTA-Staaten bestehen. Die gemeinsame Agrarpolitik der EU wird nicht auf die EFTA-Staaten ausgedehnt.

Die **Organisation für wirtschaftliche Zusammenarbeit und Entwicklung (Organization for Economic Cooperation and Development, OECD)** ist die Nachfolgeorganisation der Organisation für europäische wirtschaftliche Zusammenarbeit (OEEC). Die OEEC wird 1948 gegründet, um den Marshallplan durchzuführen. Mit dem Marshallplan (benannt nach dem US-Außenminister *George Marshall*) halfen die USA nach dem Zweiten Weltkrieg beitrittswilligen Staaten Europas ihre Wirtschaft wieder aufzubauen.

Als die OEEC 1961 ihre Aufgabe für erledigt hielt, führte sie die Gesellschaft in die OECD über. Seitdem bemühen sich alle EG-, heute EU-Staaten, Australien, Japan, Kanada, Neuseeland, die Schweiz, die Türkei und die USA um die Abstimmung ihrer Wirtschaftspolitik, insbesondere der Konjunktur- und Währungspolitik. Weiterhin versucht die Organisation die Entwicklungshilfe der Mitgliedstaaten zu verbessern, um ein angemessenes Wirtschaftswachstum in den Entwicklungsländern zu erreichen.

Die **Nordamerikanische Freihandelszone (North American Free Trade Agreement, NAFTA)** zwischen den USA, Kanada und Mexiko tritt 1994 in Kraft. NAFTA umfasst rund 370 Mio. Einwohner. In den Landschaftsräumen der subpolaren, gemäßigten, subtropischen und tropischen Zone werden jährlich rund 7 Bill. US-$ erwirtschaftet. Diese Freihandelszone ist kein Binnenmarkt, wie ihn die EU hat. Das Freihandelsabkommen baut Handelshemmnisse ab. Es fördert den zwischenstaatlichen Handel.

Die **Asiatisch-pazifische wirtschaftliche Zusammenarbeit (Asia Pacific Economic Cooperation, APEC)** umfasst eine Gruppe von Staaten (VR China, Taiwan, Süd-Korea, Japan, Thailand, Malaysia, Brunei, Indonesien, Philippinen, Papua-Neuguinea, Australien, Neuseeland, Kanada, USA, Mexiko, Chile) mit starkem wirtschaftlichem Wachstum. Sie ist mit rund 40 % am Welthandel beteiligt. Mit 2 Mrd. Einwohnern und 12 Bill. US-$ Wirtschaftskraft bildet sich im asiatisch-pazifischen Raum neben dem EWR und der NAFTA der dritte Weltwirtschaftsraum heraus.

Die Interessengemeinschaft strebt eine Freihandelszone, keine Wirtschafts- und Währungsunion an. Noch gibt es viele Handelshemmnisse, denn die Mitgliedstaaten verfolgen zum Teil deutlich abweichende wirtschaftliche Ziele.

Der **Verband Südostasiatischer Staaten (Association of Southeast Asian Nations, ASEAN)** wird 1967 von Indonesien, Malaysia, Philippinen, Singapur und Thailand als loser Staatenbund und Bollwerk gegen kommunistische Ausdehnung, die von der Sowjetunion, der VR China und Vietnam ausging, gegründet. Inzwischen sind Brunei, Laos, Myanmar und Vietnam beigetreten. Die Ziele sind heute wirtschaftliche, soziale und kulturelle Zusammenarbeit zur Festigung des Friedens in Südostasien. Angestrebt wird eine Freihandelszone (Asian Free Trade Area, AFTA).

Der **Andenpakt** wird 1969 gegründet. Mitgliedstaaten sind Venezuela, Kolumbien, Ecuador, Peru und Bolivien. Der Markt des Andenpaktes umfasst rund 95 Mio. Einwohner, die ein BSP von etwa 170 Mrd. US-$ erwirtschaften. Die angestrebten Ziele sind: Industrialisierung der pazifischen Staaten, Schaffung eines gemeinsamen Marktes, Abstimmung der Außenwirtschaftspolitik, soziale und kulturelle Maßnahmen.

Der **Gemeinsame Markt des Südens (Mercado Commun del Cono Sur, Mercosur)** in Lateinamerika wird 1991 gegründet. Die Staaten Brasilien, Paraguay, Uruguay und Argentinien umfassen rund 200 Mio. Einwohner mit einer Wirtschaftskraft von etwa 640 Mrd. US-$. Die Ziele sind: freier Waren- und Dienstleistungsverkehr durch Beseitigung von Zöllen (Zollunion), Vereinheitlichung (Harmonisierung) der Gesetzgebung in den Bereichen Außenhandel, Landwirtschaft, Industrie, Steuer- und Währungswesen, Kapitalverkehr, Verkehrs- und Kommunikationswesen, Zusammenarbeit mit der Europäischen Union, Planung einer Freihandelszone mit den Staaten des Andenpaktes.

Die **Organisation Erdöl exportierender Länder (Organization of Petroleum Exporting Countries, OPEC)** wird 1960 mit dem Ziel gegründet, die Erdölpolitik der Förderländer (Venezuela, Iran, Irak, Saudi-Arabien, Kuwait, Katar, Indonesien, Libyen, Abu Dhabi, Algerien, Nigeria, Ecuador, Vereinigte Arabische Emirate, Gabun) abzustimmen, die staatliche Beteiligung gegenüber den multinationalen Ölkonzernen durchzusetzen und die Weltmarktpreise zu bestimmen.

7. Staaten

7.1 Deutschland

7.1.1 Naturräumliche Gliederung

Deutschland hat Anteil an den vier Großlandschaften Mitteleuropas: Tiefland, Mittelgebirge, Alpenvorland, Hochgebirge. Sie erstrecken sich von West nach Ost in unterschiedlich breiten Streifen.

Das **Norddeutsche Tiefland** liegt zwischen den Küsten und dem Bergland. Es gliedert sich wie folgt: Inseln, See- und Flussmarschen an der Nordseeküste, Jungmoränenland des Nördlichen Landrückens (Schleswig-Holsteinische Seenplatte, Mecklenburgisch-pommersche Seenplatte), Jung- und Altmoränenland der Niederungen und Platten in Brandenburg (z. B. Havelland, Oderbruch, Barnim, Teltow), Altmoränenland des Südlichen Landrückens (z. B. Lüneburger Heide, Fläming) und des Niedersächsischen Tieflandes, Lößland der Börden mit den drei Tieflandsbuchten der Kölner Bucht, der Münsterländer Bucht, der Leipziger Bucht.

Das **Mittelgebirge** teilt sich in die **Mitteldeutsche Gebirgsschwelle** und das **Süddeutsche Gebirgsland**. Die Mitteldeutsche Gebirgsschwelle gliedert sich wie folgt: Bruchschollengebirge (Hochschollen, z. B. Rheinisches Schiefergebirge, Harz, Thüringer Wald, Erzgebirge), Becken und Senken (Tiefschollen, z. B. Kasseler Becken, Thüringer Becken, Dresdener Elbtalweitung), Schichtstufen- und Tafelland (Deckgebirge, z. B. Niedersächsisches Bergland, Hessisches Bergland, Elbsandsteingebirge), Vulkangebirge (Vogelsberg, Rhön). Das Süddeutsche Gebirgsland gliedert sich wie folgt: Oberrheinisches Tiefland im Westen, Bruchschollengebirge im Westen und Osten (Odenwald, Schwarzwald, Oberpfälzer Wald, Bayerischer Wald), Süddeutsches Stufenland (Deckgebirge, z. B. Schwäbische Alb, Fränkische Alb) in der Mitte, den größten Teil einnehmend.

Das deutsche **Alpenvorland** liegt zwischen Donau und Alpen. Es gliedert sich wie folgt: Schotterplatten im Nordwesten und in der Mitte, Lößland des Niederbayerischen Hügellandes im Nordosten, Jungmoränenland im Süden.

Die deutschen **Alpen** nehmen nur einen kleinen Teil des Hochgebirges ein. Sie gehören zu den Nördlichen Kalkalpen und gliedern sich in Allgäuer Alpen, Bayerische Alpen, Salzburger (Berchtesgadener) Alpen.

7.1.2 Klima

Deutschland liegt innerhalb der gemäßigten Zone in der Klimazone der kühlgemäßigten Klimate (Klimate der Laub- und Mischwälder). Aufgrund seiner Lage in Mitteleuropa befindet sich Deutschland im Übergangsbereich vom maritimen Klima (Seeklima) Westeuropas zum kontinentalen Klima (Landklima) Osteuropas. Daraus ergibt sich ein Wandel des Klimas von Nordwesten nach Südosten. Er wird im Bereich des Mittelgebirgslandes stark gestört: Im Stau der Gebirge kommt es zu Steigungsregen. In den Hochlagen ist es kühler. In den Flusstälern und Beckenlandschaften ist es wärmer und trockener.

Klima	Gebiet
Maritimer Einfluss: Sommer kühler, Winter milder, feuchter	Nordwest- und Westdeutschland
Kontinentischer Einfluss: Sommer wärmer, Winter kälter, trockener	Nordost-, Ost-, Südostdeutschland
Einfluss der Oberflächengestalt: Sommer kühler, Winter kälter, feuchter	Hochlagen der Gebirge: z. B. Eifel, Sauerland, Harz, Rhön, Thüringer Wald, Erzgebirge, Schwarzwald, Bayerischer Wald, Alpen
Sommer wärmer, Winter milder, trockener	Becken- und Tallagen: z. B. Thüringer Becken, Oberrheinisches Tiefland, Maintal bei Würzburg

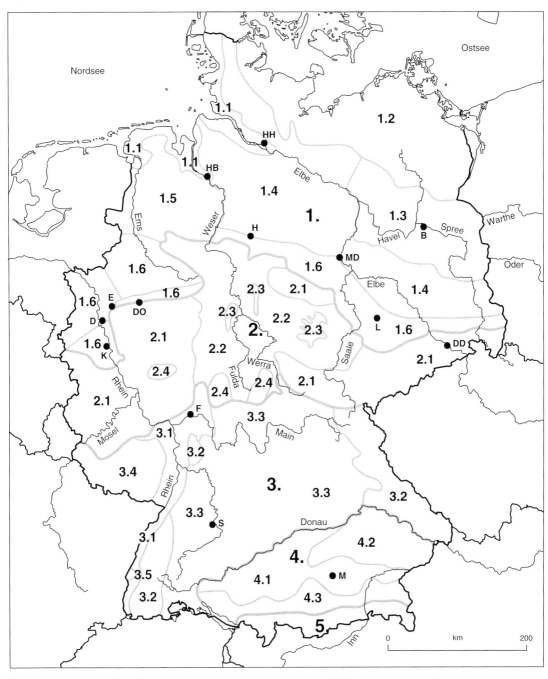

Deutschland – naturräumliche Gliederung

1.	Norddeutsches Tiefland
1.1	Inseln, See- und Flussmarschen
1.2	Nördlicher Landrücken
1.3	Niederungen und Platten in Brandenburg
1.4	Südlicher Landrücken
1.5	Niedersächsisches Tiefland
1.6	Lößland und Tieflandsbuchten
2.	Mitteldeutsche Gebirgsschwelle
2.1	Bruchschollengebirge
2.2	Schichtstufen- und Tafelland
2.3	Becken und Senken
2.4	Vulkangebirge

3.	Süddeutsches Gebirgsland
3.1	Oberrheinisches Tiefland
3.2	Bruchschollengebirge
3.3	Süddeutsches Stufenland
3.4	Tafelland
3.5	Vulkangebirge
4.	Deutsches Alpenvorland
4.1	Schotterplatten
4.2	Niederbayerisches Hügelland
4.3	Jungmoränenland
5.	Deutsche Alpen

7.1.3 Bodennutzung

Oberflächengestalt, natürliche Bodenfruchtbarkeit, Temperaturen und Wasserhaushalt sind in Deutschland unterschiedlich. Deshalb lassen sich verschiedene Gebiete der Bodennutzung unterscheiden.

Gebiete der Bodennutzung in Deutschland

Bodennutzung	Leitkulturen	Naturraum	Landschaft (Gebiet)
Ackerbau mit hoher Produktionsleistung	Weizen – Zuckerrüben – Gerste	Nördlicher Landrücken	nördliche Uckermark
		Börden	Kölner Bucht (Jülicher Börde), Soester Börde, Hildesheim-Braunschweiger Börde, Magdeburger Börde, Leipziger Bucht, Sächsisches Hügelland, Oberlausitz
		Becken und Senken	Goldene Aue, Thüringer Becken, Oberrheinisches Tiefland
		Süddeutsches Stufenland	Kraichgau, Würzburger Gäu
		Niederbayerisches Hügelland	Dungau
Ackerland mit mittlerer Produktionsleistung	Weizen – Zuckerrüben – Roggen – Futterpflanzen, Waldanteil unter 25 %	Jungmoränenland	Nördlicher Landrücken in Schleswig-Holstein, Mecklenburg-Vorpommern, Oderbruch
		Börden	Nordrand der Mitteldeutschen Gebirgsschwelle
		Becken und Senken	im Weser-Leine-Bergland, Thüringer Becken, Wetterau, Oberrheinisches Tiefland
		Süddeutsches Stufenland	Grabfeld, Hohenloher Ebene, Kraichgau, Strohgäu
		Niederbayerisches Hügelland	Hallertau, Dungau
Ackerbau mit geringer Produktionsleistung und Forstwirtschaft	Kartoffeln – Roggen – Futterpflanzen, Waldanteil bis über 50 %	Südlicher Landrücken	Lüneburger Heide, Colbitz-Letzlinger Heide, Fläming, Niederlausitz, Dübener Heide, Dahlener Heide
		Mitteldeutsche Gebirgsschwelle	Buntsandsteinlandschaften in Hessen und Thüringen, Niedereifel, Saar-Nahe-Bergland
		Süddeutsches Gebirgsland	östliche Schwäbische Alb, Stufenland in Mittelfranken, Oberfranken und in der Oberpfalz
Grünlandwirtschaft und Ackerbau	Futterbau, Rinder, Dauergrünlandanteil über 40 %	Norddeutsches Tiefland	Marschen, Geest in Schleswig-Holstein, Stader Geest, Niedersächsisches Tiefland, nördliche Münsterländer Bucht

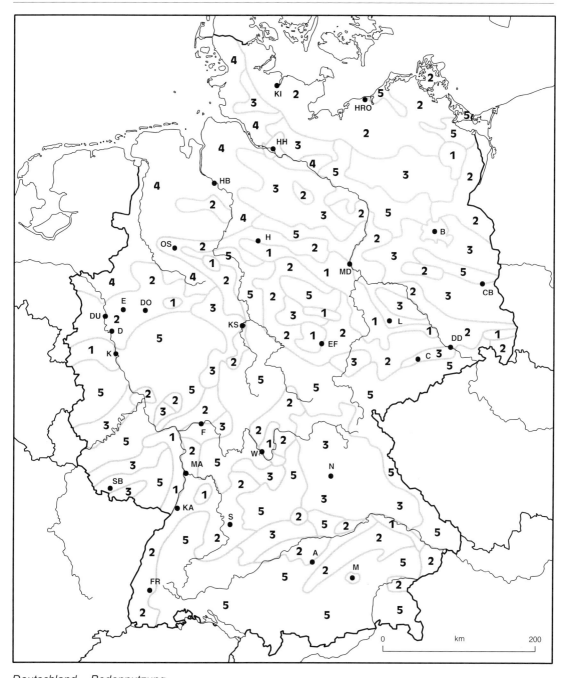

Deutschland – Bodennutzung

1   Ackerbau mit hoher Produktionsleistung
2   Ackerbau mit mittlerer Produktionsleistung
3   Ackerbau mit geringer Produktionsleistung und Forstwirtschaft
4   Grünlandwirtschaft und Ackerbau
5   Gründlandwirtschaft und Forstwirtschaft

Bodennutzung	Leitkulturen	Naturraum	Landschaft (Gebiet)
Grünlandwirt-schaft und Forstwirtschaft	Dauergrünlandanteil über 25 %, Waldanteil über 25 %	Norddeutsches Tiefland	Allerurstromtal, Havelland
		Mitteldeutsche Gebirgsschwelle und Süddeutsches Gebirgsland	alle Mittelgebirge
		Alpenvorland	Schotterplatten und Jungmorä-nenland
		Alpen	insbesondere Allgäuer Alpen
Sonderkulturen (in Abhängigkeit von natürlichen Standortbedin-gungen)	Obst, Gemüse, Wein	Becken und Senken	Oberrheinisches Tiefland, Boden-see, Mittelrheintal, Moseltal, Neckartal bei Stuttgart, Maintal bei Würzburg, Elbtal bei Dresden, Saale-Unstrut-Tal bei Naumburg
	Hopfen	Niederbayerisches Hügelland	Hallertau

7.1.4 Industrieräume (wichtige Standortgruppierungen)

Geographische Standortbedin-gungen („harte" Standortfaktoren)	Industrieraum (Einwohner in Mio.)	Industrieprofil (wichtige Branchen) GP = Grund- und Produktionsgüter-, I = Investitions-güter-, V = Verbrauchsgüter-, NG = Nahrungs- und Ge-nussmittelindustrie
Seehafen, gute Verkehrsanbin-dung zum Hinter-land, Wärme-kraftwerke	Hamburg (2,8)	GP: Erdölverarbeitung, Buntmetall-, Aluminiumherstel-lung; I: Schiffbau, Maschinenbau, Chemie; V: Elektro-technik, Fahrzeugbau, Druckerei; NG
	Bremen (1,0)	GP: Stahlherstellung; I: Schiffbau, Maschinenbau, Luft-fahrt; V: Elektrotechnik, Fahrzeugbau, Textil; NG
	Rostock (0,3)	I: Schiffbau; NG: Fischverarbeitung
Bergbau, güns-tige Lage im europäischen Verkehrsnetz, Wärmekraftwerke	Rhein – Ruhr (10,1)	Steinkohle; GP: Stahl-, Buntmetallherstellung, Gießerei, Erdölverarbeitung, Chemie; I: Maschinenbau; V: Metall, Fahrzeugbau, Elektrotechnik; NG
	Saar (1,0)	Steinkohle; GP: Stahlherstellung; I: Maschinenbau; V: Metall, Fahrzeugbau, Elektrotechnik
	Halle – Leipzig – Dessau (1,9)	Braunkohle; GP: Erdölverarbeitung, Chemie; I: Maschi-nenbau; V: Metall, Fahrzeugbau, Elektrotechnik, Che-mie, Leder, Textil; NG
Günstige Lage im europäischen Verkehrsnetz, Wärmekraftwerke	Nordrand der Mittel-deutschen Gebirgs-schwelle: Köln (1,6)	GP: Erdölverarbeitung, Chemie; I: Maschinenbau; V: Metall, Fahrzeugbau, Elektrotechnik; NG

Geographische Standortbedingungen („harte" Standortfaktoren)	Industrieraum (Einwohner in Mio.)		Industrieprofil (wichtige Branchen) GP = Grund- und Produktionsgüter-, I = Investitionsgüter-, V = Verbrauchsgüter-, NG = Nahrungs- und Genussmittelindustrie
	Osnabrück – Bielefeld	(0,6)	GP: Stahlherstellung; I: Maschinenbau; V: Fahrzeugbau, Elektrotechnik, Möbel, Zellulose, Papier, Druck, Textilien, Bekleidung; NG
	Hannover	(1,1)	I: Maschinenbau; V: Metall, Gummi, Chemie, Fahrzeugbau, Elektrotechnik; NG
	Braunschweig – Salzgitter – Wolfsburg	(0,9)	GP: Stahlherstellung; I: Maschinenbau, Metall; V: Fahrzeugbau, Schienenfahrzeugbau, Elektrotechnik
	Magdeburg	(0,4)	I: Metall, Maschinenbau, Chemie; V: Elektrotechnik; NG
	Zwickau-Chemnitz	(0,6)	I: Maschinenbau; V: Fahrzeugbau, Elektrotechnik, Feinmechanik, Textilien, Bekleidung
	Dresden	(0,6)	I: Maschinenbau, Metall, Chemie; V: Elektrotechnik, Elektronik, Feinmechanik, Zellulose, Papier, Porzellan; NG
	Inselstandorte: Berlin	(4,0)	GP: Aluminium; I: Chemie, Metall, Maschinenbau; V: Elektrotechnik, Elektronik, Feinmechanik, Optik, Fahzeugbau, Schienenfahrzeugbau, Druckgewerbe, Textilien, Bekleidung; NG
	Kassel	(0,3)	I: Metall; V: Fahrzeugbau, Schienenfahrzeugbau, Elektrotechnik; NG
	Nürnberg – Fürth – Erlangen	(1,1)	I: Metall, Maschinenbau; V: Elektrotechnik, Elektronik, Feinmechanik, Spielwaren, Musikinstrumente, Textilien, Bekleidung
	Ulm	(0,2)	GP: Aluminium; I: Maschinenbau; V: Fahrzeugbau, Elektrotechnik; NG
	Augsburg	(0,3)	GP: Stahlherstellung, Metall, Chemie; I: Elektronik, Textilien, Bekleidung
	München	(2,5)	GP: Chemie; I: Maschinenbau; V: Elektrotechnik, Elektronik, Feinmechanik, Fahrzeug-, Schienenfahrzeugbau, Luft- und Raumfahrttechnik, Zellulose, Papier, Textilien, Bekleidung; NG
	Rheinschiene: Rhein – Main	(3,2)	GP: Chemie; I: Maschinenbau; V: Fahrzeugbau, Elektrotechnik, Elektronik, Feinmechanik, Gummi, Textilien, Bekleidung, Leder; NG
	Rhein – Neckar	(2,2)	GP: Erdölverarbeitung, Chemie; I: Maschinenbau, Metall; V: Fahrzeugbau, Elektrotechnik; NG
	Karlsruhe	(0,4)	GP: Erdölverarbeitung, I: Maschinenbau; V: Fahrzeugbau, Elektrotechnik, Möbel; NG
	Mittlerer Neckar	(2,8)	I: Chemie, Maschinenbau, Metall; V: Elektrotechnik, Elektronik, Feinmechanik, Optik, Textilien, Bekleidung, Leder, Druckgewerbe; NG

7.1.5 Politisch-geographische Gliederung

Deutschland ist ein Bundesstaat aus 16 Ländern (dreizehn Flächenstaaten und drei Stadtstaaten). Der Staatsname des Staatenverbandes ist Bundesrepublik Deutschland. Die Hauptstadt ist Berlin.

Länder der Bundesrepublik Deutschland (Landeshauptstadt)

nach der Größe	km²	nach der Einwohnerzahl (1997)	Mio.
Bayern (München)	70 551	Nordrhein-Westfalen	18,0
Niedersachsen (Hannover)	47 612	Bayern	12,1
Baden-Württemberg (Stuttgart)	35 752	Baden-Württemberg	10,4
Nordrhein-Westfalen (Düsseldorf)	34 078	Niedersachsen	7,8
Brandenburg (Potsdam)	29 476	Hessen	6,0
Mecklenburg-Vorpommern (Schwerin)	23 170	Sachsen	4,5
Hessen (Wiesbaden)	21 114	Rheinland-Pfalz	4,0
Sachsen-Anhalt (Magdeburg)	20 447	Berlin	3,4
Rheinland-Pfalz (Mainz)	19 847	Schleswig-Holstein	2,8
Sachsen (Dresden)	18 413	Sachsen-Anhalt	2,7
Thüringen (Erfurt)	16 171	Brandenburg	2,6
Schleswig-Holstein (Kiel)	15 770	Thüringen	2,5
Saarland (Saarbrücken)	2 570	Mecklenburg-Vorpommern	1,8
Berlin	891	Hamburg	1,7
Hamburg	755	Saarland	1,1
Bremen	404	Bremen	0,7
	357 021		82,1

7.1.6 Entwicklung der politisch-geographischen Gliederung

Die 16 Länder der Bundesrepublik Deutschland sind das Ergebnis einer langen föderalen Überlieferung sowie von Entscheidungen der Hauptsiegermächte USA, Sowjetunion, Großbritannien und Frankreich über das Deutsche Reich im Zweiten Weltkrieg (1939–1945, Konferenzen in Jalta und Potsdam 1945).
Altes Reich (911–1806): Das Reich ist im 18. Jh. (seit dem 15. Jh. Heiliges Römisches Reich Deutscher Nation) ein lockerer Staatenbund von rund 300 Territorien verschiedener Art und Größe (Herzogtum, Fürstentum, Grafschaft, Hochstift, Abtei, Reichsstadt) und fast 1500 winziger Reichsritterschaften.

Entwicklung 1945–1990

Am 8. 5.1945 kapitulieren die deutschen Streitkräfte bedingungslos. Das Deutsche Reich steht unter dem Besatzungsregime der Alliierten (USA, Sowjetunion, Großbritannien, Frankreich). Die deutschen Gebiete östlich der Oder-Neiße-Linie werden der Sowjetunion und Polen zur Verwaltung un-

terstellt. Die deutsche Bevölkerung wird ausgewiesen und in den Reichsgebieten westlich der Oder-Neiße-Linie angesiedelt. Das übrige Reichsgebiet teilen die Siegermächte in Besatzungszonen auf. Die Reichshauptstadt Berlin wird in vier Sektoren geteilt und erhält einen Sonderstatus. Das Saarland wird zoll- und währungspolitisch von Deutschland abgetrennt und eng an Frankreich angebunden. 1949 entstehen in Deutschland zwei Staaten: Die Bundesrepublik Deutschland (BRD) aus der amerikanischen, britischen und französischen Zone. Hauptstadt wird Bonn. Die Deutsche Demokratische Republik (DDR) aus der sowjetischen Zone. Der sowjetische Sektor von Berlin wird entgegen den Bestimmungen des Sonderstatus der Stadt zur Hauptstadt der DDR erklärt (Berlin (Ost)). Der amerikanische, britische und französische Sektor bilden Berlin (West). Berlin (West) gehört zum Wirtschafts- und Währungsgebiet der BRD.

Zwischen 1945 und 1961 verlassen rund 3 Mio. Deutsche die sowjetische Zone bzw. DDR und nehmen ihren Wohnsitz in den Westzonen bzw. der BRD. Daraufhin wird die Grenze zwischen der sowjetischen Zone und den Westzonen von der sowjetischen Besatzungsmacht bereits 1946 geschlossen

Deutsches Reich (1871–1945)

Kaiserreich (1871–1918)	Weimarer Republik (1919–1933)	
Bundesstaaten	Länder	(Landeshauptstädte)

Kgr. Preußen	Preußen	(Berlin)
Kgr. Bayern	Bayern	(München)
Kgr. Württemberg	Württemberg	(Stuttgart)
Kgr. Sachsen	Sachsen	(Dresden)
Ghzgt. Baden	Baden	(Karlsruhe)
Ghzgt. Hessen	Hessen	(Darmstadt)
Ghzgt. Sachsen-Weimar-Eisenach		
Hzgt. Sachsen-Meiningen		
Hzgt. Sachsen-Altenburg		
Fstt. Schwarzburg-Sondershausen	Thüringen	(Weimar)
Fstt. Schwarzburg-Rudolstadt		
Fstt. Reuß, ältere Linie (Greiz)		
Fstt. Reuß, jüngere Linie (Gera)		
Hzgt. Sachsen-Coburg und Gotha		
	Landesteil Gotha 1920 zu Thüringen	
	Landesteil Coburg 1920 zu Bayern	
Ghzt. Mecklenburg-Schwerin	Mecklenburg-Schwerin	
Ghzt. Mecklenburg-Strelitz	Mecklenburg-Strelitz	
	1933/34 zu Mecklenburg (Schwerin) vereinigt	
Ghzt. Oldenburg	Oldenburg	(Oldenburg)
Hzgt. Braunschweig	Braunschweig	(Braunschweig)
Hzgt. Anhalt	Anhalt	(Dessau)
Fstt. Schaumburg-Lippe	Schaumburg-Lippe	(Bückeburg)
Fstt. Lippe	Lippe	(Detmold)
Fstt. Waldeck	Waldeck	(Arolsen)
	1929 zu Preußen	
Freie und Hansestadt Lübeck	Lübeck	
	1937 zu Preußen	
Freie Hansestadt Bremen	Bremen	
Freie und Hansestadt Hamburg	Hamburg	
Reichsland Elsaß-Lothringen		

und zunehmend schärfer überwacht. Vom 13.8.1961 beginnend errichtet die DDR-Regierung rings um Berlin (West) (Berliner Mauer) und entlang der 1393 km langen innerdeutschen Grenze von Lübeck bis Hof eine vier Meter hohe Wand aus Betonfertigteilen und Metallgitterplatten mit Signalanlagen, Minenstreifen und Wachtürmen. Die Nationale Volksarmee der DDR bewacht die Grenze. Auf Flüchtlinge kann geschossen werden. Bis 1989 gelingt rund 41 000 Deutschen aus der DDR die Flucht in die BRD. Etwa 80 Flüchtende werden erschossen.

Im Herbst 1989 gelingt der DDR-Bevölkerung eine friedliche Revolution (ohne Tote). Am 9.11.1989 öffnet die DDR-Regierung die innerdeutsche Grenze. Nach freien Wahlen in der DDR (18.3.1990) erfolgt am 3.10.1990 der Beitritt der DDR zur Bundesrepublik Deutschland nach Artikel 23 des Grundgesetzes der BRD. Bestimmungen aus dem Zweiplus-Vier-Vertrag = Vertrag zwischen der Bundes-

republik Deutschland, der deutschen Demokratischen Republik, der Französischen Republik, dem Vereinigten Königreich Großbritannien und Nordirland, der Union der Sozialistischen Sowjetrepubliken und den Vereinigten Staaten von Amerika über die abschließende Regelung in Bezug auf Deutschland vom 12.9.1990: Das vereinte Deutschland umfasst die Gebiete der BRD, der DDR und ganz Berlin. Bestehende Rechte der Siegermächte über das Deutsche Reich im Zweiten Weltkrieg erlöschen. Die Bundesrepublik Deutschland erlangt uneingeschränkte Souveränität. Die Außengrenzen Deutschlands sind völkerrechtlich anerkannt und endgültig. Deutschland bleibt Mitglied der Nato.

Maßnahmen der Siegermächte 1945–1947

Die Militärregierungen der USA, der Sowjetunion, Englands und Frankreichs ordnen in ihren Besatzungszonen die Wiedereinrichtung von Ländern mit deutschen Verwaltungen an. Da die Siegermächte die Auflösung des Staates Preußen verfügen, wird die ehemalige Gliederung des Deutschen Reiches in Länder durch die Bildung neuer Länder erheblich verändert.

7.1.7 Topographisch-geographische Gliederung

1. Norddeutschland

Gebiete: Schleswig-Holstein, Mecklenburg-Vorpommern, Hamburg, Bremen, große Teile Niedersachsens, nördliches Sachsen-Anhalt (Altmark), nördliches Brandenburg (Prignitz und Uckermark).

Naturräumliche Merkmale: Ost- und Nordfriesische Inseln; Fluss- und Seemarschen an der Nordseeküste; eiszeitlich geprägtes Tiefland: Förden- und Boddenausgleichsküsten an der Ostsee, Nördlicher Landrücken, Geest, Moorniederungen, Urstromtäler.

Kulturräumliche Merkmale: Niederdeutsche Mundarten (Friesisch, Niedersächsisch, Mecklenburgisch, Vorpommerisch, Nordmärkisch); niederdeutsches Hallenhaus; Backsteinbauweise in den Städten, geringe Städtedichte.

1.1 Nordwestdeutschland (Schleswig-Holstein, Niedersachsen)

Altsiedelland der Friesen und (Nieder-)Sachsen; Haufendörfer und Einzelhöfe; gewachsene und gegründete Städte.

1.2 Nordostdeutschland (Mecklenburg-Vorpommern)

Neustämme der Mecklenburger und Pommern; Straßen- und Angerdörfer; Planstädte.

2. Westdeutschland

Gebiete: Nordrhein-Westfalen, Rheinland-Pfalz, Saarland, südwestliches Hessen.

Naturräumliche Merkmale: Bruchschollengebirge im westlichen Teil der Mitteldeutschen Gebirgsschwelle (Rheinisches Schiefergebirge, Kölner Bucht, Münsterländer Bucht), nördliches Oberrheinisches Tiefland.

Kulturräumliche Gliederung: Niederdeutsche (Westfälisch, Niederrheinisch) und westmitteldeutsche (Mittel-, Mosel-, Rheinfränkisch) Mundarten; Altsiedelland der Sachsen (Westfalen) und Franken (Rheinländer, Pfälzer); niederdeutsches Hallenhaus, fränkisches Gehöft, quergeteiltes Einheitshaus in Haufendörfern; gewachsene und gegründete Städte, schieferverkleidete und fränkische Städtebilder.

Politisch-geographische Gliederung Deutschlands

bis 1945	nach 1945
in der amerikanischen Besatzungszone	
• Freie Hansestadt Bremen	➤ Freie Hansestadt Bremen
• rechtsrheinische Gebiete des Landes Hessen (Hessen-Darmstadt) pr. Prov. Hessen-Nassau, ohne die Kreise St. Goarshausen, Unterlahn, Unter- und Oberwesterwald	➤ Land Hessen
• Freistaat Bayern, ohne die bayerische Pfalz	➤ Freistaat Bayern
• nördliche Teile des Landes Württemberg und des Freistaates Baden (Karlsruhe)	➤ Land Baden-Württemberg
in der französischen Besatzungszone	
• südlicher Teil des Freistaates Baden (Freiburg)	➤ Freistaat Baden
• südlicher Teil des Landes Württemberg und pr. Reg.-Bez. Hohenzollern	➤ Land Württemberg-Hohenzollern 1952: Zusammenschluss der Länder Baden-Württemberg, Baden und Württemberg-Hohenzollern zum Land Baden-Württemberg

bis 1945	**nach 1945**
• Reg.-Bez. Koblenz und Trier der pr. Rhein-provinz, Kreise St. Goarshausen, Unter-lahn, Unter- und Oberwesterwald der pr. Prov. Hessen-Nassau, linksrheinischer Teil des Landes Hessen (Rheinhessen), bayerische Pfalz	⟶ Land Rheinland-Pfalz
• Saarstatut des Versailler Vertrages (1919): Saargebiet; südlicher Teil der pr. Rheinpro-vinz, westlicher Teil der bayerischen Pfalz	⟶ Saargebiet: zoll- und währungspolitisch zu Frankreich Saarland: 1.1.1957 Land der BRD nach Volksabstimmung am 24.12.1955

in der britischen Besatzungszone

• pr. Prov. Schleswig-Holstein (1937 ka-men der oldenburgische Landesteil Eutin und die Freie und Hansestadt Lübeck an Preußen)	⟶ Land Schleswig-Holstein
• Freie und Hansestadt Hamburg	⟶ Freie und Hansestadt Hamburg
• pr. Prov. Hannover, Land Oldenburg, Land Braunschweig (ohne die in der sowjetischen Zone liegenden Gebiete: Kreis Calvörde, große Teile des Kreises Blankenburg), Land Schaumburg-Lippe	⟶ Land Niedersachsen
• pr. Prov. Westfalen, Reg.-Bez. Düsseldorf, Aachen und Köln der pr. Rheinprovinz, Land Lippe	⟶ Land Nordrhein-Westfalen

in der sowjetischen Besatzungszone

• Reg.-Bez. Stralsund und Stettin westlich der Oder-Neiße-Linie der pr. Prov. Pommern, Land Mecklenburg (1934 aus Mecklenburg-Schwerin und Mecklenburg-Strelitz gebildet)	⟶ Land Mecklenburg (1990: Mecklenburg-Vorpommern)
• Reg.-Bez. Potsdam und Reg.-Bez. Frank-furt/Oder westlich der Oder-Neiße-Linie der pr. Prov. Brandenburg	⟶ Land Brandenburg
• Reg.-Bez. Magdeburg und Merseburg der pr. Prov. Sachsen, Freistaat Anhalt, braunschweigische Landesteile Calvörde und Blankenburg	⟶ Land Sachsen-Anhalt
• Freistaat Sachsen ohne den östlichen Teil des Kreises Zittau, Reg.-Bez. Lieg-nitz westlich der Oder-Neiße-Linie der pr. Prov. Niederschlesien	⟶ Land Sachsen (1990: Freistaat Sachsen)
• Freistaat Thüringen (bis 1934) einschließ-lich der 1944 von Preußen abgetretenen Gebiete: Reg.-Bez. Erfurt der pr. Prov. Sachsen, Kreis Schmalkalden der pr. Prov. Hessen-Nassau	⟶ Land Thüringen (1994: Freistaat Thüringen)

(pr. Prov. = preußische Provinz, Reg.-Bez. = Regierungsbezirk)

3. Süddeutschland

Gebiete: Baden-Württemberg, Bayern südlich der Mainlinie (ohne östlichen Teil des Reg.-Bez. Unterfranken und Reg.-Bez. Oberfranken).

Naturräumliche Merkmale: Süddeutsches Gebirgsland mit Bruchschollengebirgen im Westen und Osten, dem südlichen Oberrheinischen Tiefland, dem Süddeutschen Stufenland; deutsches Alpenvorland; deutscher Anteil an den Nördlichen Kalkalpen.

3.1 Südwestdeutschland

Kulturräumliche Merkmale: Alemannische Mundarten; Altsiedelland der Alemannen; Haufendörfer, auch Weiler; gewachsene und gegründete Städte südwestdeutscher Gestalt, große Städtedichte.

3.2 Südostdeutschland

Kulturräumliche Merkmale: Bairische Mundarten; Altsiedelland der Baiern (Oberpfälzer, Niederbaiern, Oberbaiern); fränkisch-bayerische Hausformenmischtypen, bajuwarischer Mehrseitenhof, alpin-bajuwarisches Einheitshaus, vorwiegend Haufendörfer, eingestreut Weiler; bairisch-alpenländische Stadtgestalt, geringe Städtedichte.

4. Ostdeutschland

Gebiete: Brandenburg – Berlin, östliches Sachsen-Anhalt, große Teile Sachsens.

Naturräumliche Merkmale: Eiszeitlich geprägtes Tiefland: Niederungen und Platten in Brandenburg, Fläming, Niederlausitz, Nordwestsächsische Heiden; Bruchschollengebirge im östlichen Teil der Mitteldeutschen Gebirgsschwelle (sächsisches Bergland, Erzgebirge, Oberlausitzer Bergland); Elbsandsteingebirge.

Kulturräumliche Merkmale: Niederdeutsche (Mittel- und Südmärkisch) und ostmitteldeutsche (Obersächsisch, Erzgebirgisch, Schlesisch) Mundarten, Sorbisch (slawische Sprachinseln); Neustämme der Brandenburger (Märker), Obersachsen, Schlesier, Reste westslawischer Bevölkerung (Sorben); ostelbisches Längsdielenhaus, fränkisches Gehöft in Straßen- und Angerdörfern; Planstädte mit Traufhäusern im märkischen Backstein im Norden und verputzten Ziegel- und Fachwerkhäusern im Süden.

5. Mitteldeutschland

Gebiete: Südliches Niedersachsen, nördliches und östliches Hessen, Thüringen, westliches Sachsen, große Teile Sachsen-Anhalts (westlich von Elbe und Mulde), Bayern nördlich der Mainlinie (östliches Unterfranken und Oberfranken).

Naturräumliche Merkmale: Bruchschollengebirge, Schichtstufen- und Tafelland sowie Vulkangebirge im mittleren Teil der Mitteldeutschen Gebirgsschwelle zwischen Rheinischem Schiefergebirge und Leipziger Bucht.

Kulturräumliche Merkmale: Niederdeutsche (Ostfälisch), westmitteldeutsche (Niederhessisch) und ostmitteldeutsche (Thüringisch, Obersächsisch, Vogtländisch) sowie ostfränkische Mundarten; Altsiedelland der Sachsen (Ostfalen), Hessen, Thüringer und Franken; fränkisches Gehöft im Haufendorf; fränkische Stadtgestalten, häufig an Burgen und Schlösser gebunden, große Städtedichte, vor allem im Bördenland und in den Becken (Kasseler, Göttinger, Thüringer Becken).

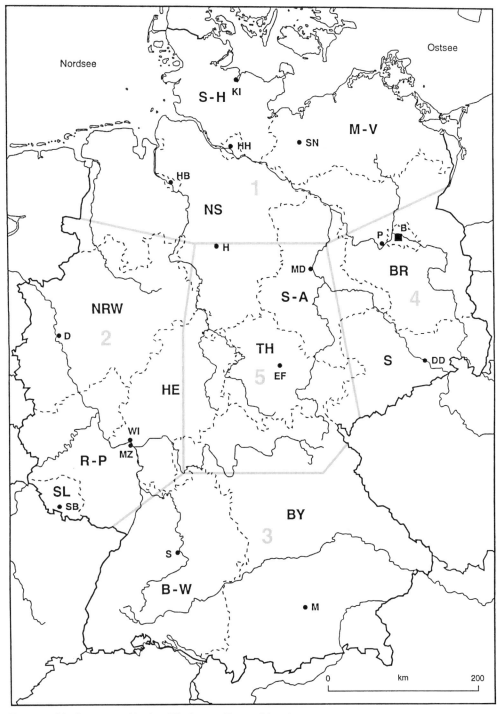

Topographisch-geographische Gliederung Deutschlands

——— Staatsgrenze
- - - - - Ländergrenze
——— Grenzsäume der topographisch-
geographischen Großräume
■ Bundeshauptstadt
• Landeshauptstadt

① Norddeutschland
② Westdeutschland
③ Süddeutschland
④ Ostdeutschland
⑤ Mitteldeutschland

7.2 Europa

7.2.1 Naturräumliche Gliederung

Es lassen sich vier Großräume unterscheiden:

1. Die Nordwest- und Nordeuropäischen Bergländer mit den Schottischen Hochlanden, den Mittelgebirgen in England und Wales und dem Skandinavischen Gebirge kennzeichnen abgerundete Bergformen und flachwellige Hochflächen zwischen 500 und 1 000 m. Im Glittertind steigt das Skandinavische Gebirge bis auf 2 470 m an. Im Eiszeitalter bedeckte Inlandeis, z.T. bis 3 000 m dick, die Gebirgsländer. So entstanden die abgerundeten Formen und an den Küsten die U-Täler der Fjorde sowie die Inselfluren.

2. Das europäische Tiefland erstreckt sich im Wechsel von Flach- und Hügelland über 4 000 km von der Küste Flanderns in Belgien bis zum Uralgebirge in Russland. Nach Osten wird das Tiefland zunehmend breiter und nimmt schließlich ganz Osteuropa ein. Große Teile des Tieflandes in Mittel- und Osteuropa waren im Eiszeitalter Aufschüttungsgebiet des Inlandeises. So entstanden die Landformen der glazialen Serie mit Grund- und Endmoränen, Sandern und Urstromtälern.

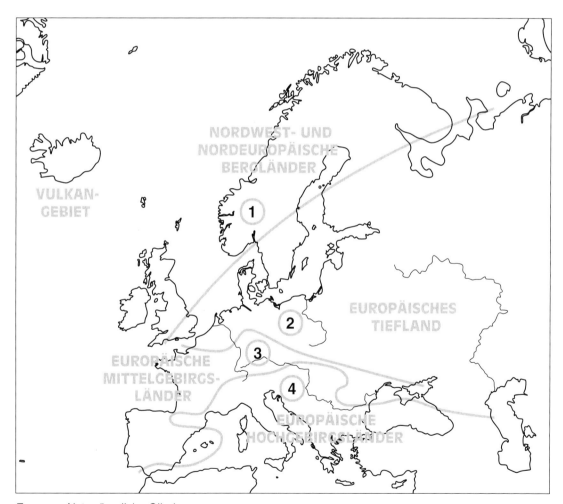

Europa – Naturräumliche Gliederung

① Nordwest- und Nordeuropäische Bergländer
② Europäisches Tiefland
③ Europäische Mittelgebirgsländer
④ Europäische Hochgebirgsländer

3. Die europäischen Mittelgebirgsländer bestehen aus Mittelgebirgen, die durch Becken, Senken und Täler getrennt sind. Sie setzen zwischen der Bretagne und dem Zentralmassiv in Frankreich an, erreichen in Mitteleuropa in der Mitteldeutschen Gebirgsschwelle und dem Süddeutschen Gebirgsland eine beachtliche Breite und klingen nach Osten in der Ukraine mit der Wolynisch-Podolischen Platte aus.

4. Die Hochgebirgsländer in Süd- und Südosteuropa sind ein Teil des eurasiatischen Faltengebirgsgürtels. Das Hochgebirgsland prägen steile und schroffe Bergformen, deren Gipfel zwischen 1 500 m und 4 807 m (Montblanc) Höhe liegen.

7.2.2 Klima

Europa ist durch den klimatischen Übergang vom Seeklima (maritimes Klima) in Westeuropa zum Landklima (kontinentales Klima) in Osteuropa geprägt. Dazwischen liegt in Mitteleuropa ein Übergangsklima. Die vom Atlantischen Ozean wehenden Winde der außertropischen Westwindzone bringen im Sommer kühle und im Winter milde, aber immer feuchte Luftmassen in den Kontinent. Die Wolken regnen sich allmählich aus. Deshalb wird das Klima nach Osten trockener. Außerdem nimmt der ausgleichende Einfluss des Meeres ab, die Sommer werden wärmer und die Winter kälter.

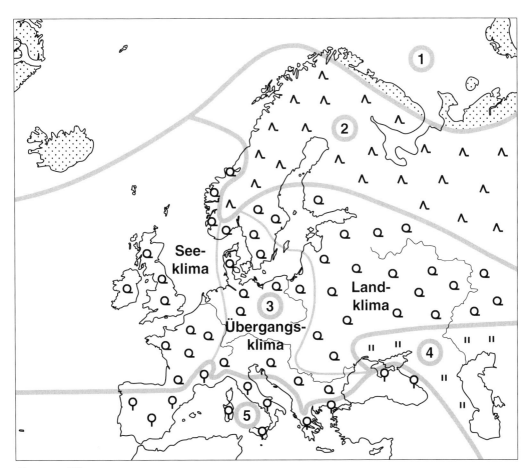

Europa – Klima

Polare Klimazone
① Tundrenklima

Gemäßigte Klimazone
② kaltgemäßigtes Klima
③ kühlgemäßigtes Klima
④ winterkaltes Steppenklima

Subtropische Klimazone
⑤ Mittelmeerklima

So setzt in der Ukraine die winterkalte Steppe ein.

Von Norden nach Süden ändert sich das Klima ebenfalls. Nordeuropa liegt nahe zum kalten Polargebiet. Wo es in die polare Klimazone hineinreicht, herrscht Tundrenklima und südlich das kaltgemäßigte Klima des borealen Nadelwaldes. Südeuropa liegt dagegen nahe zum heißen Tropengebiet. Hier herrscht in der subtropischen Klimazone auf der Westseite des eurasiatischen Kontinents das Mittelmeerklima mit Hartlaubvegetation.

Polare Klimazone

Das **Tundrenklima** in Nordeuropa hat kurze und kühle Sommer sowie sehr kalte und trockene (schneearme) Winter.

Gemäßigte Klimazone

Das **kaltgemäßigte Klima** in Nord- und Osteuropa hat mäßig warme und feuchte (regenreiche) Sommer, aber kalte und trockene (schneearme) Winter. Es ist ein Landklima mit großen Temperaturunterschieden zwischen Sommer und Winter. Der Niederschlag ist verhältnismäßig gering. In diesem Klima wächst der boreale Nadelwald.

In den **kühlgemäßigten Klimaten** wachsen bei mäßig warmem Sommer und kühlem Winter mit Niederschlag zu allen Jahreszeiten sommergrüne Laubmischwälder. Die Klimate umfassen das See-, Übergangs- und Landklima der Mittelbreiten, wobei von West- nach Osteuropa die Sommer wärmer, die Winter kälter werden und die Niederschläge abnehmen.

Das **winterkalte Steppenklima** in der Ukraine und in Süd-Russland liegt im Bereich des Landklimas. Der Niederschlag ist schon so gering, dass Wald nicht mehr wächst. In der winterkalten Steppe ist der Sommer sehr warm und der Winter sehr kalt.

Subtropische Klimazone

Das **Mittelmeerklima** in Südeuropa hat deutliche Unterschiede zwischen heißen und trockenen Sommern sowie milden und feuchten Wintern. Die Temperaturen sind auch im Winter höher als im übrigen Europa. In diesen sommertrockenen Subtropen wachsen Hartlaubwälder mit immergrünen Sträuchern und Bäumen.

7.2.3 Kulturelle Einheit und Vielfalt

Die kulturelle Einheit Europas beruht auf der langen gemeinsamen Geschichte seiner Völker und auf dem Christentum. Es entwickelten sich eine europäische Architektur, Malerei, Literatur und Musik. In Europa entstand die moderne Wissenschaft und Technik. Vielfältige Vorstellungen entfalteten sich in Wirtschaft (Kapitalismus mit Markt- oder Planwirtschaft) und Gesellschaft (Liberalismus, Sozialismus).

7.2.4 Sprachen und Völker

In Europa leben etwa 70 Völker. Sie alle haben ihre kulturellen Besonderheiten entwickelt. Etwa zwei Drittel der Bevölkerung sprechen eine der acht Großsprachen. Den größten Anteil hat das Russische, gefolgt vom Deutschen und Englischen. Nur jeweils eine kleine Gruppe von Menschen in Europa spricht die sorbische, die räteromanische oder die gälische Sprache.

Sprachen	Verbreitung
1. Indoeuropäische Sprachfamilie	
1.1 Germanische Sprachen	
Isländisch, Norwegisch, Schwedisch, Dänisch	Nordeuropa: Island, Norwegen, Schweden, Dänemark
Englisch, Niederländisch (Holländisch, Flämisch)	Westeuropa: England, Schottland, Wales, Irland, Niederlande, Belgien
Deutsch, Friesisch	Mitteleuropa: Deutschland, Schweiz, Österreich
1.2 Keltische Sprachen	
Irisch, Gälisch, Walisisch, Bretonisch	Westeuropa: Irland, Schottland, Wales, Bretagne
1.3 Romanische Sprachen	
Rumänisch	Südeuropa: Rumänien, Moldawien
Französisch	Westeuropa: Frankreich, Belgien, (Schweiz)
Portugiesisch, Spanisch, Katalanisch, Italienisch	Südeuropa: Portugal, Spanien, Italien, (Schweiz)
1.4 Baltische Sprachen	
Litauisch, Lettisch	Osteuropa: Litauen, Lettland
1.5 Slawische Sprachen	
Westslawisch: Tschechisch, Slowakisch, Polnisch, Kaschubisch, Sorbisch	Mitteleuropa: Tschechien, Slowakei, Polen, Deutschland
Ostslawisch: Russisch, Urkainisch, Weißrussisch	Osteuropa: Russland, Ukraine, Weißrussland
Südslawisch: Bulgarisch, Makedonisch, Serbokroatisch, Slowenisch	Südeuropa: Bulgarien, Makedonien, Serbien, Kroatien, Bosnien-Herzegowina, Montenegro, Slowenien
1.6 Griechisch	Südeuropa: Griechenland
1.7 Albanisch	Südosteuropa: Albanien
2. Baskisch	Südeuropa: Spanien
3. Uralaltaische Sprachfamilie	
3.1 Finnougrische Sprache	
Ungarisch (Magyarisch)	Mitteleuropa: Ungarn
Estnisch, Karelisch, Syrjänisch (Komi)	Osteuropa: Estland, Russland
Finnisch, Lappisch/Samisch	Nordeuropa: Finnland, Norwegen
3.2 Turksprachen	
Tatarisch	Osteuropa: Russland
Türkisch	Südosteuropa: Makedonien, Türkei

7.2.5 Ausgewählte Staaten im Überblick

(nach Großräumen und Flächengröße geordnet)

Staat (Hauptstadt)	Fläche in km²	Bevölkerung in Mio. (gerundet)	Bevölkerungs- dichte E/km²
Nordeuropa			
Schweden (Stockholm)	449 964	8,8	20
Finnland (Helsinki)	338 144	5,1	15
Norwegen (Oslo)	323 758	4,4	13,5
Island (Reykjavik)	103 000	0,27	2,6
Dänemark (Kopenhagen)	43 094	5,3	122
Westeuropa			
Frankreich (Paris)	543 965	58,4	107
Großbritannien (London)	242 900	58,8	242
Irland (Dublin)	70 273	3,6	52
Niederlande (Amsterdam)	41 865	15,5	371
Belgien (Brüssel)	30 528	10,2	333
Luxemburg (Luxemburg)	2 586	0,42	161
Südeuropa			
Spanien (Madrid)	504 782	39,3	78
Italien (Rom)	301 323	57,4	190
Griechenland (Athen)	131 957	10,5	79
Portugal (Lissabon)	92 345	9,9	108
Südosteuropa			
Rumänien (Bukarest)	238 391	22,6	95
Bulgarien (Sofia)	110 994	8,4	75
Jugoslawien (Belgrad)	102 173	10,5	104
– Serbien (Belgrad)	88 361	9,7	
– Montenegro (Podgorica)	13 812	0,6	
Kroatien (Agram/Zagreb)	56 610	4,8	84
Bosnien-Herzegowina (Sarajevo)	51 129	4,5	88
Albanien (Tirana)	28 748	3,0	111
Slowenien (Laibach/Ljubljana)	20 253	2,0	98
Makedonien (Skopje)	25 713	2,0	77
Osteuropa			
Russland (Moskau)	17 075 400	147,7	9
– europäischer Teil	4 300 000	115,3	27
Ukraine (Kiew)	603 700	50,7	84
Weißrussland (Minsk)	207 595	10,3	50
Litauen (Wilna/Vilnius)	65 301	3,7	57
Lettland (Riga)	64 589	2,5	39
Estland (Reval/Tallinn)	45 227	1,5	32
Moldau/Moldawien (Kischinau)	33 700	4,3	128
Mitteleuropa			
Deutschland (Berlin)	357 021	82,1	229
Polen (Warschau)	312 685	38,6	124
Ungarn (Budapest)	93 030	10,2	110
Österreich (Wien)	83 858	8,1	96
Tschechien (Prag)	78 866	10,3	131
Slowakei (Preßburg/Bratislava)	49 034	5,3	109
Schweiz (Bern)	41 284	7,1	171

7.2.6 Strukturmerkmale von Staaten

7.2.6.1 Großbritannien

Vereinigtes Königreich von Großbritannien und Nordirland, Hauptstadt: London

Staat und Bevölkerung

Konstitutionelle Erbmonarchie mit parlamentarisch-demokratischer Regierungsform. Zentraler Einheitsstaat aus vier Landesteilen: England (nimmt in der Mitte und im Süden der Hauptinsel den größten Teil ein), Wales (nimmt im Westen der Hauptinsel den größten Teil ein), Schottland (nimmt den nördlichen Teil der Hauptinsel ein), Nordirland (liegt im Norden von Irland).
80 % der britischen Bevölkerung sind Engländer, sonst Schotten (schottisch-gälische Sprache), Waliser, Einwanderer aus Commonwealth-Staaten (4 %), vorwiegend im Großraum London mit sozialen Problemen und Gettobildung.
Starke Verstädterung, 90 % der Einwohner, 1/3 der Bevölkerung in 8 Stadtregionen auf 3 % der Landesfläche.

Landesnatur

Oberflächenformen: Zu 70 % Bergländer, stark gegliederte Küste, Schottische Hochlande im Norden, Bergland von Cumberland, Penninen, Bergland von Cornwall im nordwestlichen, mittleren und südwestlichen England, Cambrisches Gebirge in Wales, Tiefland mit Hügelländern (Schichtstufenland) im südöstlichen und südlichen England.

Klima: Lage in der gemäßigten Klimazone, Seeklima des kühlgemäßigten Klimas (Golfstrom).

Vegetation: Ursprünglich sommergrüner Laubwald, starke Entwaldung, heute 8 % der Landesfläche bewaldet, in England Parklandschaft.

Wirtschaft

Wirtschaftliche Entwicklung: Im 19. Jh. führende Wirtschaftsmacht der Welt, Vorreiterrolle in der industriellen Revolution, Wegbereiter des Kapitalismus und der Marktwirtschaft, strukturelle Probleme infolge beider Weltkriege und des Verlustes fast aller Kolonien im 20. Jh.

Bergbau, Industrie: Starker Strukturwandel; traditionelle Industriezweige wie Steinkohlenbergbau, Eisen- und Stahlindustrie, Metallindustrie, Fahrzeug- und Schiffbau, Textilindustrie verlieren an Bedeutung; Modernisierung und Rationalisierung stellen Wettbewerbsfähigkeit des Steinkohlebergbaus und der Stahlindustrie wieder her, zu dem Verlagerung des Schwergewichts auf Erdöl- und Erdgasförderung in der Nordsee, chemische Industrie, Zu-

kunftstechnologien (Kommunikationsbereich), Luft- und Raumfahrtindustrie.
Verbunden mit Strukturwandel ist regionale Schwerpunktverlagerung, alte Industriegebiete: Südwales, Mittelengland, Nordostengland, London und Umgebung, Mittelschottische Senke. Industriegebiete mit Wachstumsbranchen: London und Umgebung, Südengland.
Folge: Verstärkung des sozialen Süd-Nord-Gefälles.

Landwirtschaft: Bei weitgehender Mechanisierung hohe Produktivität, Berg- und Hügelländer sind Wiesen- und Weideland.
Hügelland und Tiefland in Süd- und Südostengland sind Ackerbaugebiete.

7.2.6.2 Frankreich

Französische Republik, Hauptstadt: Paris

Staat und Bevölkerung

Demokratische Republik, zentralistischer Einheitsstaat mit 22 Verwaltungsregionen.
Franzosen mit zahlreichen Dialekten, daneben Bretonisch in der Bretagne.
Seit der Industrialisierung zunehmende Einwanderung, heute rund 10 % Ausländer.
Starke Verstädterung, fast 2/3 der Bevölkerung in wenigen Stadtregionen, allein Paris mit rund 10 Mio. Einwohnern.

Landesnatur

Oberflächenformen: Vielfalt der Landschaftsformen mit Anteil an der Kanal-, Atlantik- und Mittelmeerküste.
Tiefland: im Süden das Rhonetal und der Küstensaum am Golf von Lyon, im Westen das Garonne-Becken und der Küstensaum am Golf von Biscaya, im Westen und Norden der Küstensaum am Kanal sowie das Tiefland in Nordfrankreich.
Bergland: Kernraum Frankreichs ist das Pariser Becken (Nordfranzösisches Becken), ein Schichtstufenland, alle weiteren Bergländer sind kristalline Grundgebirge, im Westen die Bergländer der Bretagne und Normandie, im Osten und Süden die Mittelgebirge der Vogesen und des Zentralmassivs.
Hochgebirge: im Süden Nordteil der Pyrenäen, im Südosten Westalpen mit Montblanc (4 807 m, höchster Berg Europas).

Klima: Der größte Teil hat kühlgemäßigtes Klima der gemäßigten Zone, im Westen und Norden Seeklima (Golfstrom), im Osten Übergangsklima.
Küstensaum am Golf von Lyon und südliches Rhonetal liegen in der subtropischen Zone, hier herrscht Mittelmeerklima.

Mistral, ein vom Zentralmassiv zum Rhonetal herabfallender Kaltwind, verursacht Kälteschäden im Frühjahr.

Vegetation: größter Teil sommergrüner Laubmischwald, im Süden Hartlaubwald, in den Mittelgebirgen und vor allem in den Alpen und Pyrenäen Höhenstufen der Vegetation.
Natürlicher Wald stark verändert, im Tiefland und Bergland gerodet, Reste als Niederwald, in der Bretagne Heideflächen, im Küstentiefland zwischen Bayonne und Bordeaux geschlossenes Nadelwaldgebiet, Hartlaubwald verschwunden oder Macchie.

Wirtschaft

Wirtschaftliche Entwicklung: Im 19. Jh. nach England bedeutendes Industrieland, aber verhältnismäßig langsamer Wandel vom Agrar- zum Industrie- und modernen Dienstleistungsstaat, aufholende Industrialisierung und Modernisierung seit den 50er-Jahren, Ausbau der Kernenergie.

Bergbau, Industrie: Steinkohle im Norden (Lille) und in Lothringen, Eisenerz in Lothringen (Minette mit geringem Eisengehalt), Aluminiumerz in der Provence (Bauxit nach dem Fundort Les Baux), Erdöl und Erdgas bei Bordeaux und Orleans.
Wichtigste Industriezweige: Investitionsgüterindustrie (Maschinen-, Fahrzeug-, Schiffbau), elektronische und elektrotechnische Industrie, Automobilindustrie, Flugzeugindustrie (Toulouse), Nahrungs- und Genussmittel, Stahlerzeugung, Textilindustrie.

Industriegebiete: Stadtregion Paris (größtes Ballungsgebiet, vielseitige Branchenstruktur), Lothringen (Stahlerzeugung, Metallverarbeitung), Lyon – St. Etienne (Textil-, Elektro-, Maschinen-, Chemie-Industrie), Lille (Bergbau, Textilindustrie zurückgehend), Le Havre – Rouen (Hafenwirtschaft, Erdölverarbeitung), Marseille (Hafenwirtschaft, Erdölverarbeitung).

Landwirtschaft: Bedeutende Produktion bei günstigen Naturbedingungen, größter europäischer Agrarproduzent trotz rückläufiger Anbauflächen, überwiegend Klein- und Mittelbetriebe, Großbetriebe vor allem im Pariser Becken.

Bodennutzung: Ackerbau auf guten Böden:
– Tiefland im Norden, Pariser Becken (Weizen, Zuckerrüben, Mais, Obst, Gemüse),
– Tiefländer der Loire, Charente, Garonne, Saone (Weizen, Mais, Obst, Wein).

Grünlandwirtschaft und Ackerbau mit Viehhaltung im Westen (Bretagne, Normandie),
Grünlandwirtschaft mit Viehhaltung und Forstwirtschaft im Osten und im Zentralmassiv,

Sonderkulturen (Obst, Wein) im Küstensaum des Golf von Lyon (Languedoc).

7.2.6.3 Italien

Italienische Republik, Hauptstadt: Rom (Roma)

Staat und Bevölkerung

Parlamentarisch-demokratische Republik, Einheitsstaat mit 20 Regionen, davon 5 mit besonderem Autonomiestatus (Sizilien, Sardinien, Aostatal, Trentino-Südtirol, Friaul-Julisch-Venetien).
Italiener als einheitliche Gruppe, daneben etwa 5 % Angehörige anderer Sprach- und Volksgruppen: Sarden, Friauler, Deutsche (Südtirol).
Stadtbevölkerung mehr als die Hälfte, starke Unterschiede in der Bevölkerungsverteilung, hohe Bevölkerungsdichte in den Stadtregionen Rom, Neapel, Mailand, Turin, Genua.

Landesnatur

Oberflächenformen: Italien liegt auf der Apenninenhalbinsel in Südeuropa, es reicht vom Alpenhauptkamm bis weit in die Mitte des Mittelmeeres hinein.
Drei Großräume: Festlanditalien im Norden mit dem südlichen Alpengebiet (Zentralalpen in Südtirol, südliche Kalkalpen, östliche Westalpen) und der Poebene.
Halbinselitalien wird überwiegend vom Apennin-Gebirge eingenommen, es reicht vom Südrand der Poebene bis zum Golf von Tarent und setzt sich über Kalabrien nach Sizilien fort, Tiefland in schmalen Küstensäumen an der Westküste, an der Ostküste in Apulien und südöstlich von Tarent.
Inselitalien mit Sardinien, Sizilien und zahlreichen kleineren Inseln und Inselgruppen, neben dem Faltengebirge des Apennin Vulkanberge (Ätna, Vesuv, Liparische Inseln mit Stromboli und Vulcano).

Klima: Festlanditalien liegt noch in der gemäßigten Zone mit kühlgemäßigtem Klima, Halbinsel- und Inselitalien liegen in der subtropischen Zone mit Mittelmeerklima, nach Süden zunehmende Sommertrockenheit und ansteigende Jahresmitteltemperaturen.

Vegetation: Halbinsel- und Inselitalien mit Hartlaubwald und Höhenstufen der Vegetation im Gebirge, in der Poebene sommergrüner Laubwald, in den Alpen Nadelwald-, Matten- und Felsstufen.
Der ursprüngliche Wald ist seit dem Altertum stark gerodet worden (Nutz- und Brennholzgewinnung, Kulturland), seither auch Verbreitung der Macchie.

Wirtschaft

Wirtschaftliche Entwicklung: hoch entwickelter und industrialisierter Norden, überwiegend durch

Landwirtschaft, Arbeitslosigkeit und Armut geprägter Süden (Mezzogiorno), insgesamt rohstoffarmer Industrie-Agrarstaat.

Bergbau und Industrie: Marmor um Carrara (Toscana). Industrieprofil: Eisen- und Metallverarbeitung einschließlich Maschinenbau, Elektrotechnik, Fahrzeugbau, Chemie, Textil-, Schuh- und Bekleidungsindustrie.
Raumstruktur: Industrielle Schwerpunktregion ist die Poebene (Städtedreieck Turin – Genua – Mailand), Städtereihen am Alpensüdrand (mit Brescia und Venedig) und am Nordrand der Apeninnen (Bologna), Standorte der Stahlwerke und Raffinerien an der Küste (Genua, Livorno, Ravenna, Neapel, Tarent).

Landwirtschaft: Erhebliche Betriebs- und Flurzersplitterung, überwiegend geringe Produktivität, großer Anteil von Kleinbetrieben, im Süden Großgrundbesitz mit Lohnarbeit oder Halbpacht.
Bodennutzung räumlich verschieden ausgeprägt, abhängig von der Oberflächengestalt und vom Wasserhaushalt (Süden semiarid), Hauptanbaugebiet ist die Poebene, hier neben Regen- auch Bewässerungsfeldbau (Weizen, Zuckerrüben, Mais, Reis, Wein, Obst, Gemüse; Grundlage der Fleisch- und Mehlproduktion).

7.2.6.4 Polen

Republik Polen, Hauptstadt: Warschau (Warszawa)

Staat und Bevölkerung

Parlamentarisch-demokratische Republik, Zentraler Einheitsstaat mit (zur Zeit noch) 49 Verwaltungsbezirken (Woiwodschaften).
Polen als einheitliche Gesamtbevölkerung, daneben geringe Reste deutscher Bevölkerung in den ehemaligen Gebieten des Deutschen Reiches (Oder-Neiße-Gebiete).
Stadtbevölkerung über 60%, vor allem Warschau (Warszawa), Lodz (Łódź), Krakau (Kraków), Breslau (Wrocław), Posen (Poznań), Danzig-Gdingen (Gdańsk-Gdynia).

Landesnatur

Oberflächengestalt: ähnliche Landschaften wie in Ost- und Norddeutschland, etwa 2/3 Tiefland, Landschaften in Streifen von Westen nach Osten:

Tiefland: Wechsel von Steil- und Flachküste an der Ostsee, Ausgleichsküste in Pommern, Haff-Nehrungsküste an der Danziger Bucht.
Baltischer Landrücken in Pommern und Masuren (Jungmoränenland mit vielen Seen, Pommersche und Masurische Seenplatte).
Platten und Niederungen in Großpolen (Gebiet um Posen), Ostbrandenburg, Niederschlesien, Maso-

wien (Gebiet um Warschau und Bialystok) (Altmoränenland, Platten mit Löß, etwa 50% der Staatsfläche).

Bergland: Sudeten in Schlesien (Bruchschollengebirge), Kleinpolnisches Hochland und Lubliner Hochland in Kleinpolen (Gebiet in Südpolen nordwestlich und nordöstlich von Krakau) (Schichtstufenland mit Löß), Polnisches Karpatenvorland in Galizien (in Südpolen südlich der oberen Weichsel und des San) (tertiäres Hügelland).

Karpaten: Beskiden (Faltengebirge mit Mittelgebirgsformen), Hohe Tatra (Faltengebirge mit Hochgebirgsformen).

Klima: Polen liegt in der gemäßigten Zone, kühlgemäßigtes Klima: Übergangsklima, nach Osten und Süden zunehmende Kontinentalität.

Vegetation: Sommergrüner Laub- und Mischwald, seit dem Mittelalter bis auf etwa 27% der Landesfläche gerodet, heute Forstwirtschaft, im Tiefland hauptsächlich Kiefernforsten, im Bergland Buchenmisch- und Fichtenwälder, in den Sudeten und Karpaten Höhenstufen der Vegetation.

Wirtschaft

Wirtschaftliche Entwicklung: Mit Ausnahme des oberschlesischen Industriegebietes bis in die 50er-Jahre schwach entwickelt, Verlust von 6 Mio. Polen (Vernichtung in nationalsozialistischen Konzentrationslagern und Kriegsverluste) und starke Kriegszerstörungen im Zweiten Weltkrieg, Vertreibung von 10 Mio. Deutschen 1945/46 aus den Oder-Neiße-Gebieten, trotz sozialistischer Planwirtschaft im kommunistisch regierten Polen gelingt dem polnischen Volk der Übergang vom Agrarstaat zum Industrie-Agrarstaat, vor allem Ausbau des Bergbaus und der Stahlindustrie, seit 1990 Übergang zur Marktwirtschaft und Reprivatisierung.

Bergbau und Industrie: Reichtum an Bodenschätzen: Steinkohle, Braunkohle, Schwefel, Kupfer-, Zink- und Eisenerz.

Industrieprofil: Eisen- und Stahlindustrie, Schiff- und Maschinenbau, Chemie, Textil- und Lebensmittelindustrie.

Raumstruktur: Oberschlesisches Industriegebiet und Krakau als industrieller Schwerpunktraum (Steinkohle, Stahl, Maschinenbau, Chemie), Standortgruppierungen der verarbeitenden Industrie in Großstädten (Warschau, Lodz, Posen, Breslau), Küstenstandorte mit Schiffbau (Danzig-Gdingen, Stettin).

Landwirtschaft: Im Gegensatz zu den anderen Staaten mit sozialistischer Planwirtschaft war nur 1/5 der landwirtschaftlichen Nutzfläche sozialisiert

(Staatsgüter und landwirtschaftliche Produktionsgenossenschaften), im Privatbesitz blieben überwiegend Kleinbetriebe mit geringer Produktivität.

Bodennutzung
Ackerbau auf guten Böden (Weizen, Zuckerrüben):

- Grundmoränenplatten im Tiefland: Pyritzer
  Weizacker (südöstlich Stettin), Pomesanien und
  Kulmerland (nördlich und südlich von Grau-
  denz), Kujawien (zwischen Bromberg und War-
  schau), Platte von Gnesen, Platte von Kalisch;
- Börden im Bergland: Schlesische Börde, Klein-
  polnisches Hochland (südlicher Teil), Lubliner
  Hochland, Polnisches Karpatenvorland.

Ackerbau auf geringwertigen Böden (Roggen, Kartoffeln):

- Endmoränen und Sander im Baltischen Landrücken,
- lößfreie Platten im Altmoränenland,
- lößfreie Gebiete im Bergland.

7.2.6.5 Tschechien

Tschechische Republik, Hauptstadt: Prag (Praha)

Staat und Bevölkerung

Parlamentarisch-demokratische Republik, zentraler Einheitsstaat mit 8 Verwaltungsbezirken (einschließlich Prag).
Hauptanteil der Bevölkerung stellen Tschechen
(94 %), größte Minderheit sind Slowaken (4 %),
sonstige Volksgruppen: Ungarn, Polen, Deutsche.
Hoher Verstädterungsgrad (fast 80 %), größte Städte sind Prag (Praha), Brünn (Brno), Ostrau (Ostra-
va), Olmütz (Olomouc), Pilsen (Plzen).
Die Tschechische Republik gliedert sich in Böhmen
(Prag) im Westen und Mähren (Brünn) im Osten,
Böhmen und Mähren sind historische Landschaften Mitteleuropas.

Landesnatur

Oberflächengestalt: Böhmen und Mähren sind
Teil der Europäischen Mittelgebirgsländer.
Böhmen: Hufeisenförmig umgeben Randgebirge
das Böhmische Becken, Randgebirge (Bruchschollengebirge): Böhmerwald im Südwesten, Ostabda-
chung des Oberpfälzer Waldes im Westen, Steilab-
bruch des Erzgebirges zum Egergraben im Norden, Sudeten im Nordosten. Böhmisches Becken
(Bruchschollenland) mit flachwelligen Hochländern
(Böhmisch-Mährische Höhe) und Beckenlandschaften von Elbe, Moldau und Eger.
Mähren: Mährische Senke mit March-Niederung
zwischen Böhmisch-Mährischer Höhe im Westen
und den Karpaten im Osten.

Klima: Übergangsklima des kühlgemäßigten Klimas in der gemäßigten Zone, nach Osten Zunahme der Kontinentalität, in den Becken wärmere
Sommer.

Vegetation: Sommergrüner Laubmischwald, in
den Hochlagen der Mittelgebirge borealer Nadelwald, Gipfel jenseits der Waldgrenze, ab 1 300 m
Stufe der alpinen Matten (Schneekoppe im Riesen-
gebirge 1 603 m, Keilberg im Erzgebirge 1 244 m).
Trotz starker Rodungen seit dem Mittelalter noch
1/3 des Landes bewaldet.

Wirtschaft

Wirtschaftliche Entwicklung: Beginnende Industrialisierung im 19. Jh. auf der Grundlage von Hand-
werks- und Manufakturbetrieben (Glaswaren, Textilien, Bier), Anfang des 20. Jh. Entwicklung zum Industrie-Agrarstaat mit vorwiegend Zweigen der
Konsumgüter- und Nahrungsmittelindustrie, aber
auch Stahlerzeugung und Maschinenbau, unter
kommunistischer Herrschaft und sozialistischer
Planwirtschaft Enteignung der Unternehmen, vor-
rangig Aus- und Aufbau der Produktions- und Investitionsgüterindustrie (Stahlerzeugung, Chemie,
Maschinenbau, Elektrotechnik) zu Lasten der Textilindustrie, nach Vertreibung der deutschen Bevölkerung (1945/46) Niedergang der Glasindustrie,
seit der politischen Wende 1990/91 einsetzende
Reprivatisierung und Übergang zur Marktwirtschaft.

Bergbau und Industrie: Steinkohle bei Kladno
und Ostrau, Braunkohle im Egergraben, Buntme-
tallerzeugung.
Industrielle Schwerpunkte sind die Standortgruppierung in den Städten Prag (Chemie, Maschinenbau, Elektrotechnik/Elektronik, Schienen- und
Kraftfahrzeugbau, Textilien/Bekleidung), Pilsen
(Maschinenbau, Schienenfahrzeugbau, Brauerei),
Brünn (Maschinenbau, Feinmechanik), Ostrau
(Stahlerzeugung, Chemie, Metallindustrie, Schie-
nen- und Kraftfahrzeugbau).

Landwirtschaft: 95 % der landwirtschaftlichen
Nutzfläche waren unter kommunistischer Herrschaft kollektiviert.

Bodennutzung
Ackerbau auf guten Böden:

- Beckenlandschaften von Elbe, Moldau und Eger,
  klimabegünstigt (Weizen, Zuckerrüben, Gerste,
  Obst, Gemüse, Hopfen);
- Mährische Senke mit March-Niederung, klima-
  begünstigt (Weizen, Zuckerrüben, Gerste, Obst,
  Gemüse, Hopfen, nach Süden Wein).

Ackerbau auf geringwertigen Böden:

- Böhmisches Becken (Roggen, Kartoffeln);

– Randgebirge des Böhmischen Beckens, Böh-misch-Mährische Höhe (Roggen, Kartoffeln bei zunehmenden Waldanteil).

7.2.6.6 Ungarn

Republik Ungarn, Hauptstadt: Budapest

Staat und Bevölkerung

Parlamentarisch-demokratische Republik, zentraler Einheitsstaat mit 19 Verwaltungsbezirken (Komitate), den Stadtbezirken Debrecen, Miskolc, Pécs, Szeged und der Hauptstadt Budapest mit verwaltungsmäßiger Sonderstellung.
Einheitliche Bevölkerung, etwa 90 % Ungarn, größte Minderheiten sind Deutsche sowie Sinti und Roma. 60 % der Bevölkerung leben in Städten, 1/5 aller Ungarn in Budapest.

Landesnatur

Oberflächengestalt: Fast 70 % Tiefland, von Donau und Theiß durchflossen.
Landschaften: Große ungarische Tiefebene (Alföld), nimmt die Hälfte Ungarns ein, weitgehend von Löß überzogen. Kleine ungarische Tiefebene (Kis-Alföld) im Nordwesten zwischen Donau und Raab.
Hügelland zwischen Donau und Drau, Bruchschollenland mit Bergländern (Bakonywald, Mecsekgebirge) und z.T. lößbedeckten Becken (Plattensee/Balaton). Ungarisches Mittelgebirge im Norden (Matragebirge).

Klima: Übergangsklima des kühlgemäßigten Klimas in der gemäßigten Zone, Beckenlage und Atlantikferne bedingen stärkere Ausprägung der Kontinentalität, sehr warme Sommer und mäßigkalte Winter, im Sommer Dürreperioden.

Vegetation: Ursprünglich sommergrüner Laubmischwald, im Alföld Waldsteppe, nur auf Sandboden Steppe (Puszta). Heute gehört Ungarn mit 17 % der Landesfläche zu den waldarmen Ländern Europas, Waldsteppe überwiegend in Ackerland umgewandelt.

Wirtschaft

Wirtschaftliche Entwicklung: Bis in die 50er-Jahre Agrarstaat, ausgenommen in Budapest war Industrie (Konsum- und Nahrungsmittelindustrie) schwach entwickelt, unter kommunistischer Herrschaft und sozialistischer Planwirtschaft Enteignung der Unternehmen und Kollektivierung der Landwirtschaft, beschleunigte Industrialisierung, vor allem Stahlerzeugung (Dunaujváros), Chemie (Leninváros), Aluminiumhütte Várpalota. Heute ist Ungarn ein Agrar-Industriestaat.

Bergbau und Industrie: Geringe Vorkommen an Bodenschätzen, Bauxit und Braunkohle im Hügelland, Erdgas im Alföld, Steinkohle im Mecsekgebirge.

Industrieller Schwerpunkt ist der Großraum Budapest (Maschinen- und Fahrzeugbau, chemische und pharmazeutische Industrie, Elektrotechnik und Elektronik, Textil und Bekleidung.

Landwirtschaft: Ungarn hat mit 70 % der Staatsfläche den höchsten Anteil landwirtschaftlicher Nutzflächen von allen Staaten Europas. Bis auf die Flussniederungen, die Sandböden im Alföld und das höhere Bergland ist Ackerbau auf guten Böden verbreitet (Mais, Weizen, Sonnenblumen, Zuckerrüben), verbreitet auch Sonderkulturen: Wein, Gemüse (Paprika, Tomaten), Obst, Tabak.
Bedeutende Viehhaltung (Rinder- und Schweinemast, Schafe, Geflügel: Truthähne, Enten, Gänse), Pferdezucht.

7.2.7 Europäische Einigung

7.2.7.1 Europäische Gemeinschaft (EG)

Europa ist immer noch in viele Staaten aufgeteilt. Seit 1991 bilden sich mit dem Verfall der Sowjetunion (UdSSR), der Sozialistischen Föderativen Republik Jugoslawien (SFRJ) und der Tschechoslowakischen Sozialistischen Republik (ČSSR) zudem zahlreiche neue Staaten. Die Staaten Europas sind im Vergleich zu den USA oder zu künftigen Wirtschaftsmächten im indopazifischen Raum (Indien – Korea – Japan – China – Australien) jeweils zu klein. Um diesen Nachteil im wirtschaftlichen Wettbewerb der Staaten untereinander auszugleichen, streben viele Staaten Europas danach, sich wirtschaftlich zusammenzuschließen.
Die politische Einigung Europas ist aber noch wichtiger, sie ist zugleich am schwierigsten. Jahrhunderte hindurch haben sich die Völker Europas einander in selbstzerstörerischen Kriegen bekämpft. Unvorstellbares Leid und schwere Schäden brachte der Zweite Weltkrieg. Die politische und kulturelle Bedeutung Europas in der Welt nahm ab. Durch eine Europäische Union, die Vereinigten Staaten von Europa, könnten die Völker das Gegeneinander überwinden und Europa stärken.

Wichtige Schritte in der europäischen Einigung

1946   Rede des britischen Politikers Churchill über die Vereinigung Europas

1948   Europäische Organisation für wirtschaftliche Zusammenarbeit (OECD)

1949   Europarat (ER), 21 Staaten Europas beraten Fragen der gemeinsamen Entwicklung von Wirtschaft, Kultur, Wissenschaft, Sozialem und Recht.

1950 Rat für gegenseitige Wirtschaftshilfe (RGW): Sowjetunion, DDR, Polen, Tschechoslowakei, Ungarn, Rumänien, Bulgarien

1951 Europäische Gemeinschaft für Kohle und Stahl (EGKS = Montanunion)

1957 Europäische Gemeinschaft (EG): Belgien, Bundesrepublik Deutschland, Frankreich, Italien, Luxemburg, Niederlande (Gründungsmitglieder)

1960 Europäische Freihandelszone (EFTA): Dänemark, Großbritannien, Norwegen, Österreich, Portugal, Schweden, Schweiz (= Gründungsmitglieder), heutige Mitglieder: Finnland, Island, Norwegen, Österreich, Schweden, Schweiz

1991 Auflösung des RGW

1993 Europäischer Binnenmarkt, Europäischer Wirtschaftsraum (EWR) Schweden, Finnland, Österreich wollen der EG beitreten.

7.2.7.2 Europäischer Wirtschaftsraum (EWR)

Europäische Gemeinschaft (EG) Staat	Einw. in Mio.	Europäische Freihandelszone (EFTA) Staat	Einw. in Mio.
Belgien	10,2	Finnland	5,1
Dänemark	5,3	Island	0,27
Deutschland	82,1	Norwegen	4,4
Griechenland	10,5	Österreich	8,1
Spanien	39,3	Schweden	8,8
Frankreich	58,4	Schweiz	7,1
Irland	3,6	Liechtenstein	0,03
Italien	57,4		
Luxemburg	0,42		
Niederlande	15,5		
Portugal	9,9		
Großbritannien und Nordirland	58,8		

rund 380 Mio. Einwohner
=   7 % der Weltbevölkerung
= 30 % der Weltwirtschaftsleistung

7.2.7.3 Europäische Union

Ziele:

– Errichtung einer Wirtschafts- und Währungsunion ohne Staatsgrenzen und mit einheitlichem Geld,
– Schaffung einer europäischen Staatsbürgerschaft,
– Durchsetzung einer gemeinsamen Außen- und Verteidigungspolitik.

31.12.1992: Herstellung der vier Grundfreiheiten in der EG: Zollfreiheit, freier Waren- und Dienstleistungsverkehr, Niederlassungsfreiheit.

Vorzüge:

– Alle in der EG hergestellten Waren sind anerkannt und dürfen zollfrei gehandelt werden. Der Wettbewerb nimmt zu, das Warenangebot wird größer, die Waren werden preiswerter.
– Jeder Bürger (und Unternehmer) kann in allen EG-Staaten ungehindert kaufen und verkaufen. Langwierige und aufwendige Prüfverfahren entfallen, Geld und Zeit werden gespart.
– Deutsche können in allen EG-Staaten arbeiten (Freizügigkeit der Arbeitnehmer) oder einen Betrieb gründen (Niederlassungsfreiheit).

Nachteile:

– Schutz der Gesundheit, des Verbrauchers und der Umwelt müssen durch neue Gesetze gewährleistet werden.
– Handel mit Drogen, Waffen und anderen verbotenen und unerwünschten Waren wird erleichtert.
– Personen aus allen EG-Staaten können in Deutschland arbeiten oder einen Betrieb gründen.

7.3 Gemeinschaft unabhängiger Staaten (GUS)

7.3.1 Entstehung der GUS

Die (zurzeit) 11 Staaten der GUS sind aus der Sowjetunion (1922–1991) hervorgegangen. Die Sowjetunion umfasste 1/6 der Festlandfläche der Erde und war der flächengrößte Staat. Die Sowjetunion bestand aus 15 Sozialistischen Sowjetrepubliken (Union der Sozialistischen Sowjetrepubliken = UdSSR, Kurzform: Sowjetunion = SU). Die UdSSR stand unter der Einparteienherrschaft der Kommunistischen Partei der Sowjetunion (KPdSU), die der Ideologie des Marxismus-Leninismus verpflichtet war und eine sozialistische Planwirtschaft entwickelte.

Die aus der Sowjetunion hervorgegangenen Staaten zeichnen sich durch erhebliche geographische und gesellschaftliche Unterschiede aus. Innerhalb der GUS haben die slawischen Staaten Russland und Ukraine die wirtschaftlich stärkste Stellung, gefolgt von Kasachstan, dem flächenmäßig zweitgrößten Staat der GUS.

7.3.2 Staaten der GUS

Slawische Republiken und Moldawien:
Russische Föderation (Moskau), Ukraine (Kiew), Weißrussland (Minsk), Moldau (Kischinau/Kischinjow)

Kaukasische Republiken:
Armenien (Jerewan), Aserbaidschan (Baku)

Zentralasiatische Republiken:
Kasachstan (Alma Ata), Usbekistan (Taschkent), Turkmenistan (Aschchabad), Tadschikistan (Duschambe), Kirgisistan (Bischkek).

7.3.3 Russland

Russische Föderation, Hauptstadt: Moskau (Moskwa)

7.3.3.1 Staat und Bevölkerung

Präsidialrepublik, Föderation mit (zur Zeit) 16 autonomen Republiken und weiteren autonomen Gebietseinheiten mit eigener Sprache, Russisch ist Staatssprache.

Vielvölkerstaat mit über 100 Völkern und Nationalitäten, größte Gruppe sind die Russen (83%), weitere Völker: Tataren (4%), Ukrainer (3%), Tschuwaschen (1%), Baschkiren (1%), Mordwinen (1%). Städtische Bevölkerung 74%, Millionenstädte: Moskau, St. Petersburg, Nischni Nowgorod, Nowosibirsk, Jekaterinburg, Samara, Omsk, Tscheljabinsk, Kasan, Ufa, Perm, Rostow, Don.

Starke Unterschiede in der Bevölkerungsverteilung, höhere Bevölkerungsdichte im Dreieck St. Petersburg – Rostow – Ufa im europäischen Teil sowie in einem schmalen Streifen von Tscheljabinsk bis Krasnojarsk in Südsibirien, in den übrigen Landesteilen geringe Bevölkerungsdichte, an der Nordpolarmeerküste zum Teil unbewohnt.

Russland nimmt als flächengrößter Staat der Erde etwa 11% der Festlandfläche ein. Dieses riesige Land umfasst Osteuropa (Etwa 1/3) und Nordasien (etwa 2/3). Es ist doppelt so groß wie die USA und erstreckt sich über 11 Zeitzonen.

Nachfolgestaaten der Sowjetunion (Übersicht)

Staat (Hauptstadt)	Fläche in km²	Bevölkerung in Mio.	Bevölkerungsdichte E/km²
Estland (Tallin, dt. Reval)	45 227	1,5	32
Lettland (Riga)	64 589	2,5	39
Litauen (Vilnius, poln. Wilna)	65 301	3,7	57
Weißrussland (Minsk)	207 595	10,3	50
Ukraine (Kiew)	603 700	50,7	84
Russland (Moskau)	17 075 400	147,7	9
Moldau (Moldawien) (Kischinau)	33 700	4,3	128
Georgien (Tbilisi, dt. Tiflis)	69 700	5,4	77
Armenien (Jerewan)	29 800	3,8	127
Aserbaidschan (Baku)	86 600	7,6	88
Turkmenistan (Ašchabad/Aschgabad)	484 100	4,6	9
Usbekistan (Taschkent)	447 400	23,2	52
Tadschikistan (Duschanbe)	143 100	5,9	41
Kirgisistan (Bischkek)	198 500	4,6	23
Kasachstan (Astana)	2 717 300	16,5	6

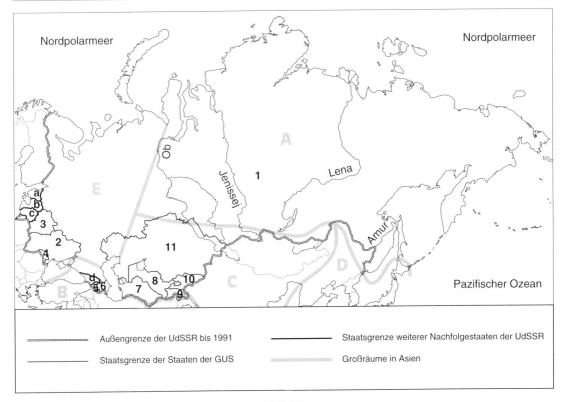

Außengrenze der UdSSR bis 1991 ——— Staatsgrenze weiterer Nachfolgestaaten der UdSSR

Staatsgrenze der Staaten der GUS ——— Großräume in Asien

UdSSR/GUS und weitere Nachfolgestaaten der UdSSR

GUS
  1 Russland
  2 Ukraine
  3 Weißrussland
  4 Moldau
  5 Armenien
  6 Aserbaidschan
  7 Turkmenistan
  8 Usbekistan
  9 Tadshikistan
 10 Kirgisistan
 11 Kasachstan

weitere Nachfolgestaaten der UdSSR
  a Estland
  b Lettland
  c Litauen
  d Georgien

Großräume in Asien
  A Nordasien
  B Westasien
  C Zentralasien
  D Ostasien

 (E Europa)

Die Grenze zwischen Europa und Asien ist wie folgt festgelegt: Uralgebirge – Uralfluss bis zur Mündung – Nordküste des Kaspischen Meeres bis zur Kuma-Niederung – Manytschniederung zum Asowschen Meer – Ostküste des Asowschen Meeres zur Straße von Kertsch.

7.3.3.2 Landesnatur

Oberflächenformen: Russland liegt etwa zur Hälfte im Tiefland, im Norden grenzt es an das Nordpolarmeer, im Osten an den Pazifischen Ozean. Vier Ströme entwässern das Land: in Osteuropa die Wolga zum Kaspischen Meer, in Sibirien Ob, Jenissej und Lena zum Nordpolarmeer.

Großlandschaften:
Tiefländer: Osteuropäisches Tiefland westlich des Uralgebirges, Westsibirisches Tiefland östlich des Uralgebirges bis zum Jenissej.
Mittelgebirge: Ural von Norden nach Süden zwischen den beiden Tiefländern, Mittelsibirisches Bergland zwischen Jenissej und Lena.
Hochgebirge: Ostsibirisches Gebirgsland von Lena und Baikalsee bis zum Pazifischen Ozean.

Klima und Vegetation: Anteil an drei Klimazonen, der größte Teil des Landes liegt in der nördlichen gemäßigten Zone, allgemeine Zunahme der Kontinentalität von Westen nach Osten.
Die natürliche Vegetation ist im Norden und Osten (abgesehen von großräumigen Umweltzerstörungen) über weite Strecken noch erhalten, Rodungen erfolgten im Osteuropäischen Tiefland, im Süden des Westsibirischen Tieflandes und im Amurland.

7.3.3.3 Wirtschaft

Wirtschaftliche Entwicklung: Spät und zögernd einsetzende Industrialisierung im zaristischen Russland, bei Gründung der Sowjetunion ist Russland ein Agrar-Industriestaat, beschleunigte Industrialisierung bei niedrigem Lebensstandard mit den Mitteln der sozialistischen Planwirtschaft, Rückschlag im Zweiten Weltkrieg (erhebliche Zerstörung in Leningrad [heute: St. Petersburg] und Mittelrussland, große Menschenverluste), im Vordergrund stand Ausbau und Aufbau des Bergbaus, der Grundstoff- und Produktionsgüterindustrien (Eisen schaffende Industrie, Nichteisen-Metallerzeugung, Chemie) sowie der Investitionsgüterindustrien (Maschinen-, Fahrzeug, Schiff-, Luft- und Raumfahrzeugbau, Rüstungsindustrie), seit Ende der 70er-Jahre rasch anwachsende Umwelt-Zerstörungen, sinkende Arbeitsproduktivität, zunehmender Modernitätsrückstand vieler Industriezweige.

Nord-Süd-Abfolge der Klima- und Vegetationszonen

Klimazone Klima	Vegetationszone	Verbreitung
Polare Zone		
Eisklimate	Kältewüste	Inseln im Nordpolarmeer, nördlicher Teil der Taimyr-Halbinsel
Tundrenklimate	Kältesteppe (Tundra)	200–800 km breite Zone nördlich des Polarkreises, im Mittelsibirischen Bergland nördlich 70° N
Gemäßigte Zone		
Kaltgemäßigte Klimate	borealer Nadelwald, in Sibirien „Taiga"	1000–2000 km breite Zone nördlich einer Linie St. Petersburg – Ufa – Irkutsk – Sachalin
Kühlgemäßigte Klimate	sommergrüner Laub- und Mischwald	„Atlantischer Keil" in Osteuropa: St. Petersburg – Odessa – Ufa, im Westsibirien ein schmaler Streifen: Tscheljabinsk – Krasnojarsk, im Amur-Land
Trockenklimate der Mittelbreiten	winterkalte Steppe	Südrussland: Gebiete im Unterlauf von Don und Wolga, Obschtschi Syrt, Nordkaukasien
	winterkalte Halbwüste	Südrussland: Kaspische Senke
Subtropische Zone		
Sommertrockene Subtropen (Mittelmeerklima)	Hartlaubwald	Südrussland: Schwarzmeerküste zwischen Noworossisk und Sotschi

Bergbau und Industrie: Rohstoffreiches Land mit nahezu allen Bodenschätzen in abbauwürdigen Lagerstätten (Erdöl, Erdgas, Steinkohle, Torf, Apatit, Phosphorite, Kalisalze, Eisenerze, Gold, Diamanten, seltene Metalle, Kupfer, Blei, Zink, Zinn, Bauxit, Mangan, Magnesium, Silber, Molybdän, Graphit, Nickel, Uran), Schwierigkeiten bereiten bei Abbau und Erschließung die klimatischen Bedingungen und die Transportentfernungen.

Landwirtschaft: In sowjetischer Zeit gab es keine bäuerlichen Einzelbetriebe, die landwirtschaftliche Nutzfläche war seit der Zwangskollektivierung (1928) im Besitz des Staates als Staatsgüter (Sowchosen) oder landwirtschaftliche Genossenschaften (Kolchosen). Seit dem Untergang der Sowjetunion entstehen wieder bäuerliche Einzelbetriebe.

Die Bodennutzung ist von der klimazonalen Gliederung abhängig. Lediglich ein Viertel der Fläche kann landwirtschaftlich genutzt werden.

Klimatische Schranken für die Bodennutzung

Polare Kältesteppe:	früher Kälteeinbruch, langer Winter und kurze Wachstumszeit
Dauerfrostboden:	etwa 50 % der Landesfläche im Gebiet des Dauerfrostbodens
Kontinentale Trockengrenze:	Abnahme des Niederschlags nach Osten, Zunahme der Dürreschäden, Trockengebiete im Süden, trockenheiße Winde aus dem Tiefland von Turan

Industriegebiete (Industriedichte deutlich geringer als in Deutschland)

Industriegebiet	Industrieprofil
Gebiet St. Petersburg	Maschinen-, Fahrzeug-, Schiffbau, Chemie, Gerätebau, Elektrotechnik/Elektronik, Verbrauchsgüterindustrien
Industrielles Zentrum um Moskau, starke Konzentration der Wirtschaft mit Forschungs- und Entwicklungseinrichtungen	Stahlerzeugung, Chemie, Maschinen-, Fahrzeug-, Gerätebau, Elektrotechnik/Elektronik, Metallindustrie, Luft- und Raumfahrtindustrie, Textil-, Bekleidungs-, Pelzwaren-, Lederindustrie, Nahrungsmittel
Rostow und östliches Donezbecken	Stahlerzeugung, Chemie, Metallindustrie, Maschinen-, Geräte-, Schienenfahrzeugbau, Elektrotechnik/Elektronik, Nahrungsmittel
Wolga-Ural-Gebiet, Industrieachse an der Wolga zwischen Kasan und Zarizyn (ehem. Wolgograd)	Erdöl- und Erdgasförderung (Zweites Baku), Chemie, Stahl- und Aluminiumerzeugung
Uralgebiet, mittleres und südliches Uralgebirge mit den Zentren Jekaterinburg und Tscheljabinsk	Reiche Vorkommen an Bodenschätzen, aber wenig Steinkohle, Stahlerzeugung, Buntmetallverhüttung, Aluminiumverhüttung, Metallindustrie, Maschinen-, Geräte-, Fahrzeugbau
Westsibirien mit den Zentren Omsk, Nowosibirsk, Nowokusnezk	Steinkohlevorkommen des Kusnezker Beckens, Stahlerzeugung, Buntmetall-, Aluminiumverhüttung, Metallindustrie, Maschinen-, Geräte-, Fahrzeugbau, Elektrotechnik/Elektronik, Chemie, Textil- und Bekleidung, Nahrungsmittel
Ostsibirien mit den Zentren Bratsk, Irkutsk, Ulan-Ude	Steinkohle, Stahlerzeugung, Aluminiumverhüttung, Chemie, Maschinenbau, Holzverarbeitung, Papierherstellung
Ferner Osten mit den Zentren Komsomolsk, Chabarowsk, Wladiwostok	Bergbau, Stahlerzeugung, Aluminiumverhüttung, Maschinen-, Schiffbau, Holzverarbeitung, Fischverarbeitung

Zonen der Bodennutzung

Vegetationszone	Bodennutzung
Kältewüste	nicht nutzbar
Kältesteppe (Tundra)	Rentierhaltung, Jagd, Fischfang, (Treibhauskulturen)
Borealer Nadelwald, kaltgemäßigte Klimate	Ackerbau auf geringwertigen Böden (Podsol) und Grünlandwirtschaft: Anbauinseln vor allem längs der Flüsse (Hafer, Roggen, Kartoffeln), Holzwirtschaft (noch keine Forstwirtschaft)
Sommergrüner Laub- und Mischwald kühlgemäßigte Klimate	Ackerbau auf geringwertigen (Podsol) und mittleren (Braunerde) Böden mit Grünlandwirtschaft im Nordwesten (Roggen, Hafer, Hanf, Flachs, Gerste, Kartoffeln)
Winterkalte Steppe, Trockenklimate der Mittelbreiten	Ackerbau auf guten Böden (Schwarzerde), im nördlichen Teil (Weizen, Zuckerrüben), im südlichen Teil (Weizen, Mais, Sonnenblumen) Weideviehhaltung (Rinder, Schafe) und Bewässerungsfeldbau (Reis, Mais) in Nordkaukasien
Hartlaubwald, Mittelmeerklima	Mittelmeerischer Anbau (Südfrüchte, Wein, Obst, Gemüse)

7.3.4 Ukraine

Ukraïna, Hauptstadt: Kiew

7.3.4.1 Staat und Bevölkerung

Präsidialrepublik, Einheitsstaat mit 25 Gebieten (Oblast) sowie der autonomen Republik Krim (Simferopol).
Mehrvölkerstaat: Ukrainer (73 %), Russen (22 %), Weißrussen (1 %).
Im Nordosten (Gebiet um Charkow) und im südlichen Hüttenbezirk bestehen Spannungen zwischen Ukrainern und Russen, desgleichen mit Russland und den Krimtataren wegen der Zugehörigkeit der Halbinsel Krim zur Ukraine. Die ruthenische Minderheit in der Karpato-Ukraine (Nordosten des Alföld) will sich von der Ukraine trennen.
Städtische Bevölkerung 67 %, Millionenstädte: Kiew, Charkow, Dnjepropetrowsk, Odessa, Donezk. Starke Unterschiede in der Bevölkerungsverteilung, mittlere bis hohe Bevölkerungsdichte in der Schwarzerdezone (Wolynisch-Podolische Platte, Schwelle der Ukraine, Donbas), geringe Bevölkerungsdichte im Norden (Wolynien, Polesje, Pripjetsümpfe) und Süden (Küstensaum des Schwarzen Meeres, Nogaische Steppe, Halbinsel Krim, Karpaten).

7.3.4.2 Landesnatur

Oberflächenformen: Im westlichen Teil der Ukraine setzt sich die für Mitteleuropa kennzeichnende Dreigliederung in Tiefland (Pripjetsümpfe, Polesje, Wolynien), Bergland (Wolynisch-Podolische Platte) und Hochgebirge (Ausschnitt des Karpatenbogens, Waldkarpaten) fort. Der mittlere und östliche Teil liegt im Osteuropäischen Tiefland (Schwelle der Ukraine mit Donezplatte, Flussniederungen des Dnjepr, Küstensaum südlich Odessa), das sich auf der Halbinsel Krim (Krimsteppe) fortsetzt. Entlang der Südküste der Halbinsel Krim erstreckt sich in südwestlich-nordöstlicher Richtung das Krimgebirge. Es ist etwa 150 km lang und 40 bis 50 km breit.

Klima und Vegetation: Die Ukraine liegt nahezu ganz in der gemäßigten Zone. Der Nordwesten und Westen gehört zum Gebiet der sommergrünen Laubmischwälder mit kühlgemäßigten Klimaten. Südöstlich einer bogenförmigen Linie Odessa – Kiew setzen mit den Trockenklimaten der Mittelbreiten die winterkalten Steppen ein. Nur die Südhänge des Krimgebirges und vor allem dessen Schwarzmeerküste reicht in die sommertrockenen Subtropen (Mittelmeerklima) mit Hartlaubvegetation hinein. Im Krimgebirge (1 545 m) und in den Karpaten (2 058 m) treten Höhenstufen des Klimas und der Vegetation (Nadelwald, alpine Matten) auf.

7.3.4.3 Wirtschaft

Wirtschaftliche Entwicklung: Geringe Ansätze zur Industrialisierung im zaristischen Russland (Kiew, Donbas mit Steinkohlebergbau). Nach dem Anschluss an die Sowjetunion (1922, 1918 Besetzung der „Freien Ukraine" durch sowjetische Truppen) wurde das Bauernland beschleunigt industrialisiert. Der Zweite Weltkrieg hatte eine Verwüstung der Städte und Dörfer sowie der Industriestandorte zur Folge. Wegen fehlender Investitionen seit Ende der 70er-Jahre ist die Industrie vielfach veraltet. Hinzu treten starke Umweltschäden (Altlasten, Luft- und Wasserverschmutzung, schwerste Schäden nördlich von Kiew infolge des Reaktorunfalls von Tschernobyl 1986).

Bergbau und Industrie: Rohstoffreiches Land, Steinkohle im Donezbecken, Eisen- und Manganerz bei Kriwoi Rog sowie Uran und Erdgas.

Wichtige Industriestandorte sind der südliche Hüttenbezirk (Stahlerzeugung, Aluminiumverhüttung, Metallindustrie, Maschinen- und Fahrzeugbau, Chemie, Elektrotechnik/Elektronik) und Kiew (Maschinen- und Gerätebau, Elektrotechnik/Elektronik, Chemie, Textil/Bekleidung, Nahrungsmittel).

Landwirtschaft: Ursprünglich bestanden günstige natürliche Voraussetzungen für den Feldbau. Heute ist die natürliche Produktionsleistung der Schwarzerde und kastanienfarbenen Böden durch Bodenerosion und Bodenversalzung herabgesetzt. Gebiete der Nordukraine sind radioaktiv belastet.

Zonen der Bodennutzung

Vegetationszone	Bodennutzung
Sommergrüner Laub- und Mischwald, kühlgemäßigte Klimate	Ackerbau auf geringwertigen und mittleren Böden (Podsol, Braunerde) nördlich einer Linie Lemberg–Kiew in der Nordukraine (Roggen, Kartoffeln, Flachs, Rinderhaltung). In Wolynien (Nordwestukraine) Grünlandwirtschaft bei hohem Waldanteil.
Winterkalte Steppe, Trockenklimate der Mittelbreiten	Ackerbau auf guten und sehr guten Böden (Schwarzerde) im mittleren und südlichen Teil der Ukraine (Wolynisch-Podolische Platte, Schwelle der Ukraine mit Donezplatte), im mittleren Teil: Weizen, Zuckerrüben, Rinder- und Schweinehaltung, im südlichen Teil: Weizen, Mais, Sonnenblumen (zum Teil Bewässerungsfeldbau), Rinder- und Schweinehaltung.
Hartlaubwald, Mittelmeerklima	Mittelmeerischer Anbau (Südfrüchte, Wein, Obst, Gemüse) an der Schwarzmeerküste

7.3.5 Kasachstan

Republik Kasachstan, Hauptstadt: Astana

7.3.5.1 Staat und Bevölkerung

Präsidialrepublik, Einheitsstaat mit 19 Gebieten (Oblast). Umstritten ist der Grenzverlauf zur Russischen Föderation, sowohl Russen als auch Kasachen stellen Gebietsansprüche.

Mehrvölkerstaat: Kasachen (40 %), Russen (38 %), Deutsche (5 %), Usbeken (2 %), Tataren (2 %), Uiguren (1 %), Weißrussen (1 %).

Die Kasachen waren ein Nomadenvolk, das aus der Vermischung türkischer und mongolischer Stämme hervorging. Im 19. Jh. wurde Kasachstan geplant von Russland erobert und besiedelt. In den 1950er-Jahren erfolgte unter sowjetischer Herrschaft eine zweite Siedlungsrussifizierung. Spannungen bestehen auch wegen religiöser Unterschiede: Russen überwiegend orthodoxe Christen, Kasachen fast ausschließlich Muslime (sich ausweitende islamische Bewegung und Annäherung an arabische Staaten und die Türkei).

7.3.5.2 Landesnatur

Oberflächenformen: Kasachstan liegt überwiegend in Zentralasien, nur im Nordwesten hat es Anteil am Tiefland der Kaspischen Senke und im Norden reicht Kasachstan in das Westsibirische Tiefland hinein. Im Süden hat der Staat Anteil am Tiefland von Turan mit dem Aralsee und dem Syrdarja. Den größten Teil der Staatsfläche nimmt das Tafel- und Bergland der Kasachischen Schwelle ein. Den westlichen Teil bilden das Tafelland von Turgai und die Turgaisenke. Im mittleren und östlichen Teil erhebt sich das Bergland bis über 1 100 m Höhe. Zwischen dem Bergland der Kasachischen Schwelle und den zentralasiatischen Hochgebirgen durchfließt der Irtysch von Südosten nach Nordwesten Kasachstan. Im Südosten erstreckt sich westöstlich der Balchaschsee. Am Hochgebirge hat Kasachstan im Osten und Südosten nur einen schmalen Anteil (Belucha, 4 506 m im Altai).

Klima und Vegetation: Kasachstan liegt in der gemäßigten Zone, und zwar überwiegend im Bereich der Trockenklimate der Mittelbreiten. Allgemein nimmt der Jahresniederschlag von Norden nach Süden ab. So ergibt sich eine Zonierung von der Feucht- zur Trockensteppe in der Kasachischen Schwelle bis zur Halbwüste im Tiefland von Turan. Soweit die aus dem Hochgebirge kommenden Flüsse nicht in der Wüste versiegen, führen sie ihr Wasser den beiden Endseen Aral- und Balchaschsee zu.

7.3.5.3 Wirtschaft

Wirtschaftliche Entwicklung: Unter sowjetrussischer Herrschaft erfolgte die Erschließung und Ausbeutung von Bodenschätzen sowie der Aufbau von Industrien. Das Weideland der kasachischen Nomaden wurde durch russische Kolonistenbesiedlung seit den 1950er-Jahren gegen den Willen der Viehhalter für den Feldbau erschlossen (Neulandgewinnung).

Bergbau und Industrie: Kasachstan ist reich an Bodenschätzen (Steinkohle, Eisenerz, Nickel, Chrom, Titan, Wismut, Kupfer, Blei, Zink, Gold, Silber, Mangan, Bauxit, Erdöl).

Das Industrieprofil ist einseitig auf Grundstoff- und Produktionsgüterindustrie ausgelegt: Eisenerzeugung, Buntmetallverhüttung, Aluminiumerzeugung, Chemie, Metallindustrie, Schwermaschinenbau (Rüstungsindustrie), Landmaschinenbau, Nahrungsmittelindustrie.

Landwirtschaft: In den Neulandgebieten der Kasachischen Schwelle ist die Produktionsleistung der Schwarzerde und kastanienfarbenen Böden durch Bodenerosion sowie hohe Unsicherheit und Schwankung des Jahresniederschlags herabgesetzt.

Zonen der Bodennutzung

Vegetationszone	Bodennutzung
Trockenklimate der Mittelbreiten: Winterkalte Steppe Winterkalte Halbwüste	Ackerbau auf guten Böden (Schwarzerden, kastanienfarbene Böden) der Kasachischen Schwelle (Weizen, Zuckerrüben, Schweinehaltung) Nomadismus in der Trockensteppe (Rinder-, Schafhaltung) und in der Halbwüste (Schaf-, Ziegenhaltung), Pferdezucht. Bewässerungsfeldbau in Vorgebirgsebenen im Osten und Südosten sowie am Syrdarja (Baumwolle, Obst, Gemüse, Tabak, Kautschuk, Reis). Fernweidewirtschaft (Transhumanz) zwischen Vorgebirgsebenen und Hochgebirgsweiden (alpine Mattenstufe).

7.4 Asien, physischer Erdteil

7.4.1 Naturräumliche Gliederung

Die große Landmasse ist als Erdteil keine Einheit. Oberflächengestalt und Klima gliedern Asien in Großräume, bestimmend sind Hochgebirge und Gebirgsgürtel im Innern.

Zentralasien (Innerasien): Hochgebiete zwischen Pamir und Großem Chingan sowie Himalaya und Altai, mit Hochland von Tibet (mittlere Höhe 4500 m), Hochbecken (Tarim-Becken, Dsungarei), Hochland der Mongolei. Gebiete der Trockenklimate der Mittelbreiten mit winterkalten Steppen-, Halbwüsten- und Wüstenländern sowie der Höhenklimate der Mittelbreiten mit Höhenstufen der sommergrünen Laubmischwälder, der Nadelwälder, der Matten- und Eisstufe. Tiefland von Turan, Gebiet der Binnenentwässerung zum Aralsee und zum Kaspischen Meer, Trockenklimate der Mittelbreiten mit winterkalten Steppen-, Halbwüsten- und Wüstenländern.

Nordasien: Tiefland (Westsibirisches Tiefland) und Bergländer (Mittelsibirisches Bergland, Ostsibirisches Gebirgsland) zwischen Nordpolarmeer und etwa 50° N sowie Uralgebirge und Pazifik, Entwässerung hauptsächlich durch große Ströme (Ob, Jenissej, Lena) zum Nordpolarmeer. Zonal angeordnete Tundren-, boreale Nadelwald- und sommergrüne Laubmischwaldländer.

Vorderasien (Südwestasien): Hochgebiete des asiatischen Faltengebirgsgürtels (Hochland von Anatolien, Hochland von Iran, Kaukasus, Elbursgebirge, Hindukusch) und die Arabische Halbinsel mit dem Tiefland von Mesopotamien. Gebiete subtropischer Klimate mit Hartlaubwaldländern und winterwarmen Steppen-, Halbwüsten- und Wüstenländern sowie winterkalten Steppenländern im Hochland von Anatolien und Höhenstufen der Vegetation in den Hochgebirgen.

Südasien: Halbinseln subkontinentaler Größe von Vorderindien und Hinterindien sowie der Malaiische Archipel mit Tiefländern (Indus- und Gangestiefland sowie Stromfurchen und Tallandschaften des Irawadi, Saluen, Menam und Mekong), Bergländern (Hochland von Dekkan, Becken und Hochländer in Hinterindien) und Hochgebirgsketten in Hinterindien und auf den rund 20 000 Inseln. Gebiete tropischer Klimate mit Savannenländern und tropischen Regenwaldländern sowie tropischen Höhenklimaten mit Höhenstufen des Bergregenwaldes, Nebelwaldes und der Paramo-Stufe.

Ostasien: Von Zentralasien weniger deutlich abgegrenzte, aber zum Pazifik zwischen dem Amurtiefland und dem Südchinesischen Meer stark aufgegliederte Gebiete (Halbinsel Korea, Japanische Inseln, Formosa), in China Abdachung in einer großen Landstufe zum Tiefland der Mandschurei sowie der Großen Ebene (Chinesisches Tiefland mit Huang-He und Jangtsekiang), südlich das Südchinesische Bergland. Im nördlichen Teil Gebiete der Mittelbreiten mit sommergrünen Laub- und Mischwaldländern und im südlichen Teil Gebiete der Subtropen mit Lorbeerwaldländern und Tropen mit Feuchtsavannenländern.

Der **geologische Bau** Asiens ist durch Anteile an den Urkontinenten Laurasia (Angaraland, Chinesische Masse) und Gondwana (Arabischer Schild, Indischer Schild) bestimmt. In der Erdaltzeit werden an Angaraland und die Chinesische Masse Gebirge angefaltet (kaledonische und variskische Gebirge in Zentralasien). Nach Westen senkt sich das Angaraland in der Erdneuzeit (Teritärmeer in Westsibirien und Tiefland von Turan mit mächtigen Sedimenten). Gegen Ende der Erdmittelzeit und in der Erdneuzeit driften Schollen des Gondwanalandes (Arabische und Indische Halbinsel) nach Norden, der alpidische Faltengebirgszug entsteht am Südrand Zentralasiens. In Ostasien bricht der Kontinent in mächtigen Landstufen treppenförmig ab. Die eurasiatische und die pazifische Platte stoßen aufeinander. Vor der japanischen Pazifikküste wird Erdkruste verschluckt, Tiefseegräben (Japangraben, Kurilengraben) und Vulkanketten (Japanische Inseln) entstehen.

7.4.2 Klima

Asien ist ein Kontinent mit starken klimatischen Unterschieden. Die Klimafaktoren wirken wie folgt auf die Klimagliederung:

1. Aufgrund der Breitenlage von 80° N bis 10° S sind in Asien alle Klimazonen vorhanden.
2. Die Höhengliederung in Zentralasien und Vorderasien stört die zonale Ordnung und bedingt Monsunerscheinungen (Südasien = tropisches Monsunasien, Ostasien = außertropisches Monsunasien).
3. Die große Landmasse führt insbesondere in Nordasien zur Ausprägung der Kontinentalität.

4. Die kalte Meeresströmung des Oya-Schio vor den Küsten des östlichen Asien verursacht im Gegensatz zur wärmeren europäischen Westseite das kältere Ostseitenklima.

Mit Ausnahme der Gebiete der immerfeuchten Tropen (tropische Regenwaldklimate) bestehen in Asien große jahreszeitliche Gegensätze der Temperatur-, Luftdruck- und Niederschlagsverhältnisse. Kennzeichen der Jahreszeiten sind:

– in Nord-, Zentral- und dem nördlichen (außertropischen) Ostasien starke Schwankungen im Jahresgang der Temperaturen durch Abkühlung und hohen Luftdruck im Winter sowie Erwärmung und tiefen Luftdruck im Sommer sowie starke Schwankungen der Niederschläge in Ostasien (außertropisches Monsunklima),
– in Südasien starke Schwankungen der Niederschläge (tropische Monsungebiete mit Regenzeit und Trockenzeit) und abgeschwächt im südlichen (subtropisch-tropischen) Ostasien.

7.4.3 Ausgewählte Staaten im Überblick

Mit 44 Mio. km² ist Asien der größte physisch-geographische Erdteil. Die Subkontinente Zentralasien, Nordasien, Vorderasien, Südasien und Ostasien haben jedoch eine lange eigengeschichtliche Entwicklung. Hochentwickelte Kulturen gab es seit dem 3. vorchristlichen Jahrtausend in Syrien, Mesopotamien, China und Indien sowie seit dem 1. nachchristlichen Jahrhundert in Hinterindien. Die Bevölkerung ist sehr stark in Völker aufgesplittert, die mehreren Sprachfamilien (indoeuropäische, uralaltaische, sinotibetische, hamitosemitische Sprachfamilie und Drawida), aber nur zwei Großrassen (Europide, Mongolide) angehören. Prägend wirken auch die Religionen. Alle großen Religionen haben in Asien ihre Heimat. Die westlichen Gebiete Zentralasiens und der Malaiische Archipel wurden islamisiert. Nordasien unterlag in der Neuzeit der ostslawisch-russischen Landnahme. Die Großräume bilden deshalb mehr oder weniger eigenständige Kulturerdteile in Asien.

Die Bevölkerung Asiens ballt sich in den Monsungebieten. Allein in den Staaten China, Japan und Indien wohnen über 2,1 Mrd. Menschen, das sind fast 40 % der Bevölkerung der Erde. Die Staaten der Kulturgroßräume sind in Flächengröße, Bevölkerung sowie wirtschaftlicher und politischer Bedeutung sehr verschieden. Nordasien gehört zum Territorium der Russischen Föderation. Die Mongolei steht mit 1,5 Mio. km² weit weniger im Weltgeschehen als z. B. Südkorea mit 99 000 km² Staatsfläche.

Asien – ausgewählte Staaten im Überblick
(nach Großräumen und Flächengröße geordnet)

Staat (Hauptstadt)	Fläche in 1000 km²	Bevölkerung in Mio. (gerundet)	Bevölkerungs-dichte E/km²
Nordasien			
Russische Föderation: siehe unter GUS			
Westasien (Vorderasien)			
Saudi-Arabien (Ar-Riyad/Riad)	2 240	17,4	8
Iran (Teheran)	1 648	64,2	39
Türkei (Ankara)	779	59,6	77
Afghanistan (Kabul)	652	17,7	27
Jemen (Sana)	537	13,2	25
Irak (Bagdad)	438	19,5	44
Oman (Maskat)	212	2,0	9
Syrien (Damaskus)	185	13,7	74
Jordanien (Amman)	98	4,1	42
Israel (Jerusalem)	22	5,2	238
Kuwait (Kuwait)	18	1,8	101
Libanon (Beirut)	10	3,9	369
Ostasien			
China, Volksrepublik (Peking)	9 571	1 178,4	123
Japan (Tokio)	378	124,5	330
Korea/Nord-Korea (Pjöngjang) Demokratische Volksrepublik	121	23,0	191
Korea/Süd-Korea (Seoul) Republik	99	44,1	444
China, Republik / Taiwan (Taipeh)	36	20,9	579
Zentralasien			
Kasachstan: siehe unter GUS			
Mongolei (Ulan Bator)	1 565	2,3	1,5
Südasien			
Indien (Neu Delhi)	3 287	898,2	273
Indonesien (Jakarta)	1 904	187,2	98
Pakistan (Islamabad)	796	122,8	154
Myanmar/Birma (Rangun)	677	44,6	66
Thailand (Bangkok)	513	58,1	113
Vietnam (Hanoi)	330	71,3	216
Malaysia (Kuala Lumpur)	330	19,0	58
Philippinen (Manila)	300	64,8	216
Laos (Vientiane)	237	4,6	19
Kambodscha (Phnom Penh)	181	9,7	54
Bangladesch (Dhaka)	148	115,2	781
Nepal (Katmandu)	147	20,8	141
Sri Lanka (Colombo)	66	17,9	273
Singapur (Singapur)	0,641	2,8	4 353

7.4.4 Ostasiatischer Kulturraum

Ostasien konnte, von Europa durch Steppen- und Wüstenländer sowie Hochgebirge getrennt, über vier Jahrtausende eine eigenständige kulturelle Entwicklung durchlaufen. Der Kulturraum spannt sich wie ein riesiges Dreieck über den Subkontinent Ostasien. Die Zentren alter Kulturvölker (Mongolen) und früher Städtebildung mit hoch entwickeltem Handwerk, dessen Erfindungen nicht technisch verwertet wurden, liegen im ozeanisch-monsunal beeinflussten Osten. Zu den Leistungen der Chinesen gehören Acker- und Gartenbau, Bewässerungsanlagen, Seidenherstellung, Erfindungen (Papier, Kompass, Schießpulver, Porzellan), Werte der Baukunst, Malerei und Dichtkunst.

Ostasien blieb den Europäern bis gegen Ende des 19. Jh. ein weitgehend verschlossener und deshalb auch geheimnisvoller Kulturraum. „Zhong-ghua", das „Reich der Mitte", nennen bis heute die Chinesen ihr Land, das nun an der Schwelle zur Großmacht steht. Der Öffnung für fortgeschrittenes Wissen aus anderen Kulturräumen, in Japan im 19. Jh., in China seit den 50er-Jahren, folgten Industrialisierung und Verstädterung. China erhebt einen bisher verdeckten Anspruch auf eine Weltmachtrolle. Japan hat sich bereits zur Weltwirtschaftsmacht entwickelt. In Südkorea und Taiwan schreitet die Industrialisierung voran.

7.4.5 Staaten im Ostasiatischen Kulturraum

7.4.5.1 China

Volksrepublik China, Hauptstadt: Peking (Beijing)

Staat und Bevölkerung

Sozialistische Volksrepublik seit 1949, Alleinherrschaft der kommunistischen Partei.

Nationalitätenstaat mit 22 Provinzen, 5 autonomen Gebieten (darunter Tibet), 4 provinzfreien Städten (Beijing, Shanghai, Tianjin, Chonqing) und der Selbstverwaltungsregion Hongkong.

Vielvölkerstaat, obwohl Han-Chinesen über 90 % der Bevölkerung stellen; die restlichen rund 75 Mio. gehören verschiedenen nationalen Minderheiten an, deren Siedlungsgebiete etwa die Hälfte der Staatsfläche einnehmen: u. a. Zhuang (Gruppe der Thai-Chinesen in der Provinz Guangxi), Mandschuren (völkisch Chinesen, wegen ihrer Sprache als nationale Minderheiten angesehen), Tibeter (insgesamt 55 nationale Minderheiten der tibetobirmanischen Sprachgruppe), Mongolen (mongolische Sprachen in der Inneren Mongolei), Kasachen, Usbeken, Uiguren (Turkvölker in den westlichen Grenzgebieten).

Seit 1982 gewährt die Verfassung Religionsfreiheit, doch darf das staatliche Leben nicht beeinträchtigt werden, etwa 100 Mio. Buddhisten, 30 Mio. Taoisten, 20 Mio. Muslime neben Christen und Lamaismus der Tibeter, Konfuzianismus weit verbreitet. Die drei chinesischen Religionen Buddhismus, Taoismus und Konfuzianismus haben seit jeher großen Einfluss auf die Kultur und Lebensweise der Chinesen.

Stadtbevölkerung 27 %, vor allem im Osten, wo auch die meisten der 57 Millionenstädte liegen.

Starke Unterschiede in der Bevölkerungsverteilung, über 90 % der Bevölkerung siedelt in den östlichen Landesteilen auf knapp 60 % der Staatsfläche, sehr hohe Bevölkerungsdichte in der großen Ebene des Chinesischen Tieflandes.

Landesnatur

Oberflächenformen: China umfasst nicht nur fast das gesamte Ostasien (Kerngebiete Chinas), sondern auch große Gebiete Zentralasiens (Außengebiete Chinas). Das Territorium ist überwiegend gebirgig, fast zwei Drittel der Gesamtfläche liegen höher als 1 000 m. Kennzeichnend ist der Abfall der Landoberfläche in mehreren Landstufen zum Pazifik hin. Die mittlere der nordsüdlichen verlaufenden Landstufen (Großer Chingan und Ostrand des Nordchinesischen Berglandes) trennt von tiefer liegenden Gebieten Kernchinas Hochasien ab. Die wichtigste Strukturlinie ist als östliche Fortsetzung des Kunlun Shan der Qin Ling.

Sieben Großlandschaften: In den Außengebieten Chinas in Zentralasien: 1. Hochland von Tibet (2 Mio. km²) als höchstgelegene Landmasse der Erde im Südwesten zwischen Kunlun Shan und Himalaya, 2. bis 4. nördlich anschließend die abflusslosen Hochbecken und Hochländer Tarimbecken, Dsungarei und Hochland der Inneren Mongolei.

In den Kerngebieten Chinas in Ostasien: 5. Mandschurei in Nordostchina ist eine große Beckenlandschaft zwischen Großem Chingan im Westen und Ussuri-Niederung sowie nordkoreanischen Grenzgebirgen im Osten sowie Amur im Norden und Gelbem Meer im Süden. 6. Nordchina umfasst mit rund 1,2 Mio. km² das Nordchinesische Bergland, den nördlichen Teil der Großen Ebene und die Halbinsel Shandong. Nordchina ist Lößland, die Bergketten und Hochflächen des Berglandes sind 30 bis 80 m mächtig mit Lößschichten bedeckt, das Tiefland ist vom Schwemmlöß des Huang He (Gelber Fluss) aufgebaut.

7. Südchina umfasst rund 2,5 Mio. km² und gliedert sich in die Jangtsekiangebene und das Rote Becken im nördlichen Teil sowie in das südwestliche Bergland und das Südchinesische Bergland. Beide Bergländer kennzeichnen zahllose parallele Gebirgsketten, die im Südwesten als Wurzeln der

Hinterindischen Stromfurchen in Nordsüdrichtung und im Südchinesischen Bergland in Westostrichtung streichen.

Klima: Außengebiete mit hochkontinentalen Trockenklimaten der Mittelbreiten (winterkalte Steppen-, Halbwüsten- und Wüstenklimate) sowie großem Anteil an außertropischen Höhenklimaten. Kernchina mit Ostseiten- und Monsunklimaten, in der Mandschurei hochkontinental-winterkalte und wintertrockene kühlgemäßigte Klimate. In Nordchina setzt sich im Tiefland das Klima der Mandschurei fort, im Nordchinesischen Bergland herrscht das Trockensteppenklima der Außengebiete. Südchina liegt überwiegend in den immerfeuchten Subtropen (immerfeuchtes Ostseitenklima), das südwestliche Bergland hat kontinentale Züge eines sommerfeuchten Steppenklimas. Nur der etwa 100 bis 200 km breite äußerste Süden zwischen nördlichem Wendekreis und Südchinesischem Meer liegt in den wechselfeuchten Tropen.

Vegetation: Außengebiete mit winterkalten Trockensteppen-, Halbwüsten- und Wüstenländern (Takla Makan, Gobi) und außertropischen Höhenstufen der Vegetation in den Hochgebirgen. Kernchina: im Westen Steppenländer, winterkalt im Nordchinesischen Bergland und wintermild im südwestlichen Bergland, östlich der mittleren Landstufe zonale Anordnung der Vegetationszone, von Norden nach Süden sommergrüne Laubmischwaldländer in der Mandschurei und in der Großen Ebene, Lorbeerwaldländer im Südchinesischen Bergland und tropische Monsunwaldländer im äußersten Süden.

Wirtschaft

Wirtschaftliche Entwicklung: Starke räumliche Disparität zwischen entwickelten Regionen in Kernchina und wenig entwickelten bzw. kaum besiedelten Regionen im Außenbereich, seit Gründung der Volksrepublik China rapides wirtschaftliches Wachstum, heute insgesamt rohstoffreicher Industrie-Agrarstaat.

Engländer, Franzosen, Amerikaner und Japaner beginnen Ende des 19. Jh. in einigen Küstenstädten mit der Industrialisierung, während der Besatzungszeit bauen Japaner 1931–1945 in der Mandschurei ein Industrierevier auf, 1949 Einführung der sozialistischen Planwirtschaft, entschädigungslose Enteignungen ermöglichen die Verstaatlichung der Industrie und Einrichtung landwirtschaftlicher Produktionsgenossenschaften sowie staatlicher Handels- und Dienstleistungseinrichtungen. 1957 bis 1960/61 Politik des „Großen Sprungs nach vorn": Durch zahlreiche industrielle Kleinbetriebe sollte die wirtschaftliche Entwicklung vorangetrieben werden; das Vorhaben scheitert auch an unwirtschaft-

lichen Investitionen. Grundlegende Änderung der Wirtschaftspolitik nach 1976 (Tod des Parteichefs und Gründers der Volksrepublik *Mao Zedong*): Rückführung staatlicher Planung, Einführung marktwirtschaftlicher Elemente wie Eigenverantwortung und Gewinnorientierung, Regelung über Preise, Steuern und Löhne. Einrichtung von Wirtschaftssonderzonen an der Küste, ausländisches Kapital wird zu Investitionszwecken zugelassen.

Bergbau und Industrie: Vorkommen bedeutender Bodenschätze (Eisen, u. a. Kupfer, Blei/Zink, Quecksilber, Wolfram) und Energieträger (Erdöl, Steinkohle).

Industrieprofil: Staatliche Wirtschaftsplanung betont Aus- und Aufbau der Eisen schaffenden Industrie und des Maschinenbaus, später Aufbau einer chemischen Industrie, heute wächst Grundstoff-, Produktionsgüter- und Investitionsgüterindustrie noch immer schneller als Konsumgüterindustrie, in der Hochtechnologie ist der Anschluss an den internationalen Entwicklungsstand gelungen.

Raumstruktur: Drei Entwicklungszonen: 1. die östliche Küstenzone in einer Tiefe bis etwa 200 km, auf etwa einem Zehntel des Territoriums konzentrieren sich mehr als die Hälfte der Produktion, gute Infrastruktur, höchster wirtschaftlicher und sozialer Entwicklungsstand; 2. die mittlere Zone in der Mandschurei und Inneren Mongolei sowie im mittleren Nord- und Südchina, etwa ein Drittel des Territoriums und ebenso große Anteile der Bevölkerung und der Produktion, günstige Mittellage, Schwerpunkte der Agrarproduktion und des Bergbaus, einige Industriezentren; 3. die westliche Zone im westlichen Kernchina (Nordchinesisches Bergland, südwestliches Bergland und in Zentralasien umfasst über die Hälfte des Territoriums, geringe Produktionsleistung je Einwohner, Armut und Arbeitslosigkeit sind verbreitet, geologische Erkundung und Verkehrserschließung sollen Voraussetzungen zur Industrialisierung schaffen.

Landwirtschaft: China ist der größte landwirtschaftliche Produzent der Erde, seit den 80er-Jahren kann die Bevölkerung aus eigener Produktion ernährt werden, Grundnahrungsmittel und wichtigste Anbaukultur ist Reis. Ackerbau seit Jahrtausenden in Kernchina, Rodung der natürlichen Wälder im Einflussbereich der Monsunklimate von der gemäßigten Zone über die Subtropen bis zu den Tropen.

Naturbedingte Landwirtschaftsgebiete:

1. Außengebiete in Zentralasien („trockenes China"), Bewässerungsfeldbau in Oasen, überwiegend Nomadismus und Fernweidewirtschaft (Schafe, Ziegen), große Gebiete sind wirtschaftlich ungenutzt und unbesiedelt;

2. Gebiete in Kernchina, Regenfeldbau:

- Mandschurei (Nordosten, Vegetationsperiode 140 bis 180 Tage, eine Ernte im Jahr, Sommerfeldbau (Weizen, Hirse, Mais, Zuckerrüben, Soja), Schweinemast;
- Nordchinesisches Bergland und nördliche Große Ebene (Norden, „gelbes China"), Vegetationsperiode 180 bis 210 Tage, drei Ernten in zwei Jahren, Sommerfeldbau, nach Süden auch Winterfeldbau (Weizen, Hirse, Mais, Soja, Baumwolle, Erdnuss, Tabak), Schweinemast, Rinder- und Wasserbüffelhaltung vorwiegend als Zugtiere;
- Rotes Becken, südwestliches Bergland, Jangtsekiangebene, Südchinesisches Bergland (Mitte, „grünes China"), Vegetationsperiode 210 bis 330 Tage, zwei Ernten im Jahr, Sommerfeldbau (Nassfeldreis), Winterfeldbau (Mais), Dauerfeldbau (Tee, Zitrus), Schweinemast, Rinder- und Wasserbüffelhaltung als Zugtiere, Seidenraupenzucht;
- im Süden des Südchinesischen Berglandes (Süden, „grünes China"), Vegetationsperiode 330 bis 365 Tage, zwei bis drei Ernten im Jahr, Dauerfeldbau (Nassfeldreis, Batate, Zuckerrohr, Zitrus, Erdnuss, Jute).

Außerdem Obst, Gemüse, Heilpflanzen sowie Pflanzen zur Gewinnung von Essenzen und Riechstoffen. Hochseefischerei wenig entwickelt, Binnenfischerei.

7.4.5.2 Japan

Nihon-Koku, Hauptstadt: Tokio (Tokyo)

Staat und Bevölkerung

Konstitutionelle Monarchie mit parlamentarischer Regierung seit 1947, Einheitsstaat mit 44 Präfekturen, den Stadtpräfekturen Osaka und Kioto und dem Hauptstadtbereich.
Einheitliche Bevölkerung von nahezu 100 % Japanern, Reste der Ureinwohner (Ainu) hauptsächlich auf Hokkaido. Schintoismus und Buddhismus in zahlreichen Sekten, seit 1945 Auftrieb des Christentums. Konfuzianismus prägte lange Zeit das gesellschaftliche Leben, heute zum Teil Hinwendung zur westlichen Lebensweise.
Über drei Viertel Stadtbevölkerung, 11 Millionenstädte (Tokio, Yokohama, Osaka, Nagoya, Sapporo u. a.), stark ungleichmäßige Verteilung der Bevölkerung, Ballungsräume sind Küstenebenen und Beckenlandschaften, Gebirgsregionen kaum bewohnt, über ein Drittel der Bevölkerung in den Ballungsräumen, Tokio, Osaka und Nagoya.

Landesnatur

Oberflächenformen: Japan liegt im Pazifischen Ozean. Es ist vom asiatischen Kontinent durch das Japanische Meer und das Ostchinesische Meer getrennt. Der japanische Inselbogen (von Norden nach Süden: Südkurilen: unter russischer Verwaltung, 4 Hauptinseln: Hakkaido, Honshu, Shikoku, Kyushu, Nansei-Inseln) stellt die Gipfelregion eines untermeerischen Gebirgszuges am Rande der Verschluckungszone zwischen Eurasiatischer Platte sowie Pazifischer Platte und Philippinenplatte dar. Deshalb herrschen Vulkanismus (knapp 40 aktive Vulkane) und Erdbeben (durchschnittlich 5000 Beben pro Jahr) vor und 80 % der Landesoberfläche sind gebirgig (Fujisan 3746 m). Große Täler und Flachländer fehlen. Die Küsten sind stark gegliedert.

Klima: Wegen der Nord-Süd-Ausdehnung liegt Japan in drei Klimazonen:

1. Hokkaido und Honshu bis zur Breite von Tokio in der gemäßigten Zone mit kühlgemäßigten Klimaten;
2. Südteil von Honshu, Shikoku, Kiushu und Nansei-Inseln bis etwa 35° N in den Subtropen mit immerfeuchtem Ostseitenklima;
3. südliche Nassei-Inseln in den immerfeuchten Tropen.

Der ostasiatische Monsun bedingt Niederschläge zu allen Jahreszeiten: Südöstliche Winde im Winter bringen kalte Meeresluft mit Schnee im Norden und Regen im Süden. Unter dem Einfluss der Meeresströmungen auf der pazifischen Seite (kalter Oya-Schio, warmer Kuro-Schio) werden die Temperaturunterschiede zwischen den nördlichen und südlichen Inseln besonders im Winter verstärkt. Die Kleinkammerung des gebirgigen Landes bedingt weitere regionale Unterschiede. Häufig sind Taifune mit wolkenbruchartigen Niederschlägen und Stürmen.

Vegetation: Japan ist zu 60 % von Wald bedeckt: boreale Nadelwälder im Norden Hokkaidos, sommergrüne Laubmischwälder auf Hokkaido und im nördlichen Teil von Shikoku, Lorbeerwälder im südlichen Teil von Schikoku und auf den übrigen Inseln, immergrüner Regenwald mit Mangroveküsten auf den südlichen Nansei-Inseln. Außertropische Höhenstufen der Vegetation in den Gebirgen.

Wirtschaft

Wirtschaftliche Entwicklung: Ende des 19. Jh. öffnet sich Japan ausländischen Märkten und Wirtschaftsformen: Aufbau einer exportorientierten Konsumgüterindustrie, Einfuhr von Rohstoffen. Grundlagen des schnellen Aufstiegs zum Industrieland ist die geistesgeschichtliche Tradition, zwei religiöse Grundzüge vermischen sich: Schintoismus betont Gemeinschaftsgedanken, Fleiß und Disziplin, Buddhismus fördert Eigenschaften wie Ausdauer, Konzentration, Genauigkeit, *Konfuzius* lehrt Ehrfurcht vor dem Alter, lebenslanges Lernen, Treue. Außerdem sind Japaner aufgeschlossen für Fremdes, sie nutzen den internationalen Wissens- und Technologietransfer. Der Aufstieg zur Wirtschaftsmacht setzte in den 60er-Jahren ein, als Japan von der Energie verschlingenden Grundstoff- und Produktionsgüterindustrie auf wissensintensive Hochtechnologie umstieg. Grundlage ist das Erziehungs- und Bildungssystem und der transportnahe pazifische Wirtschaftsraum. Insgesamt rohstoffarmer Industriestaat, höchstentwickeltes Industrieland Asiens.

Bergbau und Industrie: Japan verfügt über geringe Rohstoff- und Energievorkommen (u. a. Steinkohle, Eisen, Buntmetalle, Erdöl, Erdgas), deren Abbau hohe Kosten verursacht. Eine Schlüsselgröße ist die Energie, Erdöl muss eingeführt werden, Ausbau der Kernenergie auf 40 % der Stromerzeugung, Wasser- und Kohlekraftwerke.

Industrieprofil: Investitions- und Konsumgüterindustrie: Elektroindustrie, Industrieautomaten, Industrieroboter, Computer- und Automobilindustrie, Ausbau der Forschungs- und Entwicklungsbereiche in der Industrie.

Raumstruktur: Standortgruppierungen und Standortbänder in Küstenhöfen und auf schmalen Küstenebenen der Hauptinseln, ausgenommen Hokkaido, auf Honshu vorwiegend an der pazifischen Küste mit Hafenanlagen, Ballungsräume: Tokio – Yokohama, Osaka – Kobe – Kioto, Kitakiushu – Nagasaki, Nagoya.

Landwirtschaft: Agrarreform nach 1945: Bauern werden Eigentümer von etwa 95 % der landwirtschaftlichen Nutzfläche, überwiegend Kleinbetriebe (weniger als 1 ha), zunehmend im Nebenerwerb, steigende Einfuhr von Nahrungsgütern.
Regenfeldbau, von Norden nach Süden zunehmend zwei bis drei Ernten im Jahr, im Süden auch Dauerfeldbau (Nassfeldreis, Kartoffeln, Zuckerrüben, Batate, Obst, Mandarinen, Wein, Gemüse, Tee), Viehhaltung begrenzt (Schweinemast, Wasserbüffel), Seidenraupenzucht.
Wegen der Raumenge nur 14 % des Territoriums landwirtschaftlich nutzbar, deshalb Terrassenfeldbau und Gartenbau. 70 % des Territoriums bewaldet, geringer Einschlag, Holzeinfuhr.

Fischerei: führend in der Hochseefischerei, größte Fischereiflotte der Welt, reiche Fischgründe in den Gewässern um Japan, Fangflotte operiert aber weltweit.

7.4.5.3 Korea

Nord-Korea: Demokratische Volksrepublik Korea, Hauptstadt: Pjöngjang (Pyongyang)

Staat und Bevölkerung

Volksrepublik mit Präsidialsystem seit 1948, Einheitsstaat mit 9 Provinzen und 4 unmittelbaren Städten.
Einheitliche Bevölkerung der Koreaner, kleine chinesische Minderheit (weniger als 1 %). Verfassung gewährleistet Religionsfreiheit und Freiheit zu antireligiöser Propaganda, etwa 70 % ohne Bekenntnis, Buddhismus, Christentum, Konfuzianismus derzeit ohne Bedeutung.
Etwa 60 % Stadtbevölkerung, ungleichmäßige Verteilung der Bevölkerung, hohe Bevölkerungsdichte in den dem Gelben Meer zugewandten Tiefländern und Becken sowie im nordkoreanischen Japanmeerraum.

Landesnatur

Oberflächenformen: Nordkorea nimmt den nördlichen Teil der Halbinsel Korea zwischen dem Gelben und dem Japanischen Meer ein. Es grenzt im Norden an die Volksrepublik China und die Russische Föderation, im Süden an Südkorea. Das überwiegend gebirgige Land dacht von rund 2 500 m Höhe im Osten nach Westen zum Küstentiefland ab.

Klima: Kühlgemäßigtes Klima der Mittelbreiten, von den ostasiatischen Monsunen beeinflusst, im Sommer sehr warm und feucht, im Winter kalt und Schneefall.

Vegetation: Sommergrüne Laubmischwälder im Tiefland, im höheren Bergland borealer Nadelwald.

Wirtschaft

Wirtschaftliche Entwicklung: 1948 Einführung der sozialistischen Planwirtschaft, entschädigungslose Enteignungen ermöglichen die Verstaatlichung der Industrie und die Einrichtung landwirtschaftlicher Produktionsgenossenschaften sowie staatlicher Handels- und Dienstleistungseinrichtungen, beschleunigter Aufbau einer Grundstoff- und Produktionsgüterindustrie, heute zunehmende Überalterung der Produktionsanlagen, große wirtschaftliche Probleme, rohstoffreicher Agrar-Industriestaat.

Bergbau und Industrie: Reich an Rohstoffen (Eisen, Bunt- und Edelmetalle) und Energieträger (Steinkohle, Wasserkraft).

Industrieprofil: Industrielle Selbstversorgung, Grundstoff- und Produktionsgüterindustrie (Eisen schaffende Industrie, Nichteisenmetallerzeugung,

Chemie), Investitionsgüterindustrie (Industrieaus-
rüstungen für Nahrungsgüterindustrie, Maschinenbau, Schiffbau), Konsumgüterindustrie (Elektroindustrie, Textilindustrie, Nahrungsgüterindustrie).

Raumstruktur: Standortgruppierungen vorwiegend
in den Städten an der Westküste, insbesondere
Pjöngjang, aber auch an der Ostküste.

Landwirtschaft: Ungünstige natürliche Produkti-
onsbedingung im Bergland (nährstoffarme Böden,
Steilrelief), im Tiefland zu geringe Sommernieder-
schläge (Leewirkung), Erweiterung der Anbauflächen durch Terrassierung im Gebirge und Bewässerung im Tiefland.
Regen- und Bewässerungsfeldbau, eine Ernte im
Jahr (Nassfeld- und Trockenfeldreis, Mais, Weizen,
Hirse, Soja, Kartoffeln).

Südkorea: Republik Korea, Hauptstadt: Seoul

Staat und Bevölkerung

Präsidialrepublik seit 1948, Einheitsstaat mit 13
Provinzen.
Einheitliche Bevölkerung der Koreaner, daneben
kleine Minderheiten von Chinesen, Japanern, Ame-
rikanern (zusammen etwa 1 %).
Vor allem Buddhisten (knapp 40 %), aber auch
Christen (Protestanten 23 %, Katholiken 5 %) u. a.
Etwa drei Viertel Stadtbevölkerung, einer der am
dichtesten besiedelten Staaten, geringe Bevölke-
rungsdichte nur im Gebirgsland, vorwiegend im
Nordosten.

Landesnatur

Oberflächenformen: Südkorea nimmt den südlichen Teil der Halbinsel Korea zwischen dem Gelben und dem Japanischen Meer ein. Es grenzt im
Norden an Nordkorea. Das überwiegend gebirgige
Land fällt zur Ostküste steil ab. Die von Nordwest
nach Südost streichenden Gebirgsketten bilden im
Süden eine buchten- und inselreiche Küste. Nach
Westen dacht sich die Oberfläche zum breiten Tiefland ab.

Klima: Kühlgemäßigtes Klima der Mittelbreiten,
vom ostasiatischen Monsun beeinflusst, im Sommer sehr warm bis heiß und hoher Niederschlag,
im Winter mäßig kalt bis mild, kaum Schneefall; an
der Südküste subtropisch (heiße Sommer, mäßig
warme Winter).

Vegetation: Sommergrüne Laubmischwälder, im
Gebirge außertropische Höhenstufen der Vegetation, an der Südküste Lorbeerwälder.

Wirtschaft

Wirtschaftliche Entwicklung: Südkorea entwickelte sich seit den 1960er-Jahren nach der Einführung der Marktwirtschaft zum Wirtschaftswun-
derland in Ostasien. Weitere Voraussetzungen des
wirtschaftlichen Aufschwungs waren Investitionen
des Auslands, die Leistungsbereitschaft der Industriearbeiter und der Ausbau der Verkehrsinfrastruk-
tur. Hochtechnologie wird entwickelt. Heute ist Südkorea ein moderner Industriestaat.

Bergbau und Industrie: Geringe Rohstoffvorkommen (Eisen, Buntmetalle, Stahlveredler), Energieträger sind Steinkohle und Wasserkraft sowie Kernenergie.

Industrieprofil: Exportorientierte Produktion von
Konsumgütern (Textilien, Fahrzeuge, elektronische
Geräte), aber auch Investitionsgüter (Maschinen,
Schiffe).

Raumstruktur: Standortgruppierungen in Küstenstädten, insbesondere Seoul und Pusan.

Landwirtschaft: Nutzbar ist wegen des gebirgigen
Charakters ein Fünftel des Territoriums, produk-
tionshemmend wirkt die große Zahl der Zwergbetriebe. Regenfeldbau, eine Ernte im Jahr (Trockenfeldreis, nach Süden Nassfeldreis, Mais, Gerste,
Hackfrüchte), Dauerfeldbau (Tee), Seidenraupenzucht, Hochseefischerei.

7.4.6 Indischer Kulturraum

Der indische Kulturraum deckt sich nahezu mit dem
Naturraum des Subkontinents Vorderindien. Seit
3 000 v. Chr. entfaltete sich unter tropischen Bedingung ein kulturgeographischer Großraum eigenen
Gepräges. Obwohl Indien bis in die Gegenwart mit
seinen zahlreichen Völkern und mehr als 10 Hauptsprachen ein Land der Dörfer blieb, prägen Stadtkulturen seit 4 000 Jahren den Kulturraum. Hinduis-
tische Kultur und Religion brachten eine der alten
Hochkulturen hervor. Der Hinduismus ist die Klammer der indischen Völker, dessen Kastenwesen bestimmt die Sozialstruktur. Das Eindringen des Islam
seit dem 12. Jh. führte zur religiösen Zweiteilung.
Über Jahrhunderte war Indien für das mittelalterli-
che Europa ein Zauberwort für tropische Kostbar-
keiten. Fürsten und Kaufleute suchten nach Han-
delsverbindungen über Land- und Wasserwege.
Daraus entwickelte sich die britische Kolonialherrschaft über Indien. Sie endete in der Mitte des
20. Jh. Der Kulturraum wurde nach religiösen Gesichtspunkten in mehrere Staaten aufgegliedert.
Seither wächst durch verstärkte internationale Zusammenarbeit und voranschreitende Industrialisierung die Stellung Indiens in der Welt.

7.4.7 Indien

Republik Indien, Hauptstadt: Neu-Delhi

Staat und Bevölkerung

Demokratisch-parlamentarische Bundesrepublik seit 1950, 25 Bundesstaaten und 7 Unionsterritorien (u. a. Delhi, Andamanen und Nikobaren, Lakkadiven), die keine Verfassungsautonomie besitzen und von der Zentralregierung regiert werden.

Ethnische Vielfalt im Schnittpunkt dreier Rassenkreise mit 15 Hauptsprachen und über 1 500 weiteren Sprachen und Dialekten, Amtssprachen sind Hindi und Englisch: hellhäutige Inder (Europide) mit indoarischen Sprachen in Nord- und Mittelindien, Melanide (Negride) mit Drawidasprachen (u. a. Tamilvölker) im Nordosten und Süden, Tibeter (Mongolide) mit tibetobirmanischen Sprachen an den Südhängen des Himalaja, Reste der Urbevölkerung (Weddiden) in Bergländer verdrängt.

Geburtsstätte des Hinduismus und Buddhismus, Vielzahl von Religionen und Sekten: Hindus (etwa 80%), Muslime (etwa 10%)

Gut ein Viertel Stadtbevölkerung, ungleiche Verteilung der Bevölkerung im Staatsraum, Ballungsräume in den vom Monsunregen begünstigten Landesteilen: Malabarküste mit Bombay, südliche Koromandelküste mit Madras, Gangestiefland (Hindustan) mit Delhi, Lucknow, Kalkutta, auch Ballungsräume überwiegend agrarisch geprägt (Indien, Land der Dörfer).

Landesnatur

Oberflächenformen: Wie ein Dreieck ragt der Subkontinent Indien im Süden Asiens zwischen dem Arabischen Meer im Westen und dem Golf von Bengalen im Osten in den Indischen Ozean hinein. Vor der Südostspitze liegt Sri Lanka. Pakistan grenzt im Nordwesten, China, Nepal und Bhutan im Norden, Myanmar und Bangladesch im Osten an Indien.

Drei Großlandschaften gliedern das Territorium von Norden nach Süden: 1. der Himalaya, ein alpidisches Faltengebirge im Norden, das gewaltigste Gebirge der Erde, 2. das Ganges-Brahmaputra-Tiefland zwischen dem Himalaja und dem Hochland von Dekkan, ein 300 bis 500 km breites Senkungsgebiet, das mit dem Abtragungsschutt des Himalaja aufgefüllt ist, 3. das Hochland von Dekkan, ein 600 bis 800 m hohes, nach Osten geneigtes, flachwelliges Hochland mit Inselbergen und Gebirgszügen. Der Westrand mit den Westghats bricht steil zur Malabarküste ab, auf der Ostseite erheben sich längs der Koromandelküste der weniger hohe und geschlossene Höhenzug der Ostghats.

Klima: Das Klima wird durch die Lage in der tropischen Zone und durch den südasiatischen Monsun bestimmt. Savannenklimate der wechselfeuchten Tropen mit drei Jahreszeiten: 1. Vormonsun, März bis Mai, sehr heiß und trocken, kaum Wind, 2. Sommermonsun, Juni bis Oktober, feuchtheiß, Südwestwind, 3. Wintermonsun, November bis Februar, kühl und trocken, Nordostwind.

Vegetation: Tropische immergrüne Regenwälder nur an den südlichen Malabarküste, nach Norden Übergang zum regengrünen tropischen Monsunwald. Im Hochland von Dekkan überwiegend Trockensavannen, sowohl Trockenwälder als auch offenes Grasland, nur in höheren Lagen regengrüne Monsunwälder. Nach Nordwesten mit zunehmender Trockenheit Dornsavannen und Halbwüsten. Regengrüne Monsunwälder prägen den Nordosten des Dekkan und das Tiefland. Im Himalaja tropische Höhenstufen der Vegetation.

Wirtschaft

Wirtschaftliche Entwicklung: Die Industrialisierung setzte trotz einer langen kulturellen Tradition und eines hoch entwickelten Handwerks sowie umfangreicher Rohstoffvorkommen stark verzögert ein. Die britische Kolonialmacht hatte aus Konkurrenzgründen daran kein Interesse und das Kastenwesen behinderte industrielle Produktionsweisen. Fortschrittliche Inder bemühten sich gegen Ende des 19. Jh. um den Aufbau einer leistungsfähigen Textilindustrie. In den 20er-Jahren kam es verstärkt zu Industrieansiedlungen in den großen Städten. Seit 1947 förderten die Regierungen die Industrialisierung planmäßig. Zahllose Entwicklungsprojekte konnten durch Kapital- und Sachhilfe von Industrieländern verwirklicht werden. Heute zählt Indien zwar immer noch zu den ärmsten Staaten der Erde, aber es gehört zugleich zu den 10 höchstindustrialisierten Staaten. Auf dem Gebiet der Hochtechnologie werden beachtliche Leistungen erbracht. Die Produktionssteigerungen in Industrie und Landwirtschaft können mit dem Bevölkerungswachstum nicht Schritt halten. Indien ist ein rohstoffreicher Industrie-Agrarstaat.

Bergbau und Industrie: Rohstoffreiches Land (Steinkohle, Braunkohle, Eisen, Mangan, Buntmetalle, Edelmetalle, Bauxit, Erdöl), problematisch ist die Energieversorgung, nur zwei Drittel der Dörfer mit Stromanschluss, Energiezeugung: Wärmekraftwerke (Kohle, Erdöl) und Kernenergie.

Industrieprofil: Breit gefächerte Produktionspalette von der Grundstoff- und Produktionsgüter- über die Investitionsgüter- bis zur Konsumgüter- und Nahrungsgüterindustrie, wichtige Zweige sind: Aluminiumindustrie, Textil/Bekleidung, Handweberei, Seide, Maschinenbau, Chemie (vor allem Düngemittel), Tabak- und Teeverarbeitung, Hochtechnologie: Computer, medizinische Geräte, Flugzeuge, Kernkraftwerke, Satelliten, Trägerraketen.

Raumstruktur: Standortgruppierungen in den großen Städten (z. B. Delhi, Bombay), Industriegebiete sind Madras – Bangalore im Süden und Westbengalen (Ranchi, Jamshedpur, Rourkela, Kalkutta).

Landwirtschaft: Mehr als die Hälfte des Territoriums ist landwirtschaftliche Nutzfläche, über 60 % der Erwerbstätigen sind in der Landwirtschaft beschäftigt, Indien ist noch immer ein Land der Dörfer, Ertragssteigerungen sind nur durch Intensivierung zu erreichen, die Besitzverhältnisse wirken sich nachteilig aus (Großgrundbesitz mit Rentengrundherrschaft und Zwergbesitz herrschen vor, eine Agrarreform kommt nur zögernd voran), die Erträge sind aber stark vom Monsun abhängig, bei ausreichendem und rechtzeitigem Niederschlag ist die Eigenversorgung sichergestellt.

Naturbedingte Landwirtschaftsgebiete:

1. Nassreisanbaugebiet (Reis als Leitkultur mit Hülsenfrüchten, Mais), vorwiegend Regenzeitfeldbau, drei bis fünf Ernten in zwei Jahren: nordöstlicher Dekkan, östliches Gangestiefland, Brahmaputratiefland mit Dauerkultur Tee, Malabarküste;
2. Nassreisanbaugebiet, vorwiegend Bewässerungsfeldbau, drei Ernten in zwei Jahren, Koromandelküste mit Baumwolle und Zitrus, südliche Malabarküste mit Obst, Gewürzen, Kokospalmen;
3. Weizen- und Maisanbaugebiet, überwiegend Bewässerungsfeldbau, drei Ernten in zwei Jahren, Gangestiefland;
4. Weizen- und Hirseanbaugebiet mit Baumwolle und Erdnuss, Regenzeitfeldbau, drei Ernten in zwei Jahren, Hochland von Dekkan.

7.4.8 Südostasiatischer Kulturraum

Kennzeichend für den Kulturraum Südostasien ist dessen Vielfalt, die sich aus der Kleinkammerung des Subkontinents in Hochplateaus zwischen den Gebirgsketten, Tallandschaften der Stromfurchen, Küstenebenen der Ströme und zahlreichen Inseln unterschiedlicher Flächengröße sowie aus der topographischen Lage zwischen Indien, China und den Meeren ergibt. So überwiegt an der Ostflanke der chinesische, westlich des Mekong der indische und auf den Inselfluren der malaiische Einfluss. Die Malaien haben von den über den Indischen Ozean vordringenden Arabern den Islam übernommen, die Völker auf dem Festland sind Buddhisten. Beide Religionen wirken als kulturelle

Klammern der zahlreichen Völker chinesischen und malaiischen Ursprungs. Heute benutzt man in Myanmar die indische Schrift, im östlichen Teil des Festlandes ist die chinesische Schrift nicht unbekannt, die Malaien schreiben mit arabischen Buchstaben.

Die herkömmlichen Lebensformen der Wanderfeld- und Reisbauern dauern in den peripheren Räumen an. Nach einer Zeit der Beherrschung durch wechselnde Kolonialmächte (Großbritannien, Frankreich, Niederlande, Spanien) bildeten sich im 20. Jh. Nationalstaaten heraus, deren Zahl der Vielfalt der Völker entspricht. Seither sind Industrialisierung und Verstädterung unterschiedlich vorangekommen.

7.4.9 Staaten im Südostasiatischen Kulturraum

7.4.9.1 Indonesien

Republik Indonesien, Hauptstadt: Jakarta

Staat und Bevölkerung

Präsidialrepublik seit 1945, Einheitsstaat mit 27 Provinzen und 3 Sonderbezirken (Jakarta, Jogyakarta, Aceh).
Ethnische und kulturelle Vielfalt mit fast unüberschaubar vielen Sprachen (etwa 250 mit jeweils vielen Dialekten) nicht nur von Insel zu Insel wechselnd, sondern auch auf einer Insel, überwiegend Malaien (u. a. Javaner auf Zentraljava, Sundanesen auf Westjava, Maduresen auf Madura und Ostjava), die nacheinander durch indische, arabische, chinesische und europäische Kultureinflüsse geprägt wurden, im Osten vorwiegend melanesisch-polynesische Volksgruppen, demzufolge auch religiöse Vielfalt: über 80 % Muslime, rund 10 % Christen, etwa 2 % Hindus, 1 % Buddhisten und Konfuzianer (meist Chinesen), ferner Anhänger von Naturreligionen.
Nach der Einwohnerzahl steht Indonesien an 4. Stelle und in Asien nach der VR China und Indien an 3. Stelle, über 30 % Stadtbevölkerung, Bevölkerung ist sehr ungleichmäßig über die Inselwelt verteilt, mehr als die Hälfte der Bevölkerung auf Java (fast 700 E/km², Jakarta, Bandung, Surabaya), wegen Übervölkerung staatliches Umsiedlungsprogramm hauptsächlich nach Sumatra.

Landesnatur

Oberflächenformen: Der Inselstaat erstreckt sich im weiten Bogen über 5 100 km zwischen dem Indischen Ozean im Westen und dem Pazifischen Ozean im Osten beiderseits des Äquators. Die

Inselflur bildet zugleich eine Brücke von Südostasien nach Australien. Indonesien umfasst den Großteil des Malaiischen Archipels (Große Sundainseln: Kalimantan/Borneo ohne deren Nordteil, Sumatra, Java, Sulawesi/Celebes; Kleine Sundainseln: Bali, Flores, Timor u. a.; Molukken; Irian Jaya, die Westhälfte Neuguineas; zahlreiche kleinere Inseln, insgesamt etwa 13 700 Inseln).

Prägend sind die von Vulkanen (etwa 71 sind aktiv) gespickten Gebirgsketten. Ihnen sind vor allem auf den größeren Inseln Tiefländer und Küstenebenen vorgelagert. Sie haben sich durch Aufschüttung des Abtragungsschuttes aus den Gebirgen gegen die Flachmeere des Australasiatischen Mittelmeeres gebildet.

Klima: Immerfeuchte Tropen (tropisches Regenwaldklima) mit 3 000 bis über 6 000 mm Jahresniederschlag. Das mittlere und östliche Java sowie die Kleinen Sundainseln liegen im Bereich der wechselfeuchten Tropen mit einer feuchtheißen Regenzeit, einer Nachmonsunzeit und einer Trockenzeit im August und September (Südostpassat/Südostmonsun).

Vegetation: Rund zwei Drittel des Territoriums nehmen tropische Regenwaldländer ein. In den Gebirgen sind die tropischen Höhenstufen ausgebildet. An den Flachküsten treten Mangroven auf. Für die Gebiete der wechselfeuchten Tropen sind regengrüne Monsunwälder bestimmend.

Wirtschaft

Wirtschaftliche Entwicklung: Nach wechselvollen Einflussnahmen europäischer Mächte kann im 19. Jh. die Niederländische Ostindische Kompanie über Niederländisch-Indien die Herrschaft antreten. 1949 entsteht die selbstständige Republik Indonesien. Staatliche Entwicklungspläne sollen die Wirtschaft vom Ausland unabhängig machen und in die Hände von Indonesiern überführen. Der Staat beteiligt sich am Aufbau von Schlüsselindustrien. Ein Achtjahres-Gesamtentwicklungsplan (1961–1969) musste wegen seiner überzogenen Projekte und unzureichender Finanzierung abgebrochen werden. Heute ist Indonesiens Wirtschaft marktwirtschaftlich ausgerichtet. Die Industrialisierung steckt noch in den Anfängen. Japan und die USA haben in die Konsumgüterindustrie investiert. Die Großbetriebe sind staatlich oder stehen unter staatlicher Kontrolle. Die Kleinbetriebe sind privat. Indonesien ist ein rohstoffreiches Agrarland, marktwirtschaftliche Reformen sowie Öffnung der Märkte für das Auslandskapital ermöglichen wirtschaftlichen Aufschwung.

Bergbau und Industrie: Indonesien ist wahrscheinlich ein rohstoffreiches Land. Die geologischen Erkundung ist noch nicht abgeschlossen (Erdöl, Erdgas, Steinkohle, Eisen, Mangan, Kupfer, Bauxit).

Industrieprofil: Konsumgüterindustrie (Textil, Bekleidung, Leder, Kraftfahrzeuge) und Nahrungsgüterindustrie sind gut entwickelt. Grundstoff- und Produktionsgüter- sowie Investitionsindustrie (Chemie: Reifen, Kunstdünger), Maschinenbau.

Raumstruktur: Standortgruppierungen geringer Dichte in den Städten Jakarta, Surabaya, Bandung, Medan.

Landwirtschaft: Ungünstige Agrarstruktur, 80 % der bäuerlichen Betriebe verfügen über weniger als 1,5 ha Land, zum Teil unter 0,5 ha. Plantagen sind teilweise heruntergewirtschaftet. Staatliche Unterstützung bei der Bewässerung, der Düngung und Vergabe von Krediten zeigt Wirkung. Gunstfaktoren der landwirtschaftlichen Produktion: tropische Temperaturverhältnisse, gebietsweise vulkanische Ascheböden.

Knapp ein Fünftel des Territoriums ist landwirtschaftlich genutzt, etwa zwei Drittel ist Waldland, Forstwirtschaft in Ansätzen, überwiegend Raubbau für den Export von Tropenhölzern.

Vorherrschende Betriebssysteme:

1. Dauerfeldbau, zwei bis drei Ernten im Jahr, als Nassfeldreisbau im Terrassenbau oder tropischer Feldbau (Maniok, Batate, Mais, Soja, Erdnuss);
2. Plantagen und Pflanzungen (Zuckerrohr, Kautschuk, Gewürze);
3. Wanderfeldbau, vorwiegend unter den Bergvölkern, Brandrodung.

7.4.9.2 Myanmar (Birma)

Union Myanmar, Hauptstadt: Rangun (Yangon)

Staat und Bevölkerung

Sozialistische Republik (laut Verfassung) seit 1974, Militärregime, nach Militärputsch 1988 Auflösung aller Staatsorgane, 1990 Neuwahlen zum Parlament, Tätigkeit bisher nicht aufgenommen, noch Autokratie. Nach Verfassung Bundesstaat mit 7 Gliedstaaten.

Vielfalt der Volksgruppen ist Ergebnis verschiedener Einwanderungswellen; über 70 % sind heute Birmanen als Nachfahren alter mongolischer Stämme (Tibetobirmanen), Schan (9 %) im Osten und Nordwesten und die im Südosten ansässigen Karen (7 %) gehören zur Gruppe der Thai-Chinesen, viel später kamen Inder (1 %) und Chinesen (etwa 2 %) als Kaufleute und Bergwerks- bzw. Industriearbeiter.

Etwa 86 % bekennen sich zum Buddhismus, 4 % zum Islam, 1 % zum Hinduismus und 5 % (überwiegend Karen) sind Christen, in den Bergländern gibt es Anhänger von Naturreligionen.

Nur ein Viertel Stadtbevölkerung (vor allem in Rangun), starke Unterschiede in der Bevölkerungsverteilung, hohe Bevölkerungsdichte im Delta des Irawadi, mäßige Dichte in den Stromfurchen des Irawadi und Saluen, geringe Dichte in den Bergländern.

Landesnatur

Oberflächenformen: Myanmar liegt im westlichen Teil des Festlandes von Südostasien. Das Territorium hat im Norden, Osten und Süden eine lange Grenze sowohl zur Volksrepublik China als auch – nach einem kurzen Grenzabschnitt zu Laos – zu Thailand. Mit einem schmalen Gebietsstreifen erstreckt es sich auf der Halbinsel Malakka bis zum Isthmus von Kra. Im Westen grenzt der Staat an Bangladesch und Indien.

Myanmar wird durch zwei Nord-Süd verlaufende Hochgebirgszüge gegliedert: im Westen die Westbirmanischen Ketten, im Osten die Hinterindischen Zentralketten. Die Hochgebirge senken sich nach Süden. Zwischen den Ketten liegen das Irawadibecken und das vom Saluen durchbrochene Shanhochland. Im Süden hat der Saluen ein gewaltiges Delta aufgebaut.

Klima: Wechselfeuchte Tropen (tropisches Monsunklima), deren Niederschlagshöhe durch die meridionalen Gebirgsketten beeinflusst wird: in der Regenzeit (Südwestmonsun) hohe Niederschläge an den Westseiten, im Irawadibecken (Leelage) geringerer Niederschlag, in der Trockenzeit (Nordostmonsun) von Januar bis März kühl und trocken.

Vegetation: Tropischer Regenwald an den Luvseiten, insbesondere auf der Halbinsel Malakka verbreitet. Die Leeseiten tragen regengrüne Monsunwälder und die Beckenländer Trockensavannen. An den Flachküsten treten Mangroven auf.

Wirtschaft

Wirtschaftliche Entwicklung: Infolge politischer Instabilität ist die wirtschaftliche Lage schlecht. Der Versuch planwirtschaftliche Strukturen mit marktwirtschaftlichen zu verbinden hat bisher nicht zu den erhofften Verbesserungen geführt. Myanmar ist ein rohstoffreiches Agrarland.

Bergbau und Industrie: Myanmar ist eines der rohstoffreichsten Länder Südostasiens (Blei, Zink, Silber, Erdgas, Erdöl), bisher werden die Bodenschätze unzureichend genutzt. Die wenige Industrie (Textil, Maschinenbau) konzentriert sich in Rangun.

Landwirtschaft: Zwei Drittel der Nutzfläche dienen dem Reisanbau, der zum Teil genossenschaftlich

organisiert ist. In den Bergländern überwiegt noch Wanderfeldbau. Im Grenzgebiet zu Laos und Thailand wird illegal Opium gewonnen (Goldenes Dreieck). Das Hauptexportprodukt ist neben Reis Teakholz.

7.4.9.3 Malaysia

Persekutuan Tanah Malaysia, Hauptstadt: Kuala Lumpur

Staat und Bevölkerung

Parlamentarisch-demokratische Wahlmonarchie, Bundesstaat aus 13 Gliedstaaten (11 in Westmalaysia, Sabah und Sarawak auf Borneo) und den Bundesterritorien Kuala Lumpur und der Insel Labuan, Islam ist Staatsreligion.

Vielvölkerstaat: etwa 60 % Malaien, 30 % Chinesen (Buddhisten, Konfuzianisten, Taoisten), 8 % Inder (Hinduisten) und Pakistaner. Zwischen Malaien und Chinesen Spannungen, da Chinesen die Wirtschaft beherrschen.

Stadtbevölkerung 45 %, städtische Siedlungen stark von portugiesischen, britischen, orientalischen und chinesischen Einflüssen geprägt.

Landesnatur

Oberflächenformen: West- und Ostmalaysia werden durch den rund 600 km breiten Südteil des Südchinesischen Meeres voneinander getrennt. Auf der Halbinsel Malakka grenzt der Staat im Norden an Thailand und an der Südspitze an Singapur, auf Borneo besteht eine lange Grenze zu Indonesien. Brunei liegt mit seinem geteilten Territorium an der Küste zum Südchinesischen Meer.

Die Halbinsel Malakka wird von der Hinterindischen Zentralkette aufgebaut. Deren parallel verlaufende Bergketten gehen in sumpfige Küstenebenen über. Schwemmlandebenen begleiten auch die Küsten von Sarawak und Sabah auf Borneo. Landeinwärts schließen sich Hochflächen und Bergländer an.

Klima: Immerfeuchte Tropen (tropisches Regenwaldklima) mit hohen Niederschlagsmengen, die auf der Luvseite der Gebirge von November bis April (Nordostmonsun) stark ansteigen (zum Teil über 6 000 mm).

Vegetation: Über zwei Drittel des Territoriums nehmen tropische Regenwaldländer ein. In den Gebirgen sind die tropischen Höhenstufen ausgebildet. An den Flachküsten treten Mangroven auf.

Wirtschaft

Wirtschaftliche Entwicklung: Malaysia ist ein rohstoffreiches Agrar-Industrieland. Die Industrialisierung setzte in den 1960er-Jahren mit der Erdölförderung ein. Der Prozess umfasst heute den Auf- und Ausbau einer rohstoffverarbeitenden Industrie.

Bergbau und Industrie: Die wichtigsten Bodenschätze sind Zinn (Westmalaya) und Erdöl (Sarawak und Festlandsockel von Sabah), daneben Erdgas, Eisen, Kupfer.

Industrieprofil: Eisen- und Stahlerzeugung, Buntmetallverhüttung, Chemie, Holzverarbeitung, Maschinenbau, Textil-, Nahrungsmittelindustrie.

Raumstruktur: Im Wesentlichen auf Westmalaya beschränkt, Standortgruppierungen in Kuala Lumpur und Pinang.

Landwirtschaft: Über zwei Drittel der Nutzfläche nehmen Plantagen mit mehrjährigen Baumkulturen in Monokultur (Ölpalmen, Kautschuk) ein. Lebensmittelimporte sind die Folge. Im tropischen Feldbau werden kultiviert: Nassreis, Zuckerrohr, Bataten, Jams, Maniok. Zwei Drittel des Territoriums sind Waldland. Sabah liefert etwa 25 % des Weltexports an tropischen Hölzern (zurzeit überwiegt noch die Raubwirtschaft).

7.4.9.4 Singapur

Republik Singapur, Hauptstadt: Singapur (Singapore)

Staat und Bevölkerung

Parlamentarische Republik seit 1959. Starke ethnische Vielfalt, überwiegend Chinesen (mehr als drei Viertel der Bevölkerung), 14 % Malaien und Indonesier, 7 % Inder und Pakistaner.
Ebenso vielfältig die religiöse Zugehörigkeit: über 50 % Buddhisten und Taoisten (Chinesen), 15 % Muslime (Malaien, Inder, Pakistaner), 12 % Christen (Chinesen, Inder), 3 % Hindus (Inder).
Der Stadtstaat gehört zu den am dichtesten besiedelten Ländern.

Landesnatur

Oberflächenformen: Der Stadtstaat grenzt im Norden an Malaysia, im Südwesten jenseits der Malakkastraße an Indonesien. Das Territorium besteht aus einer Hauptinsel und 54 kleineren Inseln. Durch die Hauptinsel zieht von Norden nach Süden der Ausläufer der Hinterindischen Zentralketten. Durch Aufschüttung im Meer wird die Landfläche vergrößert.

Klima: Immerfeuchte Tropen (tropisches Regenwaldklima) mit hohem Jahresniederschlag.

Vegetation: Tropischer Regenwald in geringen Resten im Innern der Hauptinsel. Mangroven an der Küste mussten der Landgewinnung weichen.

Wirtschaft

Wirtschaftliche Entwicklung: Die Lage im Schnittpunkt wichtiger Schifffahrts- und (seit den 60er-Jahren auch) Flugrouten war die geographische Voraussetzung zur Herausbildung eines bedeutenden Handelsplatzes im asiatisch-pazifischen Raum: Verkehrsknoten, Handels-, Finanz- und Dienstleistungszentrum Südostasiens. Marktwirtschaftliche Rahmenbedingungen begünstigten den Aufstieg zum Industriestaat („Kleiner Tiger").

Bergbau und Industrie: Rohstoffvorkommen fehlen, alle Rohstoffe und Energieträger müssen eingeführt werden. Es werden Produkte veredelt oder fertiggestellt. Heute ist Singapur kein Niedriglohnland mehr, deshalb müssen hochwertige Güter hergestellt werden.

Industrieprofil: Konsumgüter- und Investitionsgüterindustrie, vor allem Erdölverarbeitung, Elektronik, Kommunikation.

Landwirtschaft: Auf 10 % des Territoriums werden noch 50 % des Bedarfs an Nahrungsmitteln erzeugt. Kleinbäuerliche Betriebe produzieren Gemüse, Obst, Gewürze und Tabak. Reis und Holz müssen vollständig eingeführt werden.

7.4.9.5 Vietnam

Sozialistische Republik Vietnam, Hauptstadt: Hanoi

Staat und Bevölkerung

Sozialistische Republik (Volksrepublik: staatstragend ist kommunistische Partei, Diktatur des Proletariats, Kollektivbesitz an Produktionsmitteln) seit 1980, Einheitsstaat mit 7 Regionen.
Starke ethnische Vielfalt, 87 % Vietnamesen (Annamiten) als Nachfahren mongolider Einwanderung aus Südchina, zu den restlichen 13 % gehören etwa 60 verschiedene Minderheiten, die zurückgezogen zumeist in den Bergländern siedeln (u. a. Tay, Khmer, Tai, Muong, Nung, Meo).
Offiziell Religionsfreiheit, überwiegend Buddhisten, auch Christen (etwa 7 % Katholiken).
Nur 22 % Stadtbevölkerung, starke Unterschiede in der Bevölkerungsverteilung: Vietnamesen in den Dichtegebieten der Tiefländer des Roten Flusses (Hanoi, Haiphong) und des Mekong (Ho-Chi-Minh-Stadt/Saigon), Minderheiten in den dünn besiedelten Bergregionen der Ketten von Annam.

Landesnatur

Oberflächenformen: Territorium erstreckt sich über 1 750 km entlang der Ostseite Hinterindiens (Südchinesisches Meer) von Norden nach Süden. Nachbarstaaten sind: im Norden Volksrepublik China, im Westen Laos, Kambodscha.

Drei Großlandschaften: Ketten von Annam mit Hochländern von Norden nach Süden, Becken von Tonking mit dem Delta des Roten Flusses im Norden, Mekongdelta im Süden.

Klima: Wechselfeuchte Tropen (tropische Monsunklimate), Regenzeit von Mai bis November, im Norden insgesamt kühler.

Vegetation: Tropischer Regenwald in Gebirgs- und Luvlagen, regengrüne Monsunwälder in Leelagen und Hochländern, Mangrove an Flachküsten.

Wirtschaft

Wirtschaftliche Entwicklung: Französische Kolonialherrschaft seit 1858, Besetzung durch Japan im Zweiten Weltkrieg, nationale Befreiungsbewegung unter *Ho Chi Minh* (Indochinakrieg 1946–54), Teilung des Landes in kommunistisches Nordvietnam und mit Unterstützung der USA diktatorisch regiertes Südvietnam, Vietnamkrieg zwischen Nordvietnam (unterstützt durch China) und Südvietnam (Kriegsführung durch USA) von 1964 bis 1975 (Niederlage der USA) sowie Misswirtschaft und Korruption brachten Vietnam schwere wirtschaftliche und ökologische Schäden.

In Nordvietnam und nach Wiedervereinigung 1976 Sozialisierung der Wirtschaft (Kollektivierung der Landwirtschaft, Verstaatlichung der Industrie und der Dienstleistungen), Industrialisierung in Nordvietnam zielt auf Grundstoff- und Produktionsgüterindustrie, gegenwärtig Reformpolitik: Reprivatisierung der Landwirtschaft, marktwirtschaftliche Elemente, Begünstigung ausländischer Investitionen. Rohstoffreicher Agrar-Industriestaat.

Bergbau und Industrie: Apatit, Kohle, Eisen, Zinn, Mangan, Titan, Blei, Chrom, Zink, Kupfer, Bauxit. Bisher nennenswerter Abbau von Steinkohle.

Industrieprofil und Raumstruktur: Standortgruppierung Hanoi – Haiphong: Grundstoff- und Produktions- sowie Investitionsgüterindustrie (Eisen und Stahl, Zement, Chemie, Maschinenbau, Schiffbau, Textil). Standortgruppierung Ho-Chi-Minh-Stadt: Investitionsgüter- und Verbrauchsgüterindustrie (Landmaschinen, Holzverarbeitung, Textil).

Landwirtschaft: Tropischer Feldbau, vorwiegend Nassreis in Becken- und Deltalandschaften, Küstenebenen. Bananen, Kakao, Tee im Bergland.

7.4.10 Orientalischer Kulturraum

Der Orient, das ist nach dem Sprachgebrauch der Römer vor 1 500 Jahren das Gebiet der „aufgehenden Sonne" (lat. sol oriens). Später sprach man vom „Morgenland" im Gegensatz zum „Abendland" (lat. Okzident). Alle diese Bezeichnungen sind aus europäischer Sicht geprägt worden. In der Neuzeit wurden die britischen Kolonien, die in Asien – also östlich von London lagen –, als „Naher und Mittlerer Osten" zusammengefasst.

Der orientalische Kulturraum reicht so weit, wie der Islam im Trockengürtel der Alten Welt die Lebensformen der Bewohner und ihre Bauwerke bestimmt. Somit ist das Gebiet in etwa abgegrenzt. Noch immer bilden in den trockenen Subtropen Hirtennomaden, Oasenbauern und Städter den Dreiklang sozialer Gliederung. Bei fortschreitender Industrialisierung, Verstädterung und Modernisierung wachsen aber die Schichten lohnabhängiger Beschäftigter sowie selbstständiger Unternehmer im sekundären und tertiären Sektor. Dessen ungeachtet bleibt die Religion des Islam das einigende Band der Orientalen. Ihr geistiges Zentrum ist zurzeit die Al-Azhar-Universität in Kairo. Der islamische Fundamentalismus, die Gegenbewegung zur Verwestlichung (Europäisierung), strebt nach radikaler Abkehr von europäisch-amerikanischen Lebensweisen.

7.4.11 Staaten im Orientalischen Kulturraum

7.4.11.1 Iran

Islamische Republik Iran, Hauptstadt: Teheran (Theran)

Staat und Bevölkerung

Islamische Präsidialrepublik seit 1979, Einheitsstaat mit 25 Provinzen, Islam ist Staatsreligion.

Zahlreiche Volks- und Stammesgruppen, iranische Sprachgruppe: Perser (etwa zwei Drittel), Kurden (8 %), Belutschen u. a. im Innern, im Südwesten und Süden; turksprachige Gruppen: Aserbaidschaner im Nordwesten, Turkmenen im Nordosten, semitische Sprachgruppe: Araber (2 %) im Südwesten und Süden. Kurden fordern als ethnische und religiöse Minderheit (Sunniten) seit langem die Autonomie. Fast alle Iraner sind Moslems, 95 % Anhänger der schiitischen Glaubensrichtung.

Etwa 60 % Stadtbevölkerung, starke Unterschiede in der Bevölkerungsverteilung, höchste Bevölkerungsdichte im Nordwesten (Südkaspisches Küstentiefland) und in Städten (Teheran, Mesched, Isfahan, Täbris).

Landesnatur

Oberflächenformen: Territorium grenzt an: im Nordwesten (westlich des Kaspischen Meeres) Türkei, Armenien, Aserbaidschan, im Nordosten (östlich des Kaspischen Meeres) und Osten

Turkmenistan, Afghanistan, Pakistan, im Westen Irak, im Süden Persischer Golf und Golf von Oman.

Hochland zwischen Kaspischem Meer im zentralen Norden und Persischem Golf sowie Golf von Oman im Süden, Gebirgsrahmen bilden: Elburs und Kopetdag im Norden, Zagrosgebirge im Westen und Südwesten, im Nordwesten Bergland mit Urmiasee, schmale Küstentiefländer nur am Kaspischen Meer und am nördlichen Ende des Persischen Golfes.

Klima: Subtropische Zone: sommertrockene Subtropen (Mittelmeerklima) auf Westseite des Zagrosgebirges und im Nordwesten, trockene Subtropen (wintermilde Steppen- und Wüstenklimate) im Hochland mit zunehmender Trockenheit nach Osten, immerfeuchte Subtropen im südkaspischen Küstentiefland.

Vegetation: Subtropische Vegetationsformationen entsprechend den Niederschlagsverhältnissen ausgeprägt: Hartlaubvegetation im Westen, Steppen, Halbwüsten und Wüsten (Lut) im Hochland, Feuchtwälder im südkaspischen Tiefland. In Gebirgen Höhenstufen: Fußstufe (Gärmsir) mit Dattelpalmen und anderen frostempfindlichen Pflanzen, Mittelstufe heute mit Kulturpflanzen wie Weinreben, Granatapfel, Särdsir mit Getreideanbau und sommergrünen Laubmischwäldern, Sarhadd mit Weidewirtschaft in der Mattenstufe.

Wirtschaft

Wirtschaftliche Entwicklung: Nebeneinander von verstaatlichten Unternehmen, selbstständigen Unternehmen, genossenschaftlichen Unternehmen (vor allem in der Landwirtschaft), vorwiegend Klein- und Mittelbetriebe, großer Anteil handwerklicher Produktion. Mischung aus staatlicher Planwirtschaft und Marktwirtschaft. Krieg mit Irak (1980–88) schädigt Wirtschaft sehr. Rückgrat der Industrie ist Erdölwirtschaft, bis zur islamischen Revolution (1979) Förderung der Industrialisierung über Einnahmen aus der Erdölwirtschaft und ausländische Investitionen, Sowjetunion baut Stahlwerke, rohstoffreicher Agrar-Industriestaat.

Bergbau und Industrie: Erdöl, Erdgas, Steinkohle, Eisen, Kupfer, Mangan, Blei, Zink, Chrom, Schwefel.

Industrieprofil: Grundstoff- und Produktionsgüterindustrie: Erdöl- und Erdgaswirtschaft, Chemie, Eisen- und Stahlerzeugung, Verbrauchsgüterindustrie: Textil wichtigster Zweig, Teppichherstellung, Nahrungsmittel.

Raumstruktur: Erdöl- und Erdgaswirtschaft, Chemie am Persischen Golf, Standortgruppierungen in Teheran (Chemie, Textil, weitere Leichtindustrie),

Isfahan (Eisen und Stahl, Metall, Maschinenbau, Nahrung, Teppichknüpferei).

Landwirtschaft: Traditionell Rentengrundherrschaft mit Großgrundbesitz, in 1960er- und 70er-Jahren Bodenreform, Gründung bäuerlicher Familienbetriebe zwischen 20 und 150 ha je nach Bodengüte, für ehemalige Pächter 2 bis 10 ha, Zusammenschluss der Kleinbauern zu Produktionsgenossenschaften. Wassermangel ist begrenzender Faktor der Produktion, etwa 30 % des Territoriums sind durch Feldbau nutzbar.

Raumstruktur:

– südkaspisches Tiefland: Regenfeldbau als Sommerfeldbau (Weizen, Tabak) und Bewässerungsfeldbau (Reis, Baumwolle) sowie mehrjährige Baum- und Strauchkulturen (Tee, Obst, Zitrus);
– Nordwesten: Regenfeldbau als Winterfeldbau (Weizen, Tabak);
– Küstentiefland am Persischen Golf: Regenfeldbau als Winterfeldbau (Weizen, Tabak) und Bewässerungsfeldbau (Weizen, Tabak, Baumwolle, Dattelpalmen);
– Fußstufen des Zagrosgebirges: Bewässerungsfeldbau in Oasen mit Kanalbewässerung;
– zentrales und östliches Hochland: Nomadismus (Schafe, Ziegen).

7.4.11.2 Irak

Republik Irak, Hauptstadt: Bagdad

Staat und Bevölkerung

Präsidialrepublik seit 1980, Einheitsstaat mit 15 Provinzen und der autonomen Region Kurdistan (3 Provinzen), unterschiedliche Auffassungen über das Ausmaß der kurdischen Autonomie, Kämpfe zwischen Kurden und Regierungstruppen, auch grenzüberschreitende Land- und Luftangriffe der türkischen Armee.

Über drei Viertel arabischsprachige Iraker, im Norden Kurden (etwa 20 %), daneben Turkmenen, Perser u. a.

Islam ist Staatsreligion, von 96 % Muslimen sind 62 % Schiiten (vorwiegend im Süden) und 34 % Sunniten (vorwiegend Kurden und Turkmenen im Norden).

Über 70 % Stadtbevölkerung, starke Unterschiede in der Bevölkerungsverteilung, stärker besiedelt sind Mesopotamien mit den Städten Bagdad, Basra sowie das nördliche Bergland mit den Städten Mosul, Erbil und Kirkuk.

Landesnatur

Oberflächenformen: Territorium im Nordosten der Arabischen Halbinsel, grenzt an: im Norden Türkei, im Osten an Iran, im Süden an Kuwait und Saudi-

Arabien, im Westen an Jordanien und Syrien, im Süden schmaler Zugang zum Persischen Golf, Mündung des Schatt el Arab.

Tiefland von Mesopotamien mit Euphrat und Tigris, im Westen und Süden große Anteile an der Syrischen Wüste, im Norden Anteile am Bergland von Kurdistan.

Klima: Subtropische Zone: sommertrockene Subtropen (Mittelmeerklima) im Norden, trockene Subtropen (wintermilde Steppen- und Wüstenklimate) im übrigen Territorium.

Vegetation: Hartlaubvegetation im Norden, wintermilde Steppenländer in Mesopotamien, wintermilde Halbwüsten- und Wüstenländer im Westen und Süden (Syrische Wüste).

Wirtschaft

Wirtschaftliche Entwicklung: 1964 Verstaatlichung fast aller Betriebe über 20 Beschäftigte, Erdölwirtschaft wichtigster Faktor, 1972 Verstaatlichung aller Erdölunternehmen, große Bedeutung haben Handwerks- und Kleinbetriebe, nach Krieg mit Iran (1980–88) und Golfkrieg (1991/92) starke Zerstörungen, seit 1987 marktwirtschaftliche Reformen: Rückführung der zentralgelenkten Wirtschaft, Abbau staatlicher Kontrolle, Förderung privatwirtschaftlicher Initiative. Rohstoffreiches Agrar-Industrieland.

Bergbau und Industrie: Bedeutende Erdölvorkommen, nachgewiesen Blei, Zink, Kupfer, Chrom, Mangan, Uran, Eisen, Phosphat.

Industrieprofil: Wichtige Industriezweige: Erdölwirtschaft (Förderung, Raffinerien), Chemie, Nahrungs- und Genussmittelindustrie (Zigarettenherstellung), Baustoff- und Textilindustrie.

Raumstruktur: Standortgruppierungen Bagdad und Basra (Chemie).

Landwirtschaft: Traditionell Rentengrundherrschaft mit Großgrundbesitz, ab 1968 Agrarreform: Landverteilung an bisherige Pächter, Bildung von Genossenschaften, Einfuhr von Nahrungsmitteln notwendig.

Raumstruktur:

- Nordirak, am Rand des Berglandes von Kurdistan: Regenfeldbau als Sommerfeldbau (Weizen, Gerste);
- Mesopotamien entlang der Flüsse: Bewässerungsfeldbau (Reis, Weizen, Baumwolle, Dattelpalmen, Zitrus);
- West- und Südirak: Weidewirtschaft, Halb- und zum Teil Vollnomadismus.

7.4.11.3 Saudi-Arabien

Königreich Saudi-Arabien, Hauptstadt: Riad (Ar Riyad)

Staat und Bevölkerung

Islamische absolute Monarchie seit 1932, Islam ist Staatsreligion, König ist auch geistliches Oberhaupt, Einheitsstaat mit 13 Regionen und neutralen Zonen (angrenzend an Irak und Kuwait).

Saudiaraber (über 70 %) gliedern sich in jemenitische Gruppe (Bergland von Asir, Hedjas) und Hochlandaraber (Landesinneres), daneben Ausländer (weniger als 30 %), überwiegend Arbeitskräfte aus Bahrain, Ägypten, dem Jemen, Jordanien, Pakistan, Syrien, Indien, Kuwait. 98 % Muslime, Bekenntnis zur sunnitischen Glaubensrichtung, Zentrum der islamischen Welt: Mekka = Geburtsort *Mohammeds,* Medina = Grabstätte *Mohammeds.*

Fast 80 % Stadtbevölkerung (Riad, Dschidda, Mekka, Taif, Medina), sonst dünn besiedelt, vorwiegend in Oasen.

Landesnatur

Oberflächenformen: Territorium umfasst zwischen Rotem Meer im Westen und Persischem Golf im Osten überwiegenden Teil der Arabischen Halbinsel, grenzt an: im Norden Jordanien, Irak, Kuwait, im Südosten Bahrein, Katar, Vereinigte Arabische Emirate, im Süden Oman, Jemen.

Aufwölbung des kristallinen Mittelarabischen Hochlandes im Westen und des Hochlandes von Asir im Südwesten (Arabischer Schild), fällt staffelförmig zur Küstenebene Tihama am Roten Meer ab, nach Osten bilden Sedimentgesteine sichelförmig Abfolgen von Schichtstufen (Traufen dieser regelmäßigen Schichtstufenlandschaft zeigen nach Westen) mit Plateaus und Sandstreifen: Sandsteinplateaus des Hedschas, Sandwüsten Rub al-Khali im Süden, Ad-Dahna in der Mitte und Nefud im Norden.

Klima: Überwiegend subtropische Zone, im Süden tropische Zone: trockene Subtropen (wintermilde Halbwüsten- und Wüstenklimate) und trockene Tropen (winterwarme Wüstenklimate), im Hochland starke jahreszeitliche und tägliche Temperaturschwankungen, in den Küstenregionen geringe tageszeitliche Schwankungen und hohe relative Feuchte (schwülheiß).

Vegetation: Halbwüstenländer, 85 % Vollwüstenländer (im Osten Sandwüste, im Westen Felswüste).

Wirtschaft

Wirtschaftliche Entwicklung: Rückgrat ist Erdölwirtschaft, 1938 bei Dharan erste Fundstelle, seitdem steigende Förderquoten, Fördergesellschaft ARAMCO 1976 vollständig vom Staat übernommen, seit Preiseinbruch für Erdöl Mitte der 80er-Jahre abflachendes Wachstum, Abhängigkeit der Wirtschaft vom Öl soll durch Industrialisierung gemindert werden. Zweiter bedeutender Wirtschaftsbereich sind Handel und Dienstleistungen im Gefolge des Pilgerverkehrs zu den heiligen Stätten des Islam in Mekka und Medina.

Bergbau und Industrie: Erdöl, Erdgas, Kalk. Aufbau einer Grundstoffindustrie (Erdölverarbeitung, Eisen und Stahlerzeugung in Medina und Mekka).

Landwirtschaft: Seit Mitte der 80er-Jahre hohe jährliche Zuwachsrate, da umfangreiche staatliche Förderung (zinslose Kredite, Beihilfen), Ziel: Abhängigkeit von Nahrungsmittelimporten verringern.

Raumstruktur: Überwiegend Nomadismus, Hochland von Asir mit Regenfeldbau (Weizen, Kaffee), Bewässerungsfeldbau in Oasen (Dattelpalmen).

7.4.11.4 Israel

Staat Israel, Hauptstadt: Jerusalem (Yerushalayim)

Staat und Bevölkerung

Parlamentarische Republik seit 1948, Einheitsstaat mit 6 Distrikten.
Über 80 % der Bevölkerung sind Israelis jüdischen Glaubens, 17 % sind arabische Palästinenser muslimischen Glaubens. Israel ist seit 1950 Einwanderungsland der Juden (Rückkehr-Gesetz, alle Juden haben das Recht auf israelische Staatsbürgerschaft), zwischen 40 und 50 % der Bevölkerung sind deshalb nicht in Israel geboren.
Über 90 % Stadtbevölkerung (Jerusalem, Tel Aviv-Jaffa, Haifa), nur der Süden (Wüste Negev) ist dünn besiedelt.

Landesnatur

Oberflächenformen: Territorium liegt am östlichen Mittelmeer, hat Zugang mit einem schmalen Streifen zum Golf von Akaba des Roten Meeres, grenzt an: im Norden Libanon, im Nordosten Syrien, im Osten Jordanien, im Südwesten Ägypten.
Von schmaler Küstenebene am Mittelmeer nach Osten zum Bergland von Palästina ansteigend, steil zum Jordangraben (See Genezareth, Totes Meer) abfallend, Südteil Bergland des Negev und Jordangraben.

Klima: Subtropische Zone: sommertrockene Subtropen (Mittelmeerklima) in der Küstenebene und im Bergland, trockene Subtropen (wintermilde Steppen- und Wüstenklimate) im Jordangraben und im Bergland von Negev.

Vegetation: Hartlaubwaldländer im nördlichen Teil, wintermilde Steppen-, Halbwüsten- und Wüstenländer im Jordangraben und Negev.

Wirtschaft

Wirtschaftliche Entwicklung: Industriestaat, gehört zu den 10 reichsten Staaten Asiens, marktwirtschaftliche Ordnung mit staatlicher Planung, etwa 50 % der Wirtschaft staatlich kontrolliert, Gewerkschaftsbund bedeutender Unternehmer, problematisch sind ständiges Bevölkerungswachstum durch Wanderungsgewinne und hohe Verteidigungsausgaben, Industriebetriebe der Kibbuzim (Kunststoffe, Textilien, Lederwaren, Schmuck, Elektrogeräte, Druckereien). Rohstoffarmer Industriestaat, wichtigster Wirtschaftsbereich sind Dienstleistungen.

Bergbau und Industrie: Kali, Brom, Magnesium, Phosphat, Kupfer, Erdgas.

Industrieprofil: Baustoffindustrie (Wanderungsgewinne erfordern Infrastrukturausbau und Wohnungsbau), Eisen- und Stahlerzeugung sowie Erdölverarbeitung als Grundlage der Investitionsgüter- und Verbrauchsgüterindustrie: Verarbeitung von Agrarprodukten und Mineralen (Diamantenschleifereien), Maschinen, Schiffe, Flugzeuge, Feinmechanik, Elektrotechnik, Elektronik (Waffen und Kriegsmaterial).

Raumstruktur: Standortgruppierung in Haifa-Akko, Tel Aviv-Jaffa, Jerusalem, außerdem Streuung der Produktionsstandorte im nördlichen Landesteil.

Landwirtschaft: Begrenzender Faktor ist Wasserdargebot, Kinneret-Negev-Wasserleitung: Wassertransport vom See Genezareth in den nördlichen Teil des Negev, Wasserreserven zu 90 % genutzt, außerdem Nutzung episodischer Niederschläge (Sturzwasserbewässerung).

Raumstruktur:

– im Küstentiefland: Regenfeldbau als Sommerfeldbau, aber auch Bewässerungsfeldbau (Weizen, Gerste, Mais, Kartoffeln, Gemüse, Zitrus, Wein), im Süden drei bis vier Ernten im Jahr;
– im Bergland von Palästina: Regenfeldbau als Winterfeldbau (Weizen, Gemüse), Oliven.

7.4.11.5 Türkei

Republik Türkei, Hauptstadt: Ankara

Staat und Bevölkerung

Parlamentarische Republik seit 1982, Einheitsstaat mit 76 Provinzen, Islam seit 1928 nicht mehr Staatsreligion.
Türken dominieren als einheitliche Gruppe (50 %), zu 99 % Muslime. In den 10 Provinzen in Ostanatolien hoher Bevölkerungsanteil moslemischer Kurden, 7 % der Gesamtbevölkerung, offiziell als Bergtürken bezeichnet, repressive Kurdenpolitik, seit

1978 Ausnahmezustand. Südlich des Osttaurus Araber, im Osten Armenier, Georgier u. a.
Stadtbevölkerung fast zwei Drittel, Siedlungsschwerpunkte sind das Ägäisgebiet (Istanbul, Bursa, Izmir), das Schwarzmeergebiet östlich von Sinop, die Cukurova (kilikische Ebene um Adana), Hatay (Iskenderun, Gaziantep) sowie Ankara, Konya, Kayseri im Hochland von Anatolien.

Landesnatur

Oberflächenformen: Territorium liegt zwischen Schwarzem Meer im Norden, Ägäischem Meer im Westen und östlichem Mittelmeer im Süden, Bosporus, Marmarameer und Dardanellen verbinden Schwarzes Meer mit Ägäischem Meer und trennen europäische Türkei (Ostthrakien) von asiatischer Türkei (Anatolien). Ostthrakien grenzt an: im Westen Griechenland, im Norden Bulgarien. Anatolien grenzt an: im Nordosten Georgien, im Osten Armenien, Iran, im Südosten Irak, Syrien.
Ostthrakien: Becken des Ergene, nach Norden und Süden Bergländer.
Anatolien: Hochland von Anatolien begrenzt von küstenparallelen Gebirgsketten: im Norden Pontisches Gebirge, im Süden Taurus, beide Gebirgssysteme bilden in Ostanatolien Armenisches Hochland mit Vansee, im Westen Bruchschollen der westanatolischen Bergländer, deren Talzüge setzen sich nach Westen in tiefen Buchten der Ägäis fort, zentrales Becken im Hochland mit Salzseen und -sümpfen, am Südfuß des Taurus Küstenhöfe von Antalya und Adana, Südostanatolien (südlich des Östlichen Taurus) durch Täler zerschnittene Hochfläche (nördlicher Teil des „Fruchtbaren Halbmondes").

Klima: Subtropische Zone: sommertrockene Subtropen (Mittelmeerklima) in Ostthrakien, im westanatolischen Bergland, an der Mittelmeerküste, immerfeuchte Subtropen an der mittleren und östlichen Schwarzmeerküste. Gemäßigte Zone: Trockenklimate der Mittelbreiten (winterkalte Steppenklimate) im Hochland von Anatolien, nach Osten zunehmende Kontinentalität.

Vegetation: Hartlaubwaldländer in Ostthrakien, Westanatolien, am Südfuß des Taurus, Feuchtwaldländer an der Schwarzmeerküste, außertropische Höhenstufen der Vegetation in den Gebirgen, winterkalte Steppenländer im Hochland von Anatolien.

Wirtschaft

Wirtschaftliche Entwicklung: Türkei seit 1964 assoziierter Staat der EG bzw. EU, strebt Beitritt seit 1987 an, 1986 Umstrukturierung des Wirtschaftssystems: Privatisierung aller Staatsunternehmen, entsprach 50 % der Industrieproduktion, wichtigster Devisenbringer sind Gastarbeiter im Ausland, zurückkehrende Gastarbeiter geben wirtschaftliche Impulse, Fremdenverkehr ebenfalls wichtiger Devisenbringer, rohstoffreiches Agrar-Industrieland (Schwellenland).

Bergbau und Industrie: Chrom, Steinkohle, Braunkohle, Eisen, Quecksilber, Kupfer, Erdöl, Borax, Antimon.

Industrieprofil: Grundstoff- und Produktionsgüterindustrie: Erdölwirtschaft deckt etwa 25 % des Bedarfs, Chemie, Eisen und Stahl, Buntmetall. Verbrauchsgüterindustrie: Textil, Teppichknüpferei, Maschinen, Fahrzeuge. Nahrungs- und Genussmittelindustrie: Zucker, Tee.

Raumstruktur: Standortgruppierungen sind Istanbul – Adapazari – Bursa (Chemie, Maschinen, Fahrzeuge, Schiffe, Feinmechanik, Textil, Nahrungs- und Genussmittel), Ankara (Nahrungs- und Genussmittel, Stahl, Maschinen, Fahrzeuge, Textil), Izmir (Textil, Maschinen, Fahrzeuge, Nahrungs- und Genussmittel), Adana (Textil, Maschinen, Nahrungs- und Genussmittel).

Landwirtschaft: Selbstversorgung und Agrarüberschüsse trotz ungünstiger Agrarstruktur (aber Rückgang der Kleinbetriebe), veraltete Anbaumethoden und geringe Mechanisierung, nur etwa ein Drittel des bewässerungsfähigen Nutzlandes sind bewässert.

Raumstruktur:

– Ostthrakien und Westanatolien: Regenfeldbau überwiegend als Winterfeldbau (Zweifelderwirtschaft mit Feld-Brache-System) (Weizen, Zuckerrüben, Wein, Oliven, Obst, Gemüse, Tabak, Baumwolle);
– Schwarzmeerküste: Regenfeldbau als Sommerfeldbau (Weizen, Hülsenfrüchte, Zitrus, Obst, Gemüse, Tee, Haselnüsse);
– Mittelmeerküste, insbesondere Küstenhof von Adana: Regenfeldbau als Sommerfeldbau (Weizen, Obst, Gemüse, Zitrus, Tee, Baumwolle).

7.5 Afrika, physischer Erdteil

7.5.1 Naturräumliche Gliederung

Große Landmassen mit überwiegend einförmigem Relief, horizontale Linie prägender als vertikale, weite Hochflächen sind in sich in Schwellen und Becken gegliedert, über höhere Randschwellen steiler Abfall zur Küste, Ströme zerschneiden Randschwellen in Durchbruchstälern mit Stromschnellen und Wasserfällen; Großgliederung vorwiegend durch Klima und Vegetation bestimmt.

Geologischer Bau: Ursächlicher Zusammenhang mit einförmiger Oberflächengestalt, Afrikanischer Schild ist eine uralte Erdkrustenscholle der Afrikanischen Platte, bis auf ihre Randgebiete seit der Erdaltzeit nicht gefaltet, Krustenbewegungen führten lediglich zu weiträumigen Hebungen und Senkungen von Krustenteilen, nur im Nordwesten und Osten stärkere Krustenbewegungen: Atlasgebirge, ein Faltengebirge der Erdneuzeit (alpides Faltengebirge), geologisch ein Teil Südeuropas, Grabenbrüche und Vulkanismus in Ostafrika, Afrikanische Platte bricht auseinander.

Großräume:

Atlasländer mit Atlasgebirge;

Nordafrika mit Sahara und Sudan (Westsaharisches Becken, Mittelsaharische Schwelle, Libysches Becken, Tschadbecken, Nilbecken);

Zentral-/Äquatorialafrika mit Oberguineaschwelle, Adamaoua, Asandeschwelle, Niederguineaschwelle, Kongobecken, Zentralafrikanische Schwelle;

Südafrika mit Hochland von Angola, Südwestafrikanische Randschwelle, Kalaharibecken, Drakensberge, Kapland;

Ostafrika mit Hochland von Äthiopien, Somalihalbinsel, Ostafrikanisches Seenhochland.

7.5.2 Klima

Tropische und subtropische Klimate, da Lage zwischen den Wendekreisen, nahezu spiegelbildliche Anordnung der Klimazonen beiderseits des Äquators, Abweichungen in Ostafrika (am Äquator trockener, da nur zeitweilig Äquatorialluft) und im Südosten (am Wendekreis feuchter, da niederschlagsreiche Passatluft des Südostpassats).

Klimagliederung

Zentral-/Äquatorialafrika: Immerfeuchte Tropen (tropisches Regenwaldklima), Äquatorialluft

Sudan, Ostafrika, Südafrika: Wechselfeuchte Tropen (Savannenklimate), jahreszeitlicher Wechsel von Äquatorialluft und Passatluft

Sahara, Namib, Kalahari: Trockene Tropen (winterwarme Wüstenklimate), Passatluft

Atlasländer, Kapland: Trockene Subtropen (wintermilde Steppen- und Wüstenklimate), Passatluft, sommertrockene Subtropen (Mittelmeerklima), jahreszeitlicher Wechsel von Passatluft und wandernden Zyklonen der außertropischen Westwindzone.

Höhenstufen der Vegetation in den Gebirgsmassiven Ostafrikas.

7.5.3 Ausgewählte Staaten im Überblick

Sprachen und Völker: Vielzahl von Völkern und Stämmen mit 700 bis 1 000 Sprachen und Dialekten; Zweiteilung der Bevölkerung: in Nordafrika (Atlasländer, Sahara) und im nördlichen Ostafrika europide Völker der hamitosemitischen Sprachfamilie (Berber, Araber), überwiegend Muslime, in Afrika südlich der Sahara negride Völker der Sudansprachen und Bantusprachen (Zentralafrika, Ostafrika, Südafrika), Muslime im Sudan und in Ostafrika, Naturreligionen in Zentral-, Ost- und Südafrika, Protestanten in Südafrika, Katholiken in Westafrika; Nachkommen europäischer Siedler (Engländer, Holländer, Deutsche) heute vor allem im südlichen Afrika (Republik Südafrika, Namibia, Simbabwe).

Bevölkerungsverteilung: Ungleichmäßig, Gebiete hoher Bevölkerungsdichte sind Küstenstreifen der Atlasländer, der Oberguineaküste, in Südafrika, am Victoriasee sowie die Niloase und Äthiopien; Gebiete geringer Bevölkerungsdichte sind die Wüsten- und Dornsavannenländer.

Afrika – ausgewählte Staaten im Überblick
(nach Großräumen und Flächengröße geordnet)

Staat (Hauptstadt)	Fläche in 1000 km²	Bevölkerung in Mio. (gerundet)	Bevölkerungsdichte E/km²
Nordafrika			
Sudan (Khartum)	2506	26,6	11
Algerien (Algier)	2382	26,7	11
Libyen (Tripolis)	1776	5,0	3
Äthiopien (Addis Abeba)	1130	53,6	46
Ägypten (Kairo)	998	56,4	57
Somalia (Mogadischu)	638	9,0	14
Marokko (Rabat)	459	25,9	57
Tunesien (Tunis)	164	8,7	53
Westafrika			
Niger (Niamey)	1267	8,6	7
Mali (Bamako)	1240	10,1	8
Mauretanien (Nouakchott)	1031	2,2	2
Nigeria (Abuja)	924	105,3	114
Côte d'Ivoire / Elfenbeinküste (Yamoussoukro)	323	13,3	41
Burkina Faso / Obervolta (Ouagadougou)	274	9,8	36
Sahara (Al-Aaiun)	252	0,2	1
Guinea (Conakry)	246	6,3	26
Senegal (Dakar)	197	7,9	40
Liberia (Monrovia)	111	2,8	26
Sierra Leone (Freetown)	72	4,5	62
Togo (Lomé)	57	3,9	68
Guinea Bissau (Bissau)	36	1,0	28
Gambia (Banjul)	11	1,0	92
Zentralafrika			
Kongo/Zaire (Kinshasa)	2345	39,8	17
Tschad (N'Djamena)	1284	6,0	5
Zentralafrikanische Republik (Bangui)	623	3,2	5
Kamerun (Yaoundé)	475	12,5	26
Kongo (Brazzaville)	342	2,4	7
Gabun (Libreville)	268	1,0	4
Ostafrika			
Tansania (Dodoma)	945	28,0	30
Madagaskar (Antananarivo)	587	13,8	24
Kenia (Nairobi)	580	25,3	44
Uganda (Kampala)	241	18,0	75
Burundi (Bujumbura)	28	6,0	217
Ruanda (Kigali)	26	7,6	287
Südafrika			
Südafrika (Pretoria)	2247	39,7	33
Angola (Luanda)	1247	10,3	8
Namibia (Windhuk)	824	1,5	2
Mosambik (Maputo)	808	15,1	19
Sambia (Lusaka)	753	8,9	12
Botsuana (Gaborone)	582	1,4	2,4
Simbabwe (Harare)	391	10,7	28
Malawi (Lilongwe)	118	10,5	89
Lesotho (Maseru)	30	1,9	64
Swasiland (Mbabane)	17	0,9	51

7.5.4 Orientalischer Kulturraum

(siehe unter 7.4.10)

7.5.5 Staaten im Orientalischen Kulturraum

7.5.5.1 Algerien

Demokratische Volksrepublik Algerien, Hauptstadt: Algier (Al Jazair)

Staat und Bevölkerung

Republik seit 1962, Enheitsstaat mit 48 Bezirken. Reines Berbertum (Kabylen im Tellatlas, Tuareg im Süden), etwa 19 % Araber, sonst arabisch sprechende arabisch-berberische Mischbevölkerung, daneben über 60 000 Europäer (meist Franzosen katholischen Glaubens), 99 % der Algerier Muslime (Sunniten). Islam ist Staatsreligion.
Stadtbevölkerung etwas über die Hälfte der Algerier, starke Unterschiede in der Bevölkerungsverteilung, hohe Bevölkerungsdichte mit knapp der Hälfte der Algerier in den Küstenstädten Algier, Oran und Annaba sowie in Constantine.

Landesnatur

Lage und Oberflächengestalt: Algerien liegt in Nordafrika. Das Mittelmeer bildet die Nordgrenze. Nach Süden greift der Staat über 1 000 km in die Sahara hinein. Es grenzt im Osten an Tunesien und Libyen, im Süden an Niger und Mali, im Südwesten an Mauretanien, im Westen an Marokko.
Drei Großräume von Norden nach Süden:

Atlas-Afrika: Kalkgebirge des Atlas, mit Gipfelhöhen um 2 300 m, tertiäres (junges) Faltengebirge aus zwei parallelen Ketten, Tellatlas im Norden und Saharaatlas im Süden, dazwischen das abflusslose Hochland der Schotts mit einer Kette von Salzsümpfen.

Sahara: Über die Hälfte der Staatsfläche liegt in 200 bis 500 m Höhe in den weiten Sandwüsten (Erg) und plateauartigen Geröllwüsten (Serir), eingestreut Oasensenken.

Hoggar- und Tassiligebirge: Vulkangebirge im Süden, 2 000 bis 3 000 m Gipfelhöhe, im Verlauf der Atlasfaltung durch Magmaförderung entstanden.

Klima und Vegetation: Algerien liegt in der subtropischen und tropischen Klimazone, im Norden Klimate der sommertrockenen Subtropen (Mittelmeerklima) und Hartlaubvegetation, mit kontinentalen Einflüssen (winterkalt) im Hochland der Schotts und zunehmender Trockenheit nach Süden, Übergang zu den Klimaten der trockenen Subtropen, wintermilde Steppen und Halbwüsten, in der Mitte und im Süden Klimate der trockenen Tropen und wintermilden Halbwüsten und Wüsten, große Temperaturunterschiede zwischen Tag und Nacht, Tagestemperaturen bis 60° C, Nachttemperaturen in den Gebirgen unter 5 °C.

Wirtschaft

Wirtschaftliche Entwicklung: Starke räumliche Disparität zwischen entwickelten Regionen an der Mittelmeerküste sowie an den Nordhängen des Tellatlas und wenig entwickelten Gebieten im übrigen Atlas-Algerien und der algerischen Sahara, seit der Unabhängigkeit vorwiegend auf Erdölexport beruhendes wirtschaftliches Wachstum, heute rohstoffreicher Agrar-Industriestaat.
Seit der Unabhängigkeit 1962 Verstaatlichung der Erdöl- und Erdgaswirtschaft sowie staatlich gelenkte Wirtschaft, in 80er-Jahren zunehmend wirtschaftliche Schwierigkeiten, soziale Unruhen, neue Wirtschaftspolitik: Staat verzichtet auf Außenhandelsmonopol, Staatsbetriebe erhalten unternehmerische Freiheiten.

Bergbau und Industrie: Bedeutende Rohstoffvorkommen, Erdöl und Erdgas in der Sahara, Phosphat, Eisenerz, Steinkohle, Blei, Zink, Kupfer, Wolfram, Mangan, Platin, Nickel, Uran, Quecksilber (im Atlas).

Industrieprofil: Im staatlichen Sektor Grundstoff- und Produktionsgüter- sowie Investitionsgüterindustrien: Erdölverarbeitung, drittgrößter afrikanischer Erdölproduzent, fünftgrößte Erdgasreserven der Welt, Eisen schaffende und verarbeitende Industrie, Chemie, Waggonbau, Verbrauchsgüter- sowie Nahrungs- und Genussmittelindustrien: Holz, Papier, Textil, Bekleidung, im privaten Sektor überwiegend Kleinindustrie und Handwerk (Teppichherstellung, Messing- und Lederverarbeitung).

Raumstruktur:

1. Küstenstreifen und Nordhang des Tellatlas: entwickelte Region, Städtereihe (Oran, Algier, Annaba), ausgebautes Verkehrsnetz, Standortgruppierungen der Industrie und des Handels vor allem in den genannten Hafenstädten;
2. inselhaft Standorte der Erdöl- und Erdgasförderung in der Sahara: Oasen von Tidikelt, Hasse R'Mel, Hassi Messaoud, Pipelines zur Mittelmeerküste, Bergbaugebiete durch Straßen und Flugverkehr angebunden;
3. übriges Atlasgebiet und vor allem Sahara wenig oder unentwickelt, zum Teil ohne Infrastruktur.

Landwirtschaft: Produktion kann Bedarf an Nahrungsgütern und Rohstoffen für Verbrauchs- und Nahrungsmittelindustrie nicht decken, Importabhängigkeit soll langfristig abgebaut werden: Bewässerung, Erschließung von Landreserven; nachteilig wirken noch Strukturen der Kolonialzeit: Monokulturen mit Exportorientierung (Wein), Landnahme auf besten Böden durch französische Siedler; Agrarreformen: 1963 Verstaatlichung französischer Großbetriebe, Abkauf des Großgrundbesitzes durch Staat, Ansiedlung landloser Bauern, Gründung von Genossenschaften, 1987 teilweise Privatisierung der Staatsgüter.

Naturbedingte Landwirtschaftsgebiete:

1. Mediterranes Nordalgerien, 1 200 km langer und bis 200 km breiter Küstenstreifen, Bewässerungsfeldbau in Küsten- und Talebenen des Tellatlas (Feldbau: Gemüse, Baum- und Strauchkulturen: Agrumen, Wein, Oliven), Regenfeldbau, auch als Winterfeldbau im Tellatlas (Weizen, Gerste, Hafer, Kartoffeln, Tabak), Kork;
2. trockene Subtropen im Hochland der Schotts und im Saharaatlas, Winterfeldbau und Weidewirtschaft (auch Fernweidewirtschaft);
3. trockene Tropen der Sahara, Nomadismus, Bewässerungsfeldbau in Oasen.

7.5.5.2 Ägypten

Arabische Republik Ägypten, Hauptstadt: Kairo (Al Qahirah)

Staat und Bevölkerung

Präsidialrepublik seit 1971, Einheitsstaat mit 26 Bezirken.

Ägypter als einheitliche arabisch sprechende Gruppe, daneben im Süden Nubier und Sudanesen, kleine Minderheiten von Palästinensern, Griechen, Italienern, Berbern. 90 % der Ägypter Muslime (Sunniten). Islam ist Staatsreligion.
Stadtbevölkerung bei 45 %, über die Hälfte leben im Nildelta (Alexandria) und im Großraum Kairo – Gise, mehr als 90 % der Staatsfläche unbewohnt.

Landesnatur

Lage und Oberflächengestalt: Ägypten liegt in Nordostafrika. Es grenzt im Norden an das Mittelmeer, im Osten an Israel, den Golf von Akaba und das Rote Meer, im Süden an den Sudan, im Westen an Libyen.

Gliederung in fünf Großräume:

Libysche Wüste: Zwei Drittel der Staatsfläche, überwiegend sandige und steinige Flächen nubischen Sandsteins, von 100 m im Norden und am Niltal bis auf 1 000 m im Südwesten ansteigend, eingetieft Salzniederungen (Kattarasenke, 133 m unter dem Meeresspiegel), artesisches Wasser ermöglicht Oasenwirtschaft (Siwa).

Niltal: Zwischen Libyscher und Arabischer Wüste von Süden nach Norden, eingeschnittenes Tal von 1 200 km Länge, im Süden zum Teil schluchtartig und bis 1 km breite Talsohle, nach Norden ein Kastental mit Schwemmlandböden auf bis zu 25 km breiter Talsohle.

Nildelta: Nördlich Kairo die seit Jahrmillionen aufgeschütteten Schwemmfächer von 23 000 km² Fläche und 245 km maximaler Breite.

Arabische Wüste: Hochland aus Sand- und Kalkstein mit 50 bis 200 m hoher Steilstufe am Niltal, Bergland aus kristallinem Gestein im Osten, bis auf 2 000 m ansteigend.

Halbinsel Sinai: Bergmassiv aus kristallinem Gestein, im Norden hügelig und sandig, nach Süden bis auf 2 637 m ansteigendes Granitgebirge.

Klima und Vegetation: Nur an der Küste Klimate der sommertrockenen Subtropen (Mittelmeerklima), sonst Klimate der trockenen Subtropen mit zonal von Norden nach Süden angeordneten wintermilden Steppen, Halbwüsten und Wüsten. Häufig Sandstürme (Sobaa) und im Frühjahr der heiße Chamsin.

Wirtschaft

Wirtschaftliche Entwicklung: Starke räumliche Disparitäten zwischen entwickelten Regionen im Nildelta sowie in der Niloase und unentwickelten Gebieten der Libyschen und Arabischen Wüste, verhältnismäßig rohstoffreiches Agrar-Industrieland.
Wirtschaftssystem aus Mischung plan- und marktwirtschaftlicher Strukturen, Verstaatlichung bzw. Unterstellung unter staatliche Kontrolle der Industrie in den 60er-Jahren, Nationalisierung der Suezkanalgesellschaft 1956, seit 1974 Wirtschaftspolitik der „offenen Tür", Liberalisierung führt zu verstärkten Investitionen im Privatsektor, Abbau der staatlichen Kontrollen, Erhöhung der Exportproduktion im Privatsektor, Abbau der staatlichen Kontrollen, Erhöhung der Exportproduktion, Steigerung der Nahrungsmittelproduktion, Ausbau der Infrastruktur, Großprojekt des Assuan-Hochdamms 1971 zur Energieversorgung und Regulierung der Nilfluten.

Bergbau und Industrie: Unzureichende Erschließung der Bodenschätze, Erdöl (am Roten Meer, Sinai, Westküste), Erdgas, Phosphat, Mangan, Salz, Eisenerz, Nickel, Wolfram, Steinkohle.

Industrieprofil: Grundstoff-, Produktionsgüter- und Investitionsgüterindustrien verhältnismäßig schwach entwickelt, auch wegen mangelnder Energieversorgung, Eisen schaffende Industrie und Waggonbau in Heluan, Aluminiumwerk Nag Hamadi, Chemie: Düngemittel, Schwefelsäure, Kfz-Reifen, Medikamente, Verbrauchsgüter- sowie Nahrungs- und Genussmittelindustrien verhältnismäßig gut entwickelt, Textilindustrie verarbeitet zwei Drittel der Baumwollernte, Wolle, Seide, Zigaretten.

Raumstruktur: Konzentration der Industrie auf das Nildelta und die Suezkanal-Region: Kairo, Alexandria und weitere Städte sowie in Assuan.

Landwirtschaft: Nach der Unabhängigkeit mehrere Agrarreformen, Enteignung von Großgrundbesitz, Aufteilung des Kulturlandes an Bauern und Genossenschaften, Anteil der Landwirtschaft am BIP ist zurückgegangen, geringe Zuwachsraten der Agrarproduktion, da Anbaufläche begrenzt ist, lediglich 2,5 % der Staatsfläche kultivierbar, Neulanderschließung und Steigerung der Produktivität durch Mechanisierung und Chemisierung wird staatlich gefördert, um hohe Nahrungsmittelimporte zu senken, bisherige Neulandprojekte: Neues Tal, Mittelmeerküste, Nildelta.

Naturbedingte Landwirtschaftsgebiete:

1. Nildelta, Bewässerungsfeldbau (Reis, Zuckerrohr, Mais, Baumwolle), Großviehhaltung (Rinder, Büffel) zur Milch- und Fleischerzeugung;
2. Niloase, Bewässerungsfeldbau (Reis, Zuckerrohr, Mais, Baumwolle), Großviehhaltung (Rinder, Büffel) zur Milch- und Fleischerzeugung;
3. Oasen, Bewässerungsfeldbau;
4. Wüstensteppen und Halbwüsten der Libyschen und Arabischen Wüste und der Halbinsel Sinai, Nomadismus.

7.5.5.3 Äthiopien

Demokratische Bundesrepublik Äthiopien, Hauptstadt: Addis Abeba

Staat und Bevölkerung

Föderale Republik seit 1994, 1974 Sturz des Kaisers, Errichtung einer Militärdiktatur, 1987 formell sozialistische Volksrepublik.
Verschiedenartige Bevölkerung aus über 80 Gruppen mit verschiedenen Sprachen, etwa die Hälfte der Äthiopier sprechen semitische Sprachen (u. a. Amharen), etwa 45 % sprechen kuschitische Sprachen (u. a. Oromo, Somali), davon etwa 45 % Muslime (Sunniten), 40 % koptische Christen, 10 % Anhänger von Naturreligionen.
Nach Nigeria und Ägypten bevölkerungsreichstes Land Afrikas, Hauptsiedlungsgebiet ist gemäßigte Höhenstufe der Woina Dega (75 %), nur 13 % leben in Städten (neben Addis Abeba, Diredaua, Gondar).

Landesnatur

Lage und Oberflächengestalt: Äthiopien liegt in Nordostafrika. Es grenzt im Westen an Sudan, im Norden an Eritrea und Djibouti, im Nordosten und Südosten an Somalia, im Süden an Kenia.
Äthiopien bildet einen Teil des Ostafrikanischen Hochlandes, es gliedert sich in drei Großräume:

Hochland von Äthiopien: Stark zerfaltes Hochland (Atbara, Blauer Nil) aus Grundgebirge der Erdaltzeit, Kalk- und Sandsteinschichten der Erdmittelzeit und darüber lagerndem bis zu 2000 m dickem Basaltgestein aus der Erdneuzeit, die 2000 bis über 4000 m hohen Hochplateaus dachen sich nach Westen und Südosten allmählich ab.

Äthiopischer Graben: Von Südwesten nach Nordosten verlaufendes schmales Senkungsgebiet mit einzelnen von Seen erfüllten Becken und Vulkanen durchsetzt, Fortsetzung des Ostafrikanischen Grabens.

Danakiltiefland: Dreieckiges Senkungsfeld in Fortsetzung des Äthiopischen Grabens, im äthiopischen Landesteil bei 500 m Höhe mit bis über 2000 m ansteigenden Vulkanen, in Eritrea und Djibouti Senken bis 130 m unter dem Meeresspiegel.

Klima und Vegetation: Äthiopien liegt in der tropischen Klimazone, die Höhenstufen der Vegetation treten stark hervor:

1. Kolla, bis etwa 1700 m, tropische Klimate mit Temperaturen über 20° C, im Norden und Südosten trockene und wechselfeuchte Tropen mit Wüsten und Dornsavannen, im Westen und Südwesten wechselfeuchte Tropen mit Steigungsniederschlag während des Zenitstandes der Sonne, Feuchtsavanne und Bergregenwälder;
2. Woina Dega (Weinhochland), zwischen 1700 bis 2500 m, Durchschnittstemperaturen zwischen 15 und 18° C, Trockensavannen und Grasländer;
3. Dega (Hochland), über 2500 m, Durchschnittstemperaturen zwischen 12 und 15° C, Gras- und Buschvegetation.

Wirtschaft

Wirtschaftliche Entwicklung: Seit Machtübernahme durch Militärs Herstellung einer volksdemokratischen Ordnung nach Vorbild der Sowjetunion, Verstaatlichung der Industrie- und Handelsbetriebe, Landreform, Gründung von Genossenschaften und großen Staatsfarmen, staatliche Planwirtschaft, 1995 neue Verfassung, marktwirtschaftliches Wirtschaftssystem, Wirtschaftsaufschwung, heute Agrarland mit schwach entwickelter Industrie.

Bergbau und Industrie: Bodenschätze noch wenig erkundet, geringe Förderung von Nickel, Platin, Gold, Eisen, Kupfer, Mangan, Schwefel, Erdöl.

Industrieprofil: Verbrauchsgüter-, Nahrungs- und Genussmittelindustrien, überwiegend handwerkliche Kleinbetriebe.

Raumstruktur: Standortgruppierungen in Addis Abeba.

Landwirtschaft: Wichtigster Wirtschaftszweig, potenzielle Nutzfläche zu etwa 15% genutzt, Nutzflächen fast ausschließlich in der Woina Dega des westlichen Hochlandes, überwiegend Subsistenzwirtschaft, Kaffeeexport, größter Viehbestand in Afrika, schwere Bodenerosion.

Naturbedingte Landwirtschaftsgebiete: Höhenstufen geben den klimaökologischen Rahmen;
Kolla: tropischer Feldbau (Dauerfeldbau) und Plantagenwirtschaft (Hirse, Knollen- und Wurzelfrüchte, Mais, Bananen, Baumwolle, Zuckerrohr, Kautschuk, Kaffee);
Woina Dega: Hauptsiedlungs- und Hauptanbaugebiet, Regenzeitfeldbau (Weizen, Mais, Hirse, Wein, Südfrüchte), Großviehhaltung;
Dega: Hauptviehzuchtsgebiet, stationäre Weidewirtschaft (Rinder, Schafe, Ziegen).

7.5.5.4 Tschad

Republik Tschad, Hauptstadt: N'Djamena

Staat und Bevölkerung

Präsidialrepublik seit 1960, Einheitsstaat mit 14 Präfekturen.
Zweiteilung der Bevölkerung in muslimische Araber und arabisierte Stämme im Norden und Osten (über 50%) sowie schwarze Bevölkerungen (Sara, tschadische Gruppen) im Süden, Anhänger von Naturreligionen und 7% Christen, Staatsgründung 1960 durch französische Kolonialmacht fügt die Siedlungsgebiete der muslimischen Nomaden und teilweise christianisierten bäuerlichen Bevölkerung willkürlich zusammen.
Nur 34% Stadtbevölkerung, vorwiegend im Süden (N'Djamena, Sarh), Abnahme der insgesamt geringen Bevölkerungsdichte nach Norden.

Landesnatur

Lage und Oberflächengestalt: Binnenland in südlicher Mitte Nordafrikas, es grenzt im Norden an Libyen, im Osten an Sudan, im Süden an die Zentralafrikanische Republik, im Westen an Niger, im Südwesten an Nigeria und Kamerun.

Hochflächen des Tschadbeckens mit den Niederungen des Tschadsees im Westen und der Bodélésenke, umschlossen im Norden, Osten und Süden von Berg- und Tafelländern des Tibesti, Ennedi und den Ausläufern des Berglandes von Adamaoua.

Klima und Vegetation: Tschad erstreckt sich von Norden nach Süden über 1 800 km, Zweiteilung in trockene Tropen in der Nordhälfte mit Wüsten- und Halbwüstenländern und wechselfeuchte Tropen in der Südhälfte mit Dorn- und einer breiten Zone von Trockensavannenländern, nur der äußerste Süden hat Anteil an der Feuchtsavanne, Umland des Tdschadsees mit Schilf- und Papyrusgürtel.

Wirtschaft

Wirtschaftliche Entwicklung: Schwach entwickeltes Agrarland, eines der ärmsten Länder Afrikas, internationale Nahrungshilfe erforderlich, wirtschaftliche Entwicklung seit der Unabhängigkeit durch politische Konflikte und kriegerische Auseinandersetzungen zwischen nomadischen und bäuerlichen Stammesgruppen behindert, Export von Baumwolle.

Bergbau und Industrie: Bodenschätze bisher vermutet (Erdöl, Wolfram, Uran, Zinn), Abbau von Erdöl stagniert.

Industrieprofil: Großbetriebe bestehen nicht, Kleinbetriebe des verarbeitenden Gewerbes, Verarbeitung einheimischer, vorwiegend pflanzlicher Rohstoffe (Baumwollentkernung, Öl- und Reismühlen, Gerbereien).

Landwirtschaft: Klimaökologische Rahmenbedingungen ungünstig, etwa 5% der Fläche heute landwirtschaftlich genutzt, überwiegend Subsistenzwirtschaft, Dürregefährdung, Desertifikation.

Naturbedingte Landwirtschaftsgebiete:

1. Feucht- und Trockensavannenländer mit Regenzeitfeldbau zur Selbstversorgung (Hirse, Erdnuss, Mais, Knollenpflanzen), Hauptanbaugebiete sind Flusstäler des Lagone und Schari, hier auch Plantagenbau (Erdnuss, Baumwolle);
2. Trocken- und Dornsavannenländer mit Nomadismus;
3. Wüstenländer mit Bewässerungsfeldbau in Oasen.

7.5.6 Schwarzafrikanischer Kulturraum

Wald- und Grasländer der tropischen und der subtropischen Klimazone mit herkömmlichen Lebensformen der Hirtennomaden (Weideflächenwechsel auf Naturweiden), Hackbauern der Savannen (Regenzeitfeldbau) und des Regenwaldes (Dauer- und Wanderfeldbau). Ursprünglich Stammesverbände der Sudan- und Bantuvölker afrikanischer Kultur und staatlicher Organisation, Unterwerfung durch europäische Kolonialmächte, zum Teil Islamisierung oder Christianisierung. Seit 1950 Entkolonialisierung und Staatenbildung in den Grenzen der Kolonialgebiete und nach europäischem Vorbild. Starkes Bevölkerungswachstum und Verstädterung trotz schwacher Industrialisierung, derzeit Wiederbelebung des afrikanischen Selbstbewusstseins durch Rückbesinnung auf afrikanische Kultur.

7.5.7 Staaten im Schwarzafrikanischen Kulturraum

7.5.7.1 Nigeria

Bundesrepublik Nigeria, Hauptstadt: Abuja (früher Lagos)

Staat und Bevölkerung

Präsidiale Bundesrepublik seit 1979, 30 Bundesstaaten und das Territorium der Bundeshauptstadt Abuja.

Verschiedenartige Bevölkerung aus 434 Stämmen: Haussa, Fulbe und andere hamitische Gruppen im Norden, Joruba und andere im Südwesten, Ibo und andere im Südosten. Knapp 50 % der Bevölkerung Muslime (vor allem im Norden), 35 % Christen (Protestanten und Katholiken, vor allem im Süden) sowie Anhänger von Naturreligionen.

Weniger als 40 % Stadtbevölkerung, starke Unterschiede in der Bevölkerungsverteilung, hohe Bevölkerungsdichte in den Küstenregionen mit den Städten Lagos, Ibadan, ferner im Haussaland (Kano).

Landesnatur

Lage und Oberflächengestalt: Nigeria liegt in Westafrika. Es grenzt im Süden an den Golf von Guinea, im Westen an Benin, im Norden an Niger und im Osten an Kamerun.

Nigeria gehört, abgesehen von einem etwa 100 km breiten Küstenstreifen mit dem Nigerdelta, zur Nordguineaschwelle. Die Landschaft hat den Charakter welliger Hochflächen um 400 m Höhe, die hier und dort von steilen Stufenrändern, Tafelbergen oder Inselbergen überragt werden. Die Gesteine sind nach Struktur und Alter verschieden: kristalline Gesteine des Präkambriums, Sedimentgesteine der Erdalt-, Erdmittel- und Erdneuzeit sowie Vulkane aus dem Tertiär. Die Flüsse Niger und Benuë unterteilen drei Großräume:

Nordnigerianische Plateaus: Hochflächen in 600 m Höhe, überragt vom Josplateau (Bergland von Jos), nach Nordwesten die Sokotoebenen als Teil des Westsaharischen Beckens, nach Nordosten die Bornuebenen als Teil des Tschadseebeckens;

Jorubahochland: westlich des Niger;

Hochland von Adamaua: bis auf 2 000 m Höhe herausgehobene Scholle, von Basaltgestein überlagert.

Klima und Vegetation: Entsprechend der geographischen Breite (4° N bis 14° N) liegt Nigeria in den immerfeuchten und wechselfeuchten Tropen, Regenzeit von Mai bis Oktober bei abnehmender Niederschlagsmenge nach Norden, Küstenebene bis 150 km Breite tropischer Regenwald, nach Norden anschließend über drei Viertel des Territoriums Savannenländer, bis etwa 11° N Feuchtsavannen mit Galeriewäldern, nördlich Trockensavannen.

Wirtschaft

Wirtschaftliche Entwicklung: Rohstoffreiches Agrar-Industrieland, verarbeitende Industrie vergleichsweise entwickelt, Erdölwirtschaft hat Schlüsselfunktion, Boom in den 70er-Jahren bringt Mangel an qualifizierten Arbeitskräften, Landflucht und Städtewachstum im Süden, Verfall der Ölpreise in den 80er-Jahren bringt Verschärfung der Arbeitslosigkeit und Zunahme der Staatsverschuldung im Ausland, Gegenmaßnahmen: Importbeschränkungen, Kürzung der Staatsausgaben, Förderung der Landwirtschaft.

Bergbau und Industrie: Geologische Erforschung nicht abgeschlossen, bisher folgende Bodenschätze entdeckt: Erdöl, Erdgas, Zinn, Wolfram, Blei, Zink, Gold, Eisenerz, Kohle, Titan, Uran, liefert über 90 % des Weltbedarfs an Kolumbit.

Industrieprofil: Unausgewogene Branchenstruktur, hoher Anteil des Erdölsektors, geringe Bedeutung der verarbeitenden Industrie, wichtigste Industriezweige sind Chemie, Textil, Reifenherstellung.

Raumstruktur: Starke räumliche Disparität, Süd-Nord-Gefälle, Standortgruppierungen in den Städten der Küstenebene und der Feuchtsavanne: Region Lagos – Ibadan im Südwesten, Region Port Harcourt – Enugu im Südosten, Region Kano – Kaduna im Norden.

Landwirtschaft: Bis zum Erdölboom wichtigster Wirtschaftszweig, Eigenversorgung war weitgehend gesichert, heute Einfuhr von Grundnahrungsmitteln notwendig, überwiegend Subsistenzwirtschaft, kleine Familienbetriebe (60 % der Bevölkerung) produzieren 90 % der landwirtschaftlichen Erzeugnisse, seit Mitte 80er-Jahre fördert die Regierung die Einrichtung von Großplantagen für Exportprodukte.

Naturbedingte Landwirtschaftsgebiete:

Tropische Regenwald- und Feuchtsavannenländer: Dauerfeldbau (Jam, Maniok, Hirse, Mais, Reis); Plantagenwirtschaft mit Exportkulturen (Kakao, Palmprodukte, Naturkautschuk, Baumwolle, Kaffee);

Trockensavannenländer: Regenzeitfeldbau (Hirse, Erdnuss, Baumwolle), Nomadismus.

7.5.7.2 Kongo (Zaire)

Demokratische Republik Kongo, Hauptstadt: Kinshasa

Staat und Bevölkerung

Präsidialrepublik seit 1978, Einheitsstaat mit 10 Regionen und dem Hauptstadtbezirk, Staatsprache ist Französisch.
Vielfalt an Völkern und Sprachen, etwa 80 % Bantugruppen (Luba, Mongo, Kongo, Ruanda und andere), Pygmäen und Europäer (vorwiegend Belgier), stark christianisiert: 50 % Katholiken, 30 % Protestanten.
Etwa 40 % Stadtbevölkerung, vorwiegend in den Gebieten Kinshasa und Lubumbashi, höchste Bevölkerungsdichte am Unterlauf des Kongo zwischen Kinshasa und Matadi.

Landesnatur

Lage und Oberflächengestalt: Drittgrößter Staat Afrikas mit schmalem Zugang zum Atlantik, liegt in Zentral-/Äquatorialafrika beiderseits des Äquators, grenzt im Westen an Kongo, im Norden an die Zentralafrikanische Republik und Sudan, im Osten an Uganda, Ruanda, Burundi und Tansania, im Südosten an Sambia, im Südwesten an Angola.
Den größten Teil des Territoriums nimmt das Kongobecken ein, Beckeninneres 400 bis 500 m Höhe, paläozoisch-mesozoische Sandsteine als Sedimente eines ehemaligen Meeres oder Binnensees bilden Beckenränder, Beckeninneres ist angefüllt mit tertiären und jüngeren Ablagerungen, allseits geschlossene Umrahmung des Beckens sind Hebungsgebiete mit kristallinen Gesteinen des Afrikanischen Schildes: im Westen Niederguineaschwelle, im Norden Assandeschwelle erreichen im Mittel 600 m Höhe, Lundaschwelle im Süden über 1 000 m, die Zentralafrikanische Schwelle im Osten über 2 000 m, Höhenunterschiede kommen wegen der Weite des Beckens kaum zur Geltung.

Klima und Vegetation: Zwei Drittel des Territoriums liegen in den immerfeuchten Tropen mit zweifachem Niederschlagsmaximum und zwei Abschnitten verminderter Niederschläge, größtes Gebiet tropischer Regenwälder, im Nordosten, Süden und Südosten auf den Schwellen Übergang zum Klima der wechselfeuchten Tropen, Assandeschwelle bei kurzer Trockenzeit mit Feuchtsavannen, Lundaschwelle bei längerer Trockenzeit in größerer Entfernung vom Äquator Übergang von der Feucht- in die Trockensavanne (Miombo).

Wirtschaft

Wirtschaftliche Entwicklung: Rohstoffreiches Agrarland, bis in die 60er-Jahre vergleichsweise gut industrialisiert, seit Mitte der 70er-Jahre wirtschaftliche Lage angespannt, veraltete technische Ausstattung, geringe Kapazitätsauslastung, unzureichende Infrastruktur.

Bergbau und Industrie: Bodenschätze: Diamanten, Cobalt, Kupfer, Zinn, Zink, Gold, Silber, Mangan, Cadmium, Wolfram, Erdöl.

Industrieprofil: Bergbau und Grundstoffindustrie: Kupfer-, Cobalt- und Diamantenförderung weltweit führende Position, sonst Nichteisenmetallerzeugung, Chemie;
Verbrauchsgüter- sowie Nahrungs- und Genussmittelindustrie: Textil, Holzverarbeitung, Öl, Fett, Tabak.

Raumstruktur: Ausgeprägte räumliche Disparität, Standortgruppierungen weitgehend auf Bergbaugebiet von Shaba beschränkt, weitere Standortgruppierungen in Kinshasa und Kisangani.

Landwirtschaft: Landwirtschaftliche Nutzfläche etwa 3 %, Weideland etwa 11 % des Territoriums, 70 % der Bevölkerung leben von der Landwirtschaft, überwiegend Subsistenzwirtschaft, Hackbau und Wanderfeldbau, Plantagen überwiegend in ausländischem Besitz, produzieren für Export, Einfuhr von Grundnahrungsmitteln notwendig.

Naturbedingte Landwirtschaftsgebiete:

Tropische Regenwald- und Feuchtsavannenländer: Dauerfeldbau (Jam, Maniok, Hirse, Hülsenfrüchte, Mais, Reis, Bananen, Zuckerrohr), Plantagenwirtschaft (Kaffee);
Trockensavannenländer: Regenzeitfeldbau (Hirse, Erdnuss, Baumwolle), stationäre Weidewirtschaft.

7.5.7.3 Kenia

Republik Kenia, Hauptstadt: Nairobi

Staat und Bevölkerung

Präsidialrepublik seit 1963, Einheitsstaat mit 7 Provinzen und der Sonderprovinz Nairobi, Staatssprache ist Kisuaheli.
Ethnisch vielfältigster Staat Ostafrikas mit rund 40 verschiedenen Völkern, über 60 % Bantu (u. a. Kikuyu), etwa 30 % nilotische Stämme (u. a. Luo, Massai). Rund 50 % Christen, 6 % Muslime und Anhänger von Naturreligionen.
Nur 25 % Stadtbevölkerung, starke Unterschiede in der Bevölkerungsverteilung, etwa 75 % der Kenianer leben im Südwesten am Victoriasee, im zentralen Hochland (Nairobi) und im Küstengebiet (Mombasa).

Landesnatur

Lage und Oberflächengestalt: Äquatorialer Staat in Ostafrika am Indischen Ozean, grenzt im Norden an Sudan und Äthiopien, im Osten an Somalia und den Indik, im Süden an Tansania, im Westen an Uganda, hat Anteil am Victoriasee.

Nordosten des Ostafrikanischen Seenhochlandes mit Hochflächen und mächtigen Bruchstufen; von Norden nach Süden durchzieht der Ostafrikanische Graben das Hochland, begleitet von Schichtvulkanen und Vulkangebirgen an den Bruchlinien der Grabenränder (Mount Kenia, Kilimandscharo), vier Großräume: 1. Küstentiefland im Osten, 2. Küstenhinterland von 200 auf 1 500 m Höhe ansteigend, 3. flaches Hochland in rund 500 m Höhe im Norden, 4. Anteil am Victoriaseebecken im Westen.

Klima und Vegetation: Abweichend von westlich sich anschließenden äquatorialen Gebieten ist die Niederschlagshöhe deutlich geringer und die Anzahl der ariden Monate größer, Jahresniederschläge über 1 000 mm nur im Küstengebiet und als Steigungsregen in den Gebirgen des Hinterlandes. Klimate und Vegetation der wechselfeuchten Tropen in meridionaler Abfolge, von Osten nach Westen:

1. Küstentiefland mit Feuchtsavanne: halbimmergrüne Regenwälder mit Palmstränden und Mangrovenküsten;
2. Küstenhinterland mit Dornstrauch- und im westlichen und höheren Streifen Trockensavanne: Schirmakazien- und Baobab-Trockenwälder;
3. Victoriasee-Becken mit Feuchtsavanne: regengrüne Baum- und Strauchvegetation;
4. Höhenstufen der Vegetation an den Gebirgen.

Wirtschaft

Wirtschaftliche Entwicklung: Agrar-Industrieland mit hohem Anteil des Dienstleistungssektors, vergleichsweise hoch industrialisiert, nach Unabhängigkeit 1963 wird von Regierung ein Programm der Kenianisierung verkündet: Aufbau einer nationalen Wirtschaft, blieb auf Landwirtschaft und Einzelhandel beschränkt, ehrgeizige Entwicklungspläne scheiterten bisher am Kapitalmangel, heute gemischtes Wirtschaftssystem staatlicher Planung und marktwirtschaftlicher Elemente, Anteil ausländischen Kapitals im marktwirtschaftlichen Bereich groß.

Bergbau und Industrie: Wenig Rohstoffvorkommen: Nickel, Chrom, Flussspat.

Industrieprofil: Schwache Entfaltung der Branchenstruktur, vorwiegend Verbrauchsgüter- sowie Nahrungs- und Genussmittelindustrie, Erstverarbeitung pflanzlicher Rohstoffe, Textil, Grundstoffindustrie: Erdölverarbeitung, Chemie (Düngemittel), Zement.

Touristik zielt auf Wildtierbestände in 21 Nationalparks und 30 Wildreservaten sowie auf die Sandstrände am Indischen Ozean, gute touristische Infrastruktur.

Raumstruktur: Ausgeprägte räumliche Disparität, Standortgruppierungen fast ausschließlich in Nairobi und Mombasa.

Landwirtschaft: Hauptwirtschaftssektor mit 80 % der Beschäftigten, überwiegend kleinbäuerliche Betriebe, Subsistenzwirtschaft, hoher Anteil von Nebenerwerbsbetrieben, Großbetriebe (Plantagen, Viehhaltung) mehrheitlich im Besitz von Europäern und Exportproduktion.

Naturbedingte Landwirtschaftsgebiete: Nur 12 % des Territoriums landwirtschaftlich nutzbar,

1. Feucht- und Trockensavannen im Küstentiefland im Umland von Mombasa, im Hochland im Umland von Nairobi und im Victoriaseebecken: Regenzeitfeldbau (Mais, Hirse, Hülsenfrüchte, Batate, Gemüse, Bananen), Plantagenwirtschaft (Kaffee, Tee, Ananas, Blumen, auch Sisal, Baumwolle, Zuckerrohr, Weizen), stationäre Weidewirtschaft mit Fütterungswirtschaft (Veredlungswirtschaft);
2. Nomadismus in den Trocken- und Dornsavannen im Norden.

7.5.7.4 Tansania

Vereinigte Republik Tansania, Hauptstadt: Dodoma

Staat und Bevölkerung

Föderative Präsidialrepublik seit 1964, bundesstaatlicher Charakter, Sansibar mit eigener Verfassung, Einteilung in 22 Verwaltungsregionen.

Starke ethnische Gliederung spielt im politischen und gesellschaftlichen Leben keine Rolle mehr, etwa 60 % der Tansanier sind Bantuvölker (u. a. Haya, Makonde, Tschagga), außerdem nilotische Massai, Minderheiten von Arabern, Juden und Europäern (Briten). Muslime (35 %) vor allem auf Sansibar, sonst 34 % Katholiken, 13 % Protestanten, Hindus, Anhänger von Naturreligionen.

Nur 22 % Stadtbevölkerung, starke Unterschiede in der Bevölkerungsverteilung, Gebiete höherer Bevölkerungsdichte liegen um den Victoriasee, am Kilimandscharo (Moshi, Arusha) und in der Küstenregion mit den Städten Tanga, Daressalam, Mtwara.

Landesnatur

Lage und Oberflächengestalt: Ostafrikanischer staat am Indischen Ozean südlich des Äquators zwischen 1° S und 12° S, grenzt im Nordwesten an Uganda, im Nordosten an Kenia, im Süden an

Mosambik, im Südwesten an Malawi und Sambia, im Westen an Kongo (Zaire), im Nordwesten an Burundi und Ruanda.

Territorium nimmt die Mitte und den Süden des Ostafrikanischen Seenhochlandes ein, geprägt durch Bruchtektonik seit dem Teritär, gekennzeichnet durch eine 15 bis 70 km breite Küstenebene und einen anschließenden stufenweisen Übergang zu Hochflächen von 1 200 bis 2 000 m Höhe, Zentralafrikanischer Graben mit Tanganjikasee und Malawisee liegt an der Westgrenze, Ostafrikanischer Graben durchzieht von Norden nach Süden von Bruchstufen begleitet das Hochland, auf den Bruchlinien sitzen Vulkane (Kilimandscharo, Mt. Meru), im Nordwesten Anteil am Victoriaseebecken, der Küste vorgelagert die Inseln Sansibar, Pemba und Mafia.

Klima und Vegetation: Im Vergleich zu den westlich anschließenden Äquatorialgebieten geringere Jahresniederschläge und längere Trockenzeit, Jahresniederschläge über 1 000 mm nur im Küstentiefland (Monsunregen) und in Gebirgen des Zentralafrikanischen Grabens (Steigungsregen).

Klimate und Vegetation der wechselfeuchten Tropen in meridionaler Abfolge von Osten nach Westen:

1. Küstentiefland mit Feuchtsavanne: halbimmergrüne Regenwälder mit Palmenstränden und Magroveküsten;
2. Hochflächen im Küstenhinterland mit Dornstrauch- und Trockensavanne: Schirmakazien und Baobab-Trockenwälder;
3. Victoriaseebecken und Gebiete am Zentralafrikanischen Graben mit Feuchtsavannen: regengrüne Baum- und Strauchvegetation;
4. Höhenstufen der Vegetation an den Gebirgen.

Wirtschaft

Wirtschaftliche Entwicklung: Schwach entwickeltes Agrarland, 1967 Verkündung des tansanischen Wegs zum Sozialismus (Arusha-Deklaration), Verstaatlichung in Industrie und Dienstleistungen, in den 80er-Jahren wirtschaftlicher Ruin, Ursachen: nicht angepasste Industrialisierung, bürokratische Behinderungen, Mangel an Ersatzteilen und Fachkräften, seit 1984 Liberalisierung der Wirtschaft, wegen hoher Auslandsverschuldung noch keine Wende.

Bergbau und Industrie: Geologische Erkundung unzureichend, Bergbau unbedeutend, Industrie schwach entwickelt.

Industrieprofil:
Grundstoffindustrie: Chemie (Düngemittel, Zement),
Verbrauchsgüterindustrie: Textil, Montage von Kraftfahrzeugen,

Nahrungs- und Genussmittel: Verarbeitung pflanzlicher Rohstoffe.

Raumstruktur: Ausgeprägte räumliche Disparität, Standortgruppierung in Daressalam.

Landwirtschaft: Hauptwirtschaftssektor mit 80 % der Beschäftigten, überwiegend kleinbäuerliche Betriebe, Subsistenzwirtschaft und Hackbau, Plantagen exportorientiert und von Europäern betrieben.

Naturbedingte Landwirtschaftsgebiete:

1. Feucht- und Trockensavanne: Regenzeitfeldbau (Maniok, Mais, Reis, Sorghum, Batate, Hirse, Hülsenfrüchte), Plantagenwirtschaft (Kaffee, Baumwolle, Tabak, Kaschunüsse);
2. Nomadismus in der Trocken- und Dornsavanne südlich des Kilimandscharo (Massaisteppe).

7.5.7.5 Sambia

Republik Sambia, Hauptstadt: Lusaka

Staat und Bevölkerung

Präsidialrepublik seit 1964, Einheitsstaat mit 9 Provinzen.

Sambier, etwa 70 Völker, gehören überwiegend zu den Bantu (Bemba, Tonga, Lozil), daneben kleine Buschmanngruppen, Europäer (Briten), Asiaten (Inder).

Etwa zwei Drittel Christen, sonst Anhänger von Naturreligionen, wenige Muslime und Hindus.

Stadtbevölkerung über 40 %, Konzentration der Bevölkerung entlang der Bahnlinie Maramba (Livingstone) über Lusaka nach Lubumbashi in Kongo (Zaire), sonst geringe Bevölkerungsdichte.

Landesnatur

Lage und Oberflächengestalt: Südafrikanischer Binnenstaat zwischen 8° S und 18° S, grenzt im Norden an Kongo (Zaire), im Nordosten an Tansania, im Osten an Malawi, im Südosten an Mosambik, im Süden an Simbabwe und Namibia, im Westen an Angola.

Teil der 1 000 bis 1 500 m hohen Hochflächen der Lundaschwelle und Zentralafrikanischen Schwelle, mit vereinzelten Inselbergen und Gebirgen bis 2 068 m Höhe, im Stromgebieten des Sambesi und Kafue sowie in den Seengebieten mit Sümpfen, im westlichen Sambia ist kristallines Grundgebirge von Sedimenten der Erdaltzeit überlagert, im östlichen Teil des Territoriums bildet das kristalline Grundgebirge des Afrikanischen Schildes die Landoberfläche.

Klima und Vegetation: Tropisches Wechselklima der Trockensavanne, gemäßigte Temperaturen durch die Höhenlage, Temperaturmittel in Lusaka: 16°C im Juni/Juli und 24°C im Oktober, lichter, regengrüner Trockenwald (Miombo) mit starkem Grasunterwuchs im feuchteren Norden und von Dornsträuchern durchsetzt im trockeneren Süden.

Wirtschaft

Wirtschaftliche Entwicklung: Agrar-Industriestaat, gehört zur Gruppe der ärmsten Länder, 90 % der Exporte und 30 % der Staatseinnahmen basieren auf Kupferbergbau, nach Unabhängigkeit 1964 übernimmt Staat 1973 Kontrolle über Kupfergesellschaften, Verfall der Kupferpreise seit 80er-Jahren verschärft wirtschaftliche Lage, hohe Auslandsverschuldung.

Bergbau und Industrie: Kupfer, Cobalt, Blei, Zink, Schwefel, Silber, Eisenerz.

Industrieprofil:
Bergbau hat dominierende Stellung, 20 % der Erwerbstätigen;
Grundstoff- und Produktionsgüterindustrie: Bundmetallerzeugung (Kupferhütten), Chemie (Schwefel), Zement, Eisen schaffende Industrie;
Verbrauchsgüter- sowie Nahrungs- und Genussmittel: Metallverarbeitung, Textil, Bekleidung, Getränke, Tabak.

Raumstruktur: Ausgeprägte räumliche Disparität, Standortgruppierungen im Kupfergürtel (Region Kitwe), in den Regionen Kabwe – Lusaka und Maramba (Livingstone).

Landwirtschaft: Knapp 20 % der landwirtschaftlich nutzbaren Fläche sind Nutzland, Lebensgrundlage für über 70 % der Bevölkerung, geringe Wachstumsraten, deshalb Import von Grundnahrungsmitteln erforderlich, einige hundert Großfarmen erbringen auf 4 % der Nutzflächen etwa 50 % der Produktion (Mais, Baumwolle, Tee, Kaffee, Zuckerrohr und Rinderhaltung), eine wachsende Zahl von Bauernbetrieben produzieren marktorientiert, Subsistenz der Kleinbauern auf dem größten Teil der Nutzfläche, Hackbau (Mais, Erdnüsse, Hirse, Maniok).

7.5.7.6 Südafrika

Republik Südafrika, Hauptstadt: Pretoria

Staat und Bevölkerung

Republik seit 1961, Übergangsverfassung (seit 1994, soll bis 1999 gelten) legt Gleichberechtigung aller Rassen fest und beendet Politik der Apartheid (getrennte Entwicklung der Rassen zur Sicherung der Herrschaft der weißen Minderheit über die schwarze Bevölkerungsmehrheit). Einheitsstaat mit 9 Provinzen mit eigener Legislative und Exekutive seit 1994.

Gemischtrassige Bevölkerung aus vier Volksgruppen: etwa 70 % Bantuvölker (u. a. Zulu, Xhosa, Sotho, Swasi), etwa 17 % Weiße burischer, englischer und deutscher Herkunft, etwa 10 % Mischlinge (Nachkommen von Hottentotten, Asiaten, Weißen) und etwa 3 % Asiaten indischer und pakistanischer Herkunft.
Nahezu 80 % der Südafrikaner sind Christen, daneben Hindus, Muslime, Juden und Anhänger von Naturreligionen.
Stadtbevölkerung etwa die Hälfte, die Bevölkerungsverteilung schwankt stark, Gebiete hoher Bevölkerungsdichte sind die Stadtregionen Soweto (South West Township) mit Johannesburg, Pretoria, Durban, Kapstadt u. a.

Landesnatur

Lage und Oberflächengestalt: Südafrikanischer Staat am Atlantischen und Indischen Ozean, grenzt im Nordwesten an Namibia, im Norden an Botsuana, im Nordosten an Simbabwe, Mosambik und Swasiland, es umschließt den Staat Lesotho.
Südlichstes Hochafrika mit Hochflächen in 1 000 bis 1 800 m der südafrikanischen Randschwellen, im Norden Anteil am flachen Kalaharibecken (700 bis 900 m), Randschwellen steigen aus dem Becken allmählich nach außen an und fallen im Westen, Süden und Osten steil zum schmalen Tieflandsaum ab, im Süden weniger als 10 km breit, im Westen und Osten gegen 30 km, im Norden Natals bis zu 80 km.
Kristallines Grundgebirge der Afrikanischen Platte ist, bis auf Gebiete im Westen, von präkambrischen, paläozoischen und mesozoischen Sedimenten sowie am Oberlauf des Oranje von Basalt bedeckt, Sandsteinschichten des Deckgebirges bilden Schichtstufenlandschaften mit Einzelbergen (Große Randstufe, Drakensberge), im Kapland gefaltete paläozoische Schichten (Kapgebirge).

Klima und Vegetation: Überwiegend subtropische Zone, nur äußerster Norden reicht in die Randtropen, bestimmend sind Südostpassat und im Süden jahreszeitlicher Wechsel von Subtropenhoch und Westwindzone.
Klimate und Vegetation in überwiegend meridionaler Abfolge, zunehmend Trockenheit der Passatluft von Südost nach Nordwest:

1. Küstentiefländer am Indischen Ozean mit Lorbeerwäldern und feuchten Grasländern der Ostseiten, immerfeuchte Subtropen mit Steigungsregen;
2. Hochländer im östlichen Transvaal und Oranjefreistaat mit feuchten wintermilden Steppen der sommerfeuchten Subtropen, Jahresniederschlag über 500 mm, nach Norden Dorn- und Trockensavannen der wechselfeuchten Tropen

mit Schirmbäumen und Affenbrotbaum, Krüger-Nationalpark;

3. Hochländer im westlichen Transvaal und Oranjefreistaat mit Dornsteppe der sommerfeuchten Subtropen, Jahresniederschlag unter 500 mm;

4. Hochländer im Nordwesten mit Halbwüsten der trockenen Subtropen, nach Norden zum Kalaharibecken Dornsavannen der wechselfeuchten Tropen;

5. Randschwellen im Kapland mit Trocken- und Dornsteppe (Karru) der winterfeuchten Subtropen, Jahresniederschlag unter 250 mm;

6. Randstufe und Küstentiefland im Kapland mit Hartlaubwäldern der winterfeuchten Subtropen, Jahresniederschlag um 500 mm.

Wirtschaft

Wirtschaftliche Entwicklung: Industrieland mit hohem Dienstleistungsanteil, nach dem Zweiten Weltkrieg Entwicklung vom Agrarland mit hohem Anteil am Bergbau, heute noch etwa 60 % des Exporterlöses aus Bergbau, davon 60 % aus Goldexport, bei sinkenden Weltmarktpreisen verschlechtert sich wirtschaftliche Lage.

Bergbau und Industrie: Rohstoffreiches Land, bedeutende Vorkommen von Platin, Chrom, Mangan, Antimon, Lithium, Uran, Gold, Diamanten, Vanadium, Asbest, Nickel, Eisen, Glimmer, Titan, Wolfram, Steinkohle.

Industrieprofil: Bergbau wichtigster Wirtschaftszweig, vor- und nachgelagerte Industrien zum Bergbau (Ausrüstungen, Aufbereitung), sonst Metallverarbeitung sowie Textil-, Bekleidungs-, Nahrungsgüterindustrie.

Raumstruktur: Ausgeprägte räumliche Disparität,
1. Bergbau- und Industriegebiet in Südtransvaal (Witwatersrand) mit Pretoria, Johannesburg;
2. Standortgruppierung mit überwiegend Konsum- und Nahrungsmittelindustrien in Bloemfontein, Kapstadt, Port Elizabeth, East London, Durban.

Landwirtschaft: Etwa zwei Drittel der Fläche sind landwirtschaftlich nutzbar, davon heute etwa 12 % durch Feldbau genutzt, verbreitet Subsistenzwirtschaft der schwarzen Bevölkerung, daneben vorwiegend in Händen weißer Farmer marktorientierte mittelgroße Betriebe (Plantagen, stationäre Weidewirtschaft), Erzeugung von Grundnahrungsmitteln deckt Eigenbedarf, Exportgüter sind Zuckerrohr, Mais, Obst, Fleisch, Wolle.

Naturbedingte Landwirtschaftsgebiete:

1. Küstentiefländer und Randstufen im Süden und Osten mediterraner und tropischer Feldbau: Mais, Weizen, Obst, Zitrus, Wein, Zuckerrohr, Bananen;

2. Hochländer in Transvaal und Oranjefreistaat mit Regenzeitfeldbau nach Norden (Erdnuss, Hirse, Mais) und Sommerfeldbau und stationäre Weidewirtschaft (auch Fütterungswirtschaft) nach Süden (Mais, Hirse, Weizen, Kartoffeln, Rinder);

3. Hochländer im Nordwesten flächen- und arbeitsextensive Weidewirtschaft (Schafe).

7.6 Amerika, physischer Erdteil

7.6.1 Naturräumliche Gliederung

Doppelkontinent aus dem drittgrößten Erdteil Nordamerika und dem viertgrößten Erdteil Südamerika, beide Landmassen durch Landbrücke Mittelamerikas verbunden, Inselbogen trennt amerikanisches Mittelmeer vom Atlantischen Ozean, physisch-geographisch gehört Mittelamerika zur nordamerikanischen Landmasse.

Aufbau, Größe und Gestalt beider Kontinente und Lage zu den Meeren sind einander ähnlich, Kettengebirgszüge mit Hochländern von Alaska bis Feuerland im Westen, Bergländer im Osten, zwischen Hochgebirgen und Bergländern liegen Tiefländer mit Stromsystemen.

Nord- und Mittelamerika:

Geologischer Bau: Einfacher Bauplan, alter Festlandsockel kristalliner Gesteine des Präkambriums bildet Kanadischen Schild im Norden, nach Südosten folgen Bruchschollengebirge der Erdaltzeit, im Westen verläuft bis zur Breite von 1 500 km ein alpidisches Faltengebirge, zwischen beiden Gebirgsflanken breitet sich weitflächig ein Schichtstufenland aus, es bildet in der südlichen Mitte eine Tieflandsmulde. Norden des Kontinents wird im Eiszeitalter mehrmals von Inlandeis bedeckt, es entstehen die Moränenlandschaften der Großen Seen und des Kanadischen Schildes.

Großräume

Gebirgsland im Westen (Kordilleren): Teil des zirkumpazifischen alpidischen Faltengebirgsgürtels, mehrere Nord-Süd verlaufende Gebirgsketten (Atlaskette, Küstengebirge, Küstenkette, Sierra Nevada, Niederkalifornia, Westliche Sierra Madre im Westen; Brookskette, Mackenziegebirge, Rocky Mountains, Östliche Sierra Madre im Osten) schließen beckenförmige Hochflächen ein (Yukonbecken, Fraser Plateau, Columbia Plateau, Großes Becken, Colorado Plateau, Hochländer von Arizona und Mexiko), Vulkanismus.

Tiefländer der Mitte: Im Norden Kanadischer Schild, Rumpfflächen, die sich zur Hudson Bay schüsselförmig senken und nach Norden im Arktischen Archipel auflösen, nach Westen, Süden und Osten schließt sich halbkreisförmig Seengürtel der eiszeitlichen Moränenlandschaften an (Großer Bärensee, Großer Sklavensee, Winnipegsee, Oberer See, Michigansee, Huronsee, Eriesee, Ontariosee), westlich und südlich folgt weiträumige Schichtstufenlandschaft (Great Plains, Zentrales Tiefland, Appalachenplateau), in Richtung Golf von Mexiko junge Ablagerungen des Mississippitieflandes und der Golfküstenebene.

Bergländer im Osten: Bruchschollengebirge der kaledonischen Faltung im Nordosten (Neufundland, Neuschottland, Piedmont: Maine, New Brunswick, Halbinsel Gaspé) und der variskischen Faltung (Appalachen), vorgelagert junge Ablagerungen der Atlantischen Küstenebene sowie Florida.

Mittelamerika: Festländisches Mexiko bis zur Landenge von Tehuantepec (alpidische Faltengebirge in Niederkalifornien, Westliche und Östliche Sierra Madre, Hochland von Mexiko, Vulkanismus), schmale Landbrücke nach Südamerika (Tiefland der Halbinsel Yukatan, alpidisches Faltengebirge, Vulkanismus), Westindien (Inselflur: Bahama-Inseln, Große Antillen, Kleine Antillen, Amerikanisches Mittelmeer: Golf von Mexiko, Karibisches Meer.

Südamerika

Geologischer Bau: Gliederung der Oberflächengestalt entspricht dem geologischen Bau, Zweiteilung in Anden und außerandines Gebiet; Anden sind Teil des zirkumpazifischen alpidischen Faltengebirgsgürtels, außerandines Gebiet besteht aus dem präkambrischen kristallinen Sockel der Brasilianischen Masse und der patagonischen Masse, Rumpffläche der Brasilianischen Masse ist durch den alten Senkungsraum Amazonia zweigeteilt: Guayanaschild im Norden und Brasilianischer Schild im Süden, seit Ende der Erdmittelzeit wölben sich am Ostrand der Brasilianischen Masse Randschwellen auf (Bergland von Guayana, Brasilianisches Bergland), zur Mitte entstehen Mulden, die mit Ablagerungen angefüllt werden (Tiefland des Orinoco, Amazonastiefland, Tiefland des Paraná).

Großräume

Anden (Kordillere): Alpidisches Falten- und Kettengebirge am Westrand der Brasilianischen und Patagonischen Masse, nördlicher Teil mit drei Hauptketten, mittlere Anden mit zwei Hauptketten mit Zentralandinem Hochland (Puna oder Altiplano), Vulkanismus.

Außerandine Gebiete: Tiefländer des Orinoco, Amazonas und Paraná, Bergländer von Guayana, Brasilien und Patagonien, Flachländer am Ostfuß der Anden zwischen Hochgebirge und Bergländern.

7.6.2 Klima

Den Doppelkontinent kennzeichnen starke klimatische Unterschiede. Die Klimafaktoren wirken wie folgt auf die Klimagliederung:

1. Aufgrund der Breitenlage von $80°$ N bis $55°$ S sind alle Klimazonen von der polaren Zone im Norden Kanadas bis zur subpolaren Zone an der Südspitze Feuerlands ausgebildet: Nordamerika reicht von der polaren bis zur subtropischen Zone, Mittelamerika liegt in den wechselfeuchten Tropen, der größte Teil der Landmasse Südamerikas liegt beiderseits des Äquators in den immerfeuchten und wechselfeuchten Tropen, in der gemäßigten Zone liegt das nach Süden sich verjüngende Festland;
2. die von Norden nach Süden durch den Doppelkontinent verlaufende Kordillere stört die zonale Ordnung insbesondere in der gemäßigten Zone Nordamerikas;
3. die Kordillere verläuft an der Westflanke des Doppelkontinents. Deshalb kommt der mildere Einfluss des Meeres in den gemäßigten Zonen weniger stark zur Geltung, die Mittelbreiten Nord- und Südamerikas haben Kontinentalklima;
4. die Landmassen des Doppelkontinents liegen in unterschiedlichen Breiten: Nordamerika in der gemäßigten Zone, Südamerika in der tropischen Zone;
5. da westöstlich verlaufende Gebirgsschranken fehlen, können insbesondere in Nordamerika sowohl kalte Polarluft im Winter und Frühjahr weit nach Süden als auch feuchtheiße Tropikluft im Sommer nach Norden vorstoßen;
6. warme und kalte Meeresströmungen an den Küsten des Pazifischen Ozeans und des Atlantischen Ozeans beeinflussen das Klima an den West- und Ostseiten beider Kontinente;
7. in den Hochgebirgen, vor allem in der tropischen Zone, treten klimatische Höhenstufen auf.

7.6.3 Ausgewählte Staaten im Überblick

Der Doppelkontinent erreicht mit über 42 Mio km^2 fast die Größe Asiens, er wird als Neue Welt der Alten Welt (Europa, Asien, Afrika) gegenübergestellt, Nord- und Südamerika erste koloniale Erdteile, je nach Herkunftsland gaben Europäer der Neuen Welt ihre Gepräge: Angloamerika mit nur zwei Staaten, Lateinamerika mit 18 Staaten in Mittelamerika und 12 in Südamerika.

Altamerikaner (mongolide Indianer und Eskimos im hohen Norden) besiedeln vor rund 25 000 Jahren den menschenleeren Doppelkontinent, Entwicklung von Wildbeuterkulturen, Meeresjägertum, Feldbaukulturen (Körnerbau sowie Knollenbau und Wanderfeldbau), frühe Hochkulturen in Mittelamerika (Azteken, Maya) und Südamerika (Inka).

Entdeckung und Eroberung durch Europäer seit etwa 1 000 Jahren (Normannen um 1 000 von Grönland aus, *Kolumbus* 1492 von Spanien aus); Nordamerika (Angloamerika): Siedlungskolonien der West- und Mitteleuropäer (vor allem Iren, Engländer, Franzosen, Deutsche), Dezimierung der indianischen Bevölkerung und Abdrängen in Reservate, Verschleppen von Schwarzen aus Afrika als Arbeitssklaven, starke Mischung der eingewanderten Europäer (melting pot).

Mittel- und Südamerika (Lateinamerika): Spanische und portugiesische Eroberer (Konquistadoren) zerstören Hochkulturen durch Beseitigung der indianischen Führungsschicht, führen Latifundienwirtschaft ein, gründen Bergwerke, stellen Verwaltungsbeamte, indianische Bevölkerung und später afrikanische Sklaven (vorwiegend im portugiesischen Brasilien) stellen Arbeitskräfte, spanische und portugiesische Oberschicht und deren Nachfahren zahlenmäßig sehr klein, Masseneinwanderung und Dezimierung der indianischen Bevölkerung erst im 19. und Anfang des 20. Jh., in Brasilien vor allem Portugiesen und Italiener, Sied-

Amerika – ausgewählte Staaten im Überblick
(nach Großräumen und Flächengröße geordnet)

Staat (Hauptstadt)	Fläche in 1000 km²	Bevölkerung in Mio. (gerundet)	Bevölkerungs- dichte E/km²
Nordamerika			
Vereinigte Staaten von Amerika (Washington)	9 373	257,8	27
Kanada (Ottawa)	9 958	27,8	3
Mittelamerika			
Mexiko (Mexiko-Stadt)	1 958	90,0	46
Nicaragua (Managua)	130	4,1	34
Honduras (Tegucigalpa)	112	5,3	48
Kuba (Havanna)	111	10,9	98
Guatemala (Guatemala)	109	10,0	92
Panama (Panamá)	77	2,5	33
Costa Rica (San José)	51	3,3	64
Dominikanische Republik (Santo Domingo)	49	7,5	156
Haiti (Port-au-Prince)	28	6,9	248
El Salvador (San Salvador)	21	5,5	262
Jamaika (Kingston)	11	2,4	219
Südamerika			
Brasilien (Brasilia)	8 512	156,4	18
Argentinien (Buenos Aires)	2 767	33,8	12
Peru (Lima)	1 285	22,9	18
Kolumbien (Bogotá)	1 139	35,7	31
Bolivien (Sucre)	1 099	7,1	6
Venezuela (Caracas)	912	20,9	23
Chile (Santiago de Chile)	757	13,8	18
Paraguay (Asunción)	407	4,7	12
Ecuador (Quito)	284	11,0	40
Guyana (Georgetown)	215	0,8	4
Uruguay (Montevideo)	177	3,1	18
Suriname (Paramaribo)	163	0,4	3

lungskolonien entstehen in Argentinien (Italiener, Spanier), in Uruguay und Chile.

Frauenmangel unter spanischer und portugiesischer Oberschicht bei Fehlen einer Rassenschranke führt frühzeitig zu starker Vermischung: Europäer und Indianer zu Mestizen, Europäer und Schwarze zu Mulatten, Indianer und Schwarze zu Zambos, Nachkommen der spanischen Oberschicht in Andenstaaten sind Kreolen.

Bevölkerungsverteilung sehr ungleichmäßig, Gebiete hoher Bevölkerungsdichte sind der atlantische Küstenstreifen zwischen 0° und 40° S (Amazonasmündung bis zum Rio de la Plata) und der pazifischen Küstenstreifen in Mittelchile sowie die Küstenstreifen des Karibischen Meeres in Kolumbien und Venezuela, mäßig besiedelt sind der Osten und Süden Brasiliens, Uruguay und die Pampa in Argentinien sowie die Hochländer der nördlichen und mittleren Anden, alle übrigen Gebiete sind immer noch sehr dünn besiedelt.

7.6.4 Angloamerikanischer Kulturraum

In Wald- und Steppenländern der gemäßigten und subtropischen Klimazonen, von Tundren-, Halbwüsten- und Gebirgsländern abgesehen, siedlungsgünstige Räume. Ursprünglich indianischer Kulturraum, seit der Neuzeit Siedlungskolonie der Europäer, Verdrängung und Dezimierung der Indianer.

Einheitlicher Wirtschaftsraum bei starker struktureller und räumlicher Arbeitsteilung mit hoher Produktivität. Ranching (stationäre Weide- und Fütterungswirtschaft), Farmen und Agribusiness (wissenschaftlich-technisch organisierter Feldbau) und standardisierte Lebensweise (Dienstleistungen, Handel, produzierendes Gewerbe). Seit Anfang des 20. Jh. sind die USA Weltmacht mit der Tendenz zur multikulturellen Gesellschaft der amerikanischen Nation.

7.6.5 Staaten im Angloamerikanischen Kulturraum

7.6.5.1 USA

Vereinigte Staaten von Amerika, Hauptstadt: Washington

Staat und Bevölkerung

Präsidiale Bundesrepublik seit 1789, 50 Bundesstaaten mit eigener Verfassung und District of Columbia / DC mit Bundeshauptstadt.

Einwanderungsland, Ureinwohner (Indianer) heute kleine Minderheit, Einwanderung in vier Wellen: 1. zur Kolonialzeit (Engländer, Schotten und etwa 650 000 eingeschleppte Sklaven aus Schwarzafrika), 2. Alte Einwanderung 1820–1880 (Engländer, Iren, Skandinavier, Deutsche), 3. Neue Einwanderung 1880–1920 (Italiener, Polen, Ukrainer), 4. seit 1921 quotierte Einwanderung (Lateinamerika, vor allem Mexiko; Asien, vor allem Vietnam).

Weiße Bevölkerungsgruppen weitgehend zu einer einheitlichen Gruppe der Amerikaner verschmolzen („melting pot", Schmelztiegel). Schwarze, Lateinamerikaner, Ostasiaten bewahren überwiegend ihre ethnische Identität. Heute 75% Weiße, 12% Schwarze, 9% Lateinamerikaner (Hispanics), 3% Asiaten.

Trennung von Staat und Kirche verbunden mit Glaubensfreiheit, 50% Protestanten, 25% Katholiken, 3% Juden, 2% Angehörige der Orthodoxen Kirchen, 2% Muslime.

Über drei Viertel Stadtbevölkerung, vor allem im Nordosten (New York, Chicago, Philadelphia, Detroit / Manufacturing Belt), seit den 1970er-Jahren verstärkt Wanderbewegungen in den Süden (Sunbelt) und Westen (Houston, Dallas, San Antonio, New Orleans, Los Angeles, San Diego, Phoenix, San Francisco, San Josè).

Bevölkerungsverteilung ungleichmäßig, fast menschenleer ist Alaska (über ein Viertel der Gesamtfläche), etwa 50% der Bevölkerung im Manufacturing Belt auf weniger als einem Fünftel der Gesamtfläche, sehr geringe Bevölkerungsdichte auch im Gebirgsland des Westens.

Landesnatur

Lage und Oberflächengestalt: Transkontinentaler Staat zwischen Pazifischem Ozean im Westen, Atlantischem Ozean im Osten, Nordpolarmeer (Alaska) im Norden und Golf von Mexiko im Süden, grenzt im Norden an Kanada, im Süden an Mexiko. Klare Großgliederung: Gebirgsland im Westen in nordsüdlicher Richtung, Bergland im Osten in Nordost-Südwest-Richtung, dazwischen Mississippi-Missouri-Becken;

Gebirgsland im Westen mit drei Kettengebirgszügen, Hauptstrang bilden Rocky Mountains, Gebirgskörper ist alpidisches Faltengebirge, in die Hebung Grundgebirge einbezogen, bilden Becken und Hochflächen, Vulkanismus;

am Ostfuß der Rocky Mountains schließen sich Great Plains an, Schichtstufenland aus flachlagernden Sedimenten, setzen in 1 600 m Höhe an und fallen zum Zentralen Tiefland bis auf 200 m Höhe, im Norden Moränenlandschaften des Eiszeitalters der Erdneuzeit (Grund- und Endmoränen, Sanderflächen sowie Große Seen und Lößablagerungen), nach Süden Aufschüttungsgebiet des Mississippitieflandes und der Golfküstenebene, Delta des Stroms wächst jährlich um rund 80 m, Frühjahrshochwasser mit Anstieg bis zu 12 m, nach

Osten Anstieg des Schichtstufenlandes bis zu den Tafelländern des Appalachenplateaus;

Appalachen bestehen aus zwei Gebirgskörpern, im Westen Großes Appalachental aus gefalteten Sedimentgesteinen mit lebhaftem Relief, Namensgebung erklärt sich aus der 500 m hohen Stufe zum Appalachenplateau, nach Osten eigentliche Appalachen aus gefaltetem kristallinen Grundgebirge, davor tiefer liegendes Vorland (Piedmont) mit Bruchstufe (Falllinie der Flüsse mit Wasserfällen und Stromschnellen) zum Aufschüttungsgebiet der Atlantischen Küstenebene, geht im Süden in Halbinsel Florida über.

Klima und Vegetation: USA liegen überwiegend im Gürtel der temperierten Mittelbreiten, Gebirgsland im Westen blockiert bis in 4 000 m Westwinde der gemäßigten Zone, deshalb weite Gebiete östlich des Gebirgslandes mit Landklima, Great Plains im Regenschatten, 100. Meridian ist Grenze des Regenfeldbaus, geringste Niederschläge in Hochbecken des Gebirgslandes, an Pazifikküste ungehinderte Wirkung der Westwinde, Klima entspricht dem Westseitenklima in West- und Südeuropa, an Atlantikküste infolge der Landmasse Gemeinsamkeiten mit Ostseitenklima Asiens.

Im Mississippi-Missouri-Becken und an Atlantikküste in Winter und Frühjahr Einbrüche arktischer Luftmassen aus polaren Gebieten: im Zentralen Tiefland als Blizzards und Northers, im Sommer Vorstöße feuchtheißer Tropikluft aus Golf von Mexiko, verursachen Hitzewellen, Tornados und Hurrikans bis weit nach Norden.

Im Nordosten und Osten beeinflusst kalter Labradorstrom mit kühlem, wolkenreichem und nebligem Wetter die Küstenstaaten (New York um rund 11 °C kälter als Neapel auf gleicher Breite).

1. Zonale Gliederung von Klima und Vegetation an der Westseite des Gebirgslandes
1.1 Polare Zone
1.1.1 West- und Nordalaska mit subpolaren Tundrenklimaten, Tundrenländer
1.2 Gemäßigte Zone
1.2.2 Übriges Alaska mit kaltgemäßigten Klimaten, Waldtundren- und lichte boreale Nadelwaldländer
1.2.3 Washington und Oregon mit extrem ozeanischen kühlgemäßigten Klimaten, immergrüne Regenwaldländer
1.3 Subtropische Zone
1.3.4 Kalifornien mit sommertrockenem Subtropenklima (Mittelmeerklima), Hartlaubwaldländer
1.3.5 Kalifornisches Längstal und Südkalifornien mit winterfeuchten Steppenklimaten, Gras- und Strauchsteppenländer
1.3.6 Südkalifornien, Arizona mit trockenem Subtropenklima (wintermilde Wüstenklimate), Halbwüstenländer

2. Zonale und meridionale Gliederung zwischen Rocky Mountains und Atlantikküste
2.1 Gemäßigte Zone
2.1.1 Nördlicher Abschnitt der Rocky Mountains (Montana, Idaho, Wyoming) mit kaltgemäßigten Klimaten, borealer Nadelwald
2.1.2 Mittlerer Abschnitt der Rocky Mountains (Wyoming, Colorado) mit kühlgemäßigten Klimaten, Mischwälder und boreale Nadelwälder als Höhenstufe
2.1.3 Becken und Hochplateaus von Washington bis Arizona und New Mexico mit Trockenklimaten der Mittelbreiten, im Norden winterkalt mit Trockenstrauchsteppenländern, im Süden wintermild mit Sukkulentensteppenländern
2.1.4 Great Plains bis zum 100. Meridian mit Trockenklimaten der Mittelbreiten, weniger als sechs Monate feucht, winterkalte Kurzgrassteppenländer, in New Mexico und Texas wintermilde Sukkulentensteppenländer
2.1.5 Great Plains zwischen 100° W und 97° W mit Trockenklimaten der Mittelbreiten, über fünf Monate feucht, winterkalte Langgrassteppenländer, in Oklahoma und Texas wintermilde Sukkulentensteppenländer
2.1.6 Zentrales Tiefland, Gebiet der Großen Seen, Appalachenplateau, Appalachen, Piedmont, Atlantische Küstenebene bis 35° N (Minnesota, Wisconsin, Michigan, Illinois, Indiana, Ohio, Kentucky, Tennessee, Neuenglandstaaten außer North und South Carolina, Georgia) mit kühlgemäßigten Klimaten, von Osten nach Westen trockener, von Norden nach Süden wärmer, allgemein von Südost nach Nordwest Zunahme der Kontinentalität, sommergrüne Laub- und Laubmischwaldländer
2.2 Subtropische Zone
2.2.1 Südtexas mit sommerfeuchten Subtropenklimaten, Kurzgras- und Dornsteppenländer
2.2.2 Golfküstenebene, Mississippitiefland, Atlantikküsteneben südlich 35° N (Osttexas, Louisiana, Arkansas, Mississippi, Alabama, Georgia, Nordflorida), immerfeuchtes Subtropenklima, Lorbeerwaldländer
3 Tropische Zone
3.1 Südflorida mit Feuchtsavannenklima, Feuchtwaldländer und Mangroven.

Wirtschaft

Wirtschaftliche Entwicklung: Industrieland mit hohem Anteil des Dienstleistungssektors, führende Wirtschaftsmacht der Erde; hinsichtlich der Arbeitsproduktivität, der technischen, energiewirtschaftlichen und infrastrukturellen Ausstattung sowie des Grades der Mechanisierung und Automatisierung

Spitzenstellung, etwa 6 % der Weltbevölkerung auf 6 % der Landfläche der Erde produzieren 25 % aller Güter der Erde, bei vielen Agrar- und Industrieprodukten an der Spitze, Verbrauch von rund 30 % der geförderten Weltrohstoffe, Rohstoffeinfuhr notwendig, Abbau durch US-Unternehmen in vielen Entwicklungsländern, Rohstofftransfer eine Grundlage des Wohlstandes; weitere Grundlagen des wirtschaftlichen Aufstiegs: 1. Wirtschaftssystem der freien Marktwirtschaft mit staatlichen Maßnahmen zur sozialen Verträglichkeit der Marktmechanismen seit der Weltwirtschaftskrise der 1930er-Jahre (New Deal), Dollar seit 1944 internationale Leitwährung; 2. Raumgröße, Naturraumpotenzial mit weit gespanntem klimaökologischem Rahmen bietet vielfältige Möglichkeiten landwirtschaftlicher und bergbaulicher Produktion sowie der Energieversorgung; 3. flächengroßer und ständig wachsender Binnenmarkt einer großen, konsumorientierten und aufstrebenden Bevölkerung des Einwanderungslandes ("Land der unbegrenzten Möglichkeiten").

Beginn der Industrialisierung nach Bürgerkrieg 1865, rascher Auf- und Ausbau der Verbrauchsgüter- und Produktions- und Investitionsgüterindustrie sowie des Verkehrswegenetzes, anfangs Eisenbahnbau (Transkontinentalbahnen), später Straßennetz (Netz von Bundesautobahnen, Haupt- und Regionalstraßen, längstes nationales Straßennetz der Erde, über 6 Mio. km), seit den 50er-Jahren hervorragendes Luftverkehrssystem, wirtschaftlicher Aufstieg durch Erschließung von Neulandgebieten, Kriege und Kriegsfolgen in Europa sowie Eroberung des Weltmarktes seit Ende des Zweiten Weltkrieges begünstigt, Aufstieg multinationaler Unternehmen.

Bergbau und Industrie: Bedeutende Rohstoffvorkommen fast aller wichtigen Rohstoffe, u. a. Kohle, Erdgas, Erdöl, Eisenerz, Kupfer, Zink, Blei, Gold, Silber, Uran, Salz, Phosphate, Schwefel.

Industrieprofil: Stark differenzierte Zweigstruktur, alle Industriegruppen und Industriezweige in großer Zahl vorhanden.

Raumstruktur: Standortgruppierungen der Verbrauchsgüter-, Nahrungs- und Genussmittel- sowie Investitionsgüterindustrien in allen Landesteilen, vor allem in mittelgroßen und großen Städten, entsprechend der Bevölkerungsverteilung Abnahme der Industriedichte in Great Plains (westlicher Mittelwesten, nordwestlicher Süden) und im Gebirgsland des Westens (Westen, abgesehen von Küstengebieten).

Industriegebiete von überregionaler Bedeutung:

1. Altindustrialisierte Gebiete (Manufacturing Belt)

1.1 Piedmontregion am Fuß der Appalachen und Hafenstädte im Nordosten, anfangs Textilindustrie, billige Arbeitskräfte der Einwanderer, Wasserenergie (Falllinie), heute Veredelungsindustrien, Megalopolis

1.2 Neuenglischer Großraum mit Buffalo und Pittsburgh-Revier, anfangs Steinkohle, Eisenerz, Eisen schaffende Industrie, in den 80er-Jahren Niedergang der Eisen- und Stahlindustrie, heute noch Steinkohle und Eisen schaffende Industrie, Dienstleistungen

1.3 Mittelwestabschnitt mit Großräumen Detroit – Cleveland: Eisen schaffende und Autoindustrie sowie Chicago – Milwaukee: Eisen schaffende Industrie, Landmaschinen- und Nahrungsmittelindustrie

1.4 Industriedurchsetzter Oberer Süden (Tennessee, Alabama)

2. Junge Industriegebiete

2.1 Industriegebiet des Golfküstensaums: Erdöl- und Erdgasgewinnung, Petrochemie, Elektronik, Maschinenbau, Nahrungsmittel

2.2 Industriegebiet der Felsengebirgsfußhügelzone Colorados sowie Salt Lake City / Utah: Maschinenbau, Elektronik, Autoindustrie, Flugzeugbau

2.3 Sun Belt in Arizona und New Mexico: Elektronik, Maschinenbau, Elektro-, Flugzeug- und Weltraumindustrie

2.4 Städtisch-industrielle Gebiete der Pazifikküste

2.4.1 In Kalifornien (San Francisco – Sacramento, Los Angeles – San Diego): Flugzeug-, Raketen-, Schiffbau, Elektronik- und Computerindustrie, Maschinenbau, Versorgung der Streitkräfte

2.4.2 In Washington (Seattle) und Oregon (Portland) = Pazifischer Nordwesten: Aluminiumindustrie, Flugzeugbau, Holzindustrie, Schiffbau.

Landwirtschaft: Nach Umfang der Produktion und Produktivität leistungsfähigste der Welt, ausschlaggebend sind klimaökologische Rahmenbedingungen und hohe Kapitalintensität: Hoher Grad von Mechanisierung, Bewässerung, Chemisierung, Hybridisierung, Organisation, Intensivierung führt zum Strukturwandel; Zahl der Betriebe schrumpft seit 50er-Jahren um über 60 %, durchschnittliche Betriebsgröße rund 190 ha, 60 % der Agrarproduktion aus etwa 200 000 Großfarmen, Entwicklung zu Agribusiness (Agrarfabriken) und Fütterungswirtschaft hält an, zugleich Stilllegung von Anbaufläche.

Raumstruktur: Im 19. und zu Beginn des 20. Jh. Entwicklung landwirtschaftlicher Großräume (Belts) nach überwiegenden Produktionszweigen und Produktionsrichtungen, den Prozess steuern Geofaktoren und Kräfte: 1. Raumpotential und Großrelief sowie klimaökologische Faktoren; 2. innerbetriebliche Kräfte wie Arbeitsausgleich und Risikoausgleich sowie außerbetriebliche Kräfte wie Nachfrage auf den Agrarmärkten, Lage zu den Agrarmärkten, Verhältnis von Agrarpreisen und Kosten für Betriebsmittel; Raummuster der Agrarbelts wird zunehmend aufgelockert.

1. Dairy Belt (Milchwirtschaftsgürtel) im nördlichen Mittelwesten und Nordosten (Neuengland, nördliche Appalachen, Große Seen), feuchte kühlgemäßigte Klimate, Futterbau und Milchviehhaltung, Versorgung der Verdichtungsräume im Manufacturing Belt;
2. Corn Belt (Maisgürtel) im südlichen Mittelwesten (Zentrales Tiefland), kontinentale kühlgemäßigte Klimate, Mais- und Sojabohnenanbau mit Schweine- und Rindermast;
3. General Farming (gemischte Landwirtschaft) im nördlichen Süden (Zentrales Tiefland, zentrale und östliche Appalachen), warme kontinentale und maritime kühlgemäßigte Klimate, Getreide-Hackfruchtbau (Kartoffeln), Tabakbau, Futterbau und Milchviehhaltung, Rindermast, Geflügelhaltung;
4. Mid Atlantic Coast Truck Belt (Sonderkulturen) im Verdichtungsraum der Megalopolis, nördliche Atlantische Küstenebene, maritime kühlgemäßigte Klimate, Gemüse- und Obstbau;
5. Cotton Belt (Baumwollgürtel) im mittleren Süden und südöstlicher Westen (Mississippitiefland, südöstliche Great Plains), immerfeuchtes Subtropenklima, Baumwoll- und Sojabohnenbau, eingestreut intensive Geflügelhaltung;
6. Subtropical Crops Belt (Reis- und Zuckerrohrgürtel) im Golfküstensaum und in Florida, sehr warme, immerfeuchte Subtropenklimate, Reis-, Zuckerrohr-, Baumwolle-, Sojabau, Sonderkulturen: Obst, Gemüse, subtropische Früchte, Tabak;
7. Wheat Belt (Weizengürtel) im nordwestlichen Mittelwesten und östlichen Westen (Gebiet der Langgrasprärie, Great Plains beiderseits 100°W), Trockenklimate der Mittelbreiten (feuchte winterkalte und wintermilde Steppenklimate), Getreidebau: Sommerweizen im Norden, Zuckerrüben, Winterweizen im Süden;
8. Grazing and Irrigated Crops Belt (Weidewirtschafts- und Bewässerungsfeldbaugürtel) im Westen (westliche Great Plains, Rocky Mountains, mittlere und südliche intermontane Gebiete), Trockenklimate der Mittelbreiten und trockene Subtropen, stationäre Weidewirtschaft (Rinder- und Schafhaltung), sowohl extensiv als auch Fütterungswirtschaft, Bewässerungsfeldbau in der Felsengebirgsfußhügelzone sowie in den intermontanen Gebieten; Weizen, Mais,

Zuckerrüben;
9. Dairy and Fruit Farming (Milchwirtschaft und Obstbau) im pazifischen Nordwesten (Küstensaum in Washington, Oregon, Nordkalifornien), maritime kühlgemäßigte Klimate, Futterbau und Milchviehhaltung, Obstbau;
10. Irrigated Fruit Farming (Bewässerungsfeldbau) in Kalifornien (vor allem Kalifornisches Längstal), sommertrockene und trockene Subtropen, Bewässerungs- und Regenfeldbau, Sonderkulturen: Obst, Zitrusfrüchte, Gemüse, Wein, Mandeln, Walnüsse; Feldbau: Reis, Baumwolle, Zuckerrüben.

7.6.5.2 Kanada

Canada, Hauptstadt: Ottawa

Staat und Bevölkerung

Föderalistisch strukturierte parlamentarische Monarchie im Commonwealth of Nations seit 1931, Staatsoberhaupt ist der britische Monarch, durch Generalgouverneur vertreten, seit 1982 staatliche Autonomie, 10 Bundesstaaten (Provinzen) mit eigenen Verfassungen und den unter Bundesverwaltung stehenden Territorien Yukon und Northwest, bis 2008 Schaffung eines Territoriums (Nunavut) der Inuit (Eskimos) im Nordwest-Territorium.
Einwanderungsland, Urbevölkerung (Indianer) wächst heute wieder stark, zusammen mit Inuit (Eskimos) etwa 2% der Bevölkerung, etwa 95% der Gesamtbevölkerung stammen von europäischen Einwanderern ab: 40% britischer, 27% französischer Abkunft. Drei Viertel der Bevölkerung Christen (davon 45% Katholiken).
Starke Verstädterung (78% Stadtbevölkerung, vor allem Toronto, Montreal, Vancouver), insgesamt sehr dünn besiedelt, Yukon und Nordwest fast menschenleer, verhältnismäßig dicht besiedelt nur etwa 300 km breiter Streifen im Südosten.

Landesnatur

Lage und Oberflächengestalt: Transkontinentaler Staat, zweitgrößtes Land der Erde, liegt im Norden von Nordamerika zwischen Pazifik, Nordpolarmeer und Atlantik, grenzt im Nordwesten an Alaska, im Nordosten an Grönland (Dänemark) und im Süden an die USA.
Gliederung in drei Großlandschaften: Gebirgsland im Westen, Great Plains, Kanadischer Schild. Gebirgsland im Westen ist dreigeteilt, die Hochgebirgsketten auf der pazifischen Seite (Inselketten, Küstengebirge, Fjordlandschaften an der Küste), innere Hochplateaus, die Hochgebirgsketten auf der kontinentalen Seite (Rocky Mountains, Mackenziegebirge). Great Plains setzen am Fuß der Rocky Mountains in 1 500 m Höhe an und sen-

ken sich, in mehrere Höhenstufen gestaffelt, bis zum Kanadischen Schild auf 300 m. Kanadischer Schild nimmt etwa die Hälfte Kanadas ein, hat Form einer flachen Schüssel mit aufgewölbten Rändern, in Labrador über 1 000 m Höhe, Mitte bildet Hudson Bay mit weiten Sumpfniederungen am Südrand, nach Norden löst sich der Schild in arktische Inselflur auf, steigt bis über 2 500 m Höhe an. Im Südosten trennt Grabenbruch des St.-Lawrence-Tieflands Kanadischen Schild von Ausläufern der Appalachen.

Great Plains, Kanadischer Schild und nördliche Appalachen im Eiszeitalter mehrmals vom Inlandeis bedeckt, überwiegend Abtragungsgebiet: runde Formen des Gletscherschliffs, Gletscherbecken heute Tausende von kleinen und großen Seen.

Klima und Vegetation: Kontinentale Klimate, am Pazifik maritimer Einfluß, ab 55° N bis 60° N Zone des lückenhaften, nördlich des Polarkreises des geschlossenen Dauerfrostbodens, zonale Gliederung herrscht vor, nur im Süden der Great Plains wirkt sich Regenschatten des Gebirgslandes aus:

1. Arktischer Archipel und Küstensaum, in Barrengrounds bis auf 1 000 km Breite, Südufer der Hudson Bay einbezogen, in Labrador bis 800 km breit, Tundrenklimate, subarktische Frostschutzzone und Tundrenländer;
2. nördliche Great Plains, Kanadischer Schild westlich der Hudson Bay, etwa 1 000 km breite Zone, extrem kontinentale kaltgemäßigte Klimate, Waldtundren- und lichte boreale Nadelwaldländer;
3. mittlere Great Plains, südlicher Kanadischer Schild, Labrador, Neufundland, nördliche Appalachen, 500 bis über 1 000 km breite Zone, kaltgemäßigte Klimate, boreale Nadelwaldländer;
4. Pazifikküste bis 55° N, maritime kaltgemäßigte Klimate, boreale Nadelwaldländer;
5. Pazifikküste südlich 55° N, extrem maritime kühlgemäßigte Klimate, immergrüne Regenwaldländer;
6. Kanadischer Schild östlich der Großen Seen, kontinentale kühlgemäßigte Klimate, sommergrüne Laub- und Mischwaldländer;
7. südliche Great Plains, winterkalte Trockenklimate der Mittelbreiten, Steppenländer;
8. Gebirgsland des Westens, kühlgemäßigte und kaltgemäßigte Klimate, abnehmender Niederschlag von West nach Ost, Höhenstufen der Vegetation.

Wirtschaft

Wirtschaftliche Entwicklung: Industrieland mit hohem Anteil des Dienstleistungssektors, bedeutende Wirtschaftsmacht, frühe wirtschaftliche Entwicklung fußt auf Fischerei, Pelztierfang, Holzwirtschaft, Bergbau, Herausbildung rohstofforientierter Industriezweige, Veredlung einheimischer Rohstoffe heute noch kennzeichnend, enge Verflechtung mit USA: Kapitaltransfer, Handel.

Bergbau und Industrie: Bedeutende Rohstoffvorkommen, vor allem im Kanadischen Schild, bis auf Chrom, Mangan, Bauxit Förderung aller für Industrie notwendigen Rohstoffe, insbesondere Zink, Uran, Nickel, Asbest, Kali sowie Erdöl (Ölsande) in Alberta zur Deckung des Energiebedarfs, Yukon-Territorium und Nordwest-Territorium bisher kaum erschlossen.

Industrieprofil: Grundstoff- und Produktionsgüterindustrien: Holzverarbeitung, Zellstoff und Papier, Verarbeitung von Bodenschätzen bis zu Halbfabrikaten, Mineralölverarbeitung, daneben Zweige der Verbrauchsgüterindustrie sowie Fisch- und Lebensmittelindustrie.

Raumstruktur: Ausgeprägte räumliche Disparität, Kernraum wirtschaftlicher Tätigkeit ist ein etwa 400 km breiter Streifen entlang der Grenze zu den USA; Ontario: acht der 22 industriellen Standortgruppierungen (Industriestädte) und bedeutende Bergbaustandorte; Quebec: Bergbau, Industrie; British Columbia: Bergbau, Holzwirtschaft. Fischereiwirtschaft: Atlantikküste in Neufundland, Neuschottland, Pazifikküste in British Columbia.

Landwirtschaft: Hoher Stellenwert, stark mechanisiert, Produktion übersteigt deutlich den Binnenbedarf, nur 7 % des Territoriums landwirtschaftlich genutzt, überwiegend Familienbetriebe zwischen 4 und 160 ha, daneben Großbetriebe über 300 ha.

Naturbedingte Landwirtschaftsgebiete:

1. Südliches Quebec, vor allem Sankt-Lorenz-Strom-Gebiet: Gemischtbetriebe (Hackfrucht, Getreide, Obst, Futterbau und Milchviehhaltung, Schweinemast);
2. Prärieprovinzen Alberta (Mitte und Südosten), Saskatchewan (südliche Hälfte), Manitoba (äußerster Süden), fast 80 % der landwirtschaftlichen Nutzfläche: Getreidebaubetriebe (Weizenmonokulturen);
3. Hochplateau im Süden von British Columbia: Gemischtbetriebe mit Obstbau.

7.6.6 Lateinamerikanischer Kulturraum

Wald- und Grasländer der tropischen, subtropischen und der gemäßigten Klimazonen mit Siedlungsräumen unterschiedlicher Siedlungsgunst. Ursprünglich indianischer Kulturraum mit Hochkulturen, seit der Neuzeit Eroberungen und Christianisierung durch Spanier und Portugiesen. Herausbildung starker sozialer Gegensätze zwischen spanisch-portugiesischer Oberschicht (Latifundien-wirtschaft, Bergwerksbesitzer, Verwaltungsbeamte) und indianischer Bevölkerung (Landarbeiter, Grubenarbeiter, Dienerschaft), später Verbringen von Schwarzafrikanern als Arbeitssklaven, im 19. und 20. Jh. Masseneinwanderung, Portugiesen, Italiener, Deutsche in Brasilien, Siedlungskolonien der Spanier, Italiener und Deutschen in Chile, Argentinien, Uruguay, Dezimierung der Indianer, starke Vermischung zwischen Indianern, Europäern und Schwarzafrikanern.

Große räumliche Unterschiede in Lebensformen und wirtschaftlicher Leistung: traditionelle und neuzeitliche Formen der Landnutzung (Wildbeuter, Wanderfeldbau, Minifundien, Latifundien), Bergbau, Industrialisierung und Modernisierung unterschiedlich stark (produzierendes Gewerbe, Handel, Dienstleistungen) mit städtischen Lebensweisen, Verschärfung sozialer Spannungen, Elendsviertel, z.T. hohe Auslandverschuldung.

7.6.7 Staaten im Lateinamerikanischen Kulturraum

7.6.7.1 Mexiko

Vereinigte Mexikanische Staaten, Hauptstadt: Mexiko-Stadt (Ciudad de México)

Staat und Bevölkerung

Präsidiale Bundesrepublik seit 1917, Bundesstaat aus 31 Gliedstaaten (Estados) mit eigenen Verfassungen und dem Bundesdistrikt Mexiko-Stadt.

Drei Viertel der Mexikaner sind Mestizen, 14 % Indianer und 10 % Weiße, Anteil der Indianer nimmt ständig ab, größere Indianergruppen in den Bundesstaaten Oaxaca, Chiapas und Tabasco. Spanisch (Amtssprache) benutzen über 90 % der Bevölkerung als Umgangssprache. Über 90 % sind Christen, vorwiegend Katholiken, altindianische Glaubensvorstellungen sind mit Christentum eng verflochten.

Etwa drei Viertel Stadtbevölkerung, allein in Mexiko-Stadt wohnt ein Viertel aller Einwohner. Sehr ungleichmäßige Verteilung der Bevölkerung, Hauptsiedlungsgebiet beiderseits der Achse Veracruz – Mexiko – Guadalajara. Nach Brasilien ist Mexiko das bevölkerungsreichste Land Lateinamerikas.

Landesnatur

Lage und Oberflächengestalt: Flächengroßer Staat zwischen Nordamerika und der mittelamerikanischen Landbrücke sowie Pazifischem Ozean im Westen und Golf von Mexiko und Karibischem Meer im Osten, grenzt im Norden an USA, im Süden an Guatemala und Belize.

Isthmus von Tehuantepec (Breite 216 km, Wasserscheide 300 m) trennt kontinentales Mexiko vom kleineren Landbrückenanteil mit Halbinsel Yukatan im Süden, kontinentales Mexiko nach geologischem Bau die Fortsetzung des Gebirgslandes im Westen Nordamerikas, überwiegend Zentrales Hochland aus vulkanischem Gestein mit einzelnen Becken zwischen 1 100 m im Norden und 2 000 bis 2 500 m Höhe im Süden, Zentrales Hochland begrenzt durch geschlossene, waldbedeckte vulkanische Westliche Sierra Madre und stärker aufgelöste, weniger bewaldete, aus gefaltetem Kalkgestein aufgebaute Östliche Sierra Madre, parallel zum Festland die 1 300 km lange Halbinsel Niederkalifornien, im Süden schließt junge Vulkankette das Hochland ab, darauf folgt Tal des Rio Balsas, jenseits schließt das kristalline Bergland der Südlichen Sierra Madre das kontinentale Mexiko ab, Küstenvorländer begleiten die Gebirge: eine schmale Küstenebene am Golf von Kalifornien und Pazifik, die breite Golfküstenebene im Osten.

Gebiet der mittelamerikanischen Landbrücke zweigeteilt, die vulkanische Sierra Madre de Chiapas, das weitgehend verkarstete und zum Teil sumpfige tief liegende Kalkplateau der Halbinsel Yukatan.

Klima und Vegetation: Mexiko liegt beiderseits des nördlichen Wendekreises und erstreckt sich über 18 Breitengrade in der subtropischen und tropischen Zone, Niederschlag schwankt zwischen 100 mm im Nordwesten und über 2 500 mm im Bereich des Nordostpassats auf der Ostseite, in den Hochgebirgen Ausbildung randtropischer Höhenstufen.

Klimate und Vegetation in zonaler und meridionaler Abfolge:

1. Subtropische Klimate
1.1 Westseite der Halbinsel Niederkalifornien bis 30° N, winterfeuchte trockene Subtropen, Trockenstrauch- und Sukkulentensteppenländer
1.2 Ostseite der Halbinsel Niederkalifornien, Westseite des Festlandes, inneres Zentrales Hochland bis 25° N, trockene Subtropen, Halbwüstenländer
1.3 Westliches und östliches Zentrales Hochland bis 25° N, sommerfeuchte trockene Subtropen, Trockenstrauch- und Sukkulentensteppenländer
2. Tropische Klimate
2.1 Südliche Halbinsel Niederkalifornien, trockene Tropen, tropische Halbwüsten- und Wüstenländer
2.2 West- und Ostseite sowie der Süden des Festlandes, wechselfeuchte Tropen, Trockensavannenländer
2.3 Südliche Mitte des Zentralen Hochlandes, wechselfeuchte Tropen, Dornsavannenländer

2.4 Halbinsel Yukatan, von Südwest nach Nordost Abfolge von immerfeuchten Tropen und wechselfeuchten Tropen mit zunehmender Dauer der Trockenzeit, tropische Regenwald-, Feuchtsavannen-, Trockensavannen- und Dornsavannenländer

3. Gebirgsketten mit klimatischen Höhenstufen und Höhenstufen der Vegetation.

Wirtschaft

Wirtschaftliche Entwicklung: Rohstoffreiches Industrie-Agrarland mit hohem Anteil des Dienstleistungssektors, unter den Staaten Lateinamerikas am weitesten industrialisiert, nach spanischer Eroberung setzt mithilfe indianischer Zwangsarbeiter Ausbeutung der Silberminen ein, Kapital fließt aus Mexiko ab, nach 1850 Ausbeutung der Rohstoffe mit Kapital aus England und USA, Streben nach wirtschaftlicher und politischer Selbstständigkeit führt zur Revolution 1910–1917, Bodenreform und Verstaatlichung der Bodenschätze, der Erdölindustrie (1938), Eisen schaffenden Industrie, Energiewirtschaft, des Nachrichtenwesens, heute marktwirtschaftliches Wirtschaftssystem mit nebeneinander bestehenden Staats- und Privatbetrieben, Privatisierung von Betrieben der Nahrungsmittel-, Textil- und Bekleidungsindustrie seit 80er-Jahren zur Schuldentilgung, Ausbau der Petrochemie, Eisen schaffenden Industrie, Energiewirtschaft und Häfen in 70er- und 80er-Jahren, Ausbau der Infrastruktur, Beitritt zur NAFTA und Orientierung auf asiatisch-pazifischen Raum durch Beitritt zur APEC.

Bergbau und Industrie: Hervorragende Stellung bei der Weltrohstoffversorgung, Erdöl, Erdgas, Silber, Antimon, Blei, Zink, Quecksilber, Mangan, Kupfer, Eisenerz.

Industrieprofil: Grundstoff- und Produktionsgüterindustrien: Mineralölverarbeitung, Eisen schaffende Industrie, Nichteisenmetallerzeugung, Chemie, Baustoffindustrie; Investitionsgüterindustrie: Maschinen- und Fahrzeugbau; Verbrauchsgüterindustrie: Textil und Bekleidung; Nahrungsmittelindustrie.

Raumstruktur: Ausgeprägte räumliche Disparität, staatliche Bemühungen um Dezentralisierung bisher geringe Wirkungen, Konzentration der Standortgruppierungen auf Hochtal von Mexiko mit Mexiko-Stadt (60 %), auf Monterrey und Monclova (25 %) sowie Guadalajara (15 %).

Landwirtschaft: Noch 30 % der Erwerbstätigen in Landwirtschaft beschäftigt, Inlandbedarf an pflanzlichen Grundnahrungsmitteln wird nicht gedeckt, Latifundien produzieren drei Viertel der Exportfrüchte (Kaffee, Baumwolle, Tomaten, Obst, Tabak, Sisal), hoher Anteil an Bewässerungsland, seit 40er-Jahren staatlich geförderte Wassererschließung, 12 % des Territoriums Feldbau, 20 % Wald, agrarsoziale Struktur durch drei Eigentumsformen gekennzeichnet: bäuerlicher Kleinbesitz bis 5 ha Nutzfläche als Selbstversorgungswirtschaft, Mittel- und Großbesitz (Latifundien) als Agrobusiness, Gemeinschaftseigentum (ejido), Grund und Boden gehört dem Staat, Eigentumsrecht ruht, solange Flächen bewirtschaftet werden.

Naturbedingte Landwirtschaftsgebiete:

1. Becken und Täler im mittleren Gebiet des Zentralen Hochlandes, Regenzeitfeldbau und Bewässerungsfeldbau: Weizen, Mais, Bohnen, Obst;
2. Küstensaum am Pazifik, Küstenvorland am Golf von Mexiko und nördliches Tiefland der Halbinsel Yukatan, Regenzeit- und Dauerfeldbau: Mais, Bohnen, Baumwolle, Tabak, Bananen, Zuckerrohr, Erdnuss, Kaffee, Reis, Kakao;
3. nördliches Zentrales Hochland, stationäre Weidewirtschaft in extensiver Form und als Fütterungswirtschaft.

7.6.7.2 Brasilien

Föderative Republik Brasilien, Hauptstadt: Brasilia

Staat und Bevölkerung

Präsidiale Bundesrepublik seit 1988, Bundesstaat aus 26 Gliedstaaten und dem Bundesdistrikt Brasilia.

Kolonial- und Einwanderungsland mit starker Vermischung der Rassen: indianische Urbevölkerung, europäische Kolonialisten (Portugiesen) und Einwanderer, eingeschleppte Sklaven aus Schwarzafrika, heute über 30 % Mischlinge, 54 % Weiße (darunter etwa 2 Mio. deutscher Herkunft, vor allem im Süden), 6 % Schwarze, daneben etwa 1 Mio. Asiaten, vor allem Japaner, und etwa 350 000 Indianer (vorwiegend im Regenwald Amazoniens). Über 90 % der Brasilianer sind Christen (89 % Katholiken).

Über drei Viertel Stadtbevölkerung, vorwiegend an der Atlantikküste (São Paulo, Rio de Janeiro, Salvador, Recife, Fortaleza, Porto Alegre). Bevölkerungsreichstes Land Lateinamerikas, starke Unterschiede in der Bevölkerungsverteilung, im Süden und Südosten leben auf 20 % der Staatsfläche fast zwei Drittel der Brasilianer, übrige Landesteile überwiegend sehr dünn besiedelt, Ausnahmen: u. a. Region Goiania – Brasilia, Manaus, Rondowia.

Landesnatur

Lage und Oberflächengestalt: Staat von subkontinentaler Größe, Ostgrenze bildet Atlantischer

Ozean, grenzt an alle Staaten Südamerikas außer an Chile und Ecuador.

Kristalliner Gesteinssockel des Urkontinents Gondwana präkambrischen Ursprungs, Aufwölbungen und weit gespannte Senkungen bedingen heutige Großformen: Amazonasmulde und Hochbrasilien, 40 % des Territoriums nimmt Amazonastiefland ein, erfüllt von Sedimenten der Erdalt-, Erdmittel- und Erdneuzeit, Bergland von Brasilien nimmt etwa 40 % ein, durch Bruchlinien und Wölbungen stark gegliedertes kristallines Massiv des Brasilianischen Schildes, im Gebiet des Paraná noch von Schichtgesteinen bedeckt, Bergland steigt von Nordwesten nach Südosten an, im Südosten steiler Abfall zur schmalen atlantischen Küstenebene, im Norden randlicher Anteil am Schild von Guayana mit dem Bergland von Guayana, desgleichen im Südwesten an der Paraguay-Paraná-Senke.

Klima und Vegetation: Mit Ausnahme des äußersten Südens tropische Klimate, Regime des Passatsystems im Osten und Nordosten des Brasilianischen Berglandes gestört, Außenränder verbleiben ganzjährig im Südostpassat: Luvseite mit Steigungsregen bis über 1 500 mm, Leeseite mit nordostbrasilianischem Trockengebiet.

1.   Tropische Zone
1.1 Amazonastiefland, immerfeuchte Tropen, immergrüne tropische Tieflandsregenwaldländer (Hyläa und Selvas)
1.2 Brasilianisches Bergland, wechselfeuchte Tropen, Feuchtsavannenklimate: gürtelförmige Abfolge von immergrünem Passatregenwald (Cerradao) und regengrünen Baum- und Strauchformationen des Campos cerrados (Obstgartensavanne)
1.3 Nordosten des Brasilianischen Berglandes, wechselfeuchte Tropen, Trocken- und Dornsavannenklimate, Dornbusch- und Dornwälder (Caatinga)
1.4 Außenseite des Brasilianischen Berglandes vom Nordosthorn bis 30° N, immerfeuchte Tropen, immerfeuchte tropische Regenwaldländer
2.   Subtropische Zone
2.1 Inneres Bergland in Paraná und Santa Catarina, immerfeuchte Subtropen, immergrüne subtropische Waldländer, teilweise Aurakarienwälder
2.2 Bergland in Rio Grande do Sul, immerfeuchte Subtropen, Graslandklimate, Ausläufer der argentinischen Pampa
3.   Azonal, Pantanal: Überschwemmungsgebiet am oberen Paraná, Hochgrasfluren.

Wirtschaft

Wirtschaftliche Entwicklung: Industrie-Agrarland mit hohem Anteil des Dienstleistungssektors, vergleichsweise stark industrialisierter lateinamerikanischer Staat, über 40 % der Industrieproduktion Lateinamerikas, marktwirtschaftliches Wirtschaftssystem mit massiven staatlichen Eingriffen über nationale Entwicklungspläne und Wirtschaftslenkung: exportfördernde Währungspolitik, Subventionen und Steuererleichterungen (Landgewinnungsprojekte in Amazonien, Zuckerrohranbau, Industrieansiedlungen), ausländische Kapitalinvestitionen, Gründung staatlicher Großunternehmen, seit Anfang 90er-Jahre Privatisierungen.

Bergbau und Industrie: Rohstoffreiches Land, geologische Erkundung noch nicht abgeschlossen, wichtige Vorkommen: Steinkohle, Eisenerz, Bauxit, Kupfer, Mangan, Chrom, Phosphat, Uran, Erdöl, Erdgas.

Industrieprofil: Breit gefächerte Branchenstruktur in allen Industriezweigen, Schwerpunkt der Entwicklung seit Ende der 40er-Jahre Verbrauchsgüterindustrie (Textil-, Fahrzeug-, Möbelindustrie) sowie Nahrungsmittelindustrie, in den 70er-Jahren Petrochemie, Elektroindustrie, Maschinenbau, über 90 % Klein- und Mittelbetriebe.

Raumstruktur: Ausgeprägte räumliche Disparität, Industrialisierung und Verstädterung vorwiegend im Litoral: 300 bis 600 km tiefes Gebiet entlang der Südostküste, umfasst etwa ein Viertel des Territoriums mit über 80 % der Einwohner und über 90 % des BIP.

Hauptindustriegebiet ist Staat São Paulo, Standortgruppierung mit fast allen Industriezweigen, besonders Fahrzeug- und Maschinenbau, über 55 % der Industrieproduktion; weitere Standortgruppierungen in den Staaten Rio de Janeiro, 12 % Anteil, besonders Eisen schaffende Industrie, Maschinenbau, Chemie, Schiffbau; Minas Gerais, 8 % Anteil, besonders Bergbau, Eisen schaffende Industrie, Baustoffe; sowie Standortgruppierungen in Porto Alegre, 7 % Anteil, besonders Lebensmittel, Textil, Elektro; Salvador, Anteil 4 %, besonders Mineralölverarbeitung, Chemie, Nichteisenmetallerzeugung; Recife, Anteil 4 %, besonders Textil, Zucker, Süßwaren, Lebensmittel, Glasindustrie.

Landwirtschaft: Exportorientiert: Kaffee, Soja, Zucker, Kakao, Mais, Reis, Apfelsinen, Baumwolle, Import von Grundnahrungsmitteln, Deckung des Rindfleischbedarfs aus eigener Produktion, Steigerung der Zuckerrohranbaufläche zur Alkoholgewinnung als Motorentreibstoff zum Teil auf Kosten der Anbaufläche für Grundnahrungsmittel, agrarsoziale Struktur zweigeteilt: Latifundienwirtschaft, 10 % der Betriebe verfügen über 80 % der landwirtschaftlichen Nutzfläche, demgegenüber Masse von Kleinbauern mit Selbstversorgungswirtschaft am Rande des Existenzminimums, kapitalschwach und geringer Mechanisierungsgrad, staatliche und individuelle Siedlungsversuche in Regenwaldgebieten bisher gescheitert, staatliche Versuchplantagen und Musterfarmen im Gebiet von Manaus und Belém erforschen Voraussetzungen der landwirtschaftlichen Erschließung Amazoniens.

Naturbedingte Landwirtschaftsgebiete:

1. Agrargürtel des Litoral in Küstenebenen der Südostflanke und im Brasilianischen Bergland, Regenzeit und Dauerfeldbau tropischer Kulturen: Kaffee, Kakao, Zuckerrohr, Baumwolle, Erdnüsse, Sojabohnen, Mais, Maniok, Bohnen;
2. subtropischer Süden, Regenfeldbau: Mais, Weizen, Sojabohnen, Reis in der Küstenebene südlich Porto Alegre, Obst, Gemüse, Zitrusfrüchte, Wein;
3. im Gürtel des Passatregenwaldes und auf Rodungsinseln bei Manaus, Großbetriebe der Rinderweidewirtschaft, extensive stationäre Weideviehhaltung zum Teil mit Fütterungswirtschaft;
4. Regenwaldgebiete des Amazonastieflandes, Subsistenzwirtschaft,
4.1 tropischer Feldbau der Kleinbauern in landwirtschaftlichen Kolonisationsgebieten, vor allem in Rondonia, an der Transamazonica im Staat Pará, in den Staaten Maranhão und Mato Grosso,
4.2 Sammelwirtschaft: Naturkautschuk,
4.3 Wildbeutertum, Wanderfeldbau indianischer Gruppen.

7.6.7.3 Argentinien

Argentinische Republik, Hauptstadt: Buenos Aires

Staat und Bevölkerung

Präsidiale Bundesrepublik seit 1853, Bundesstaat aus 22 Gliedstaaten (Provinzen) mit eigenen Verfassungen, dem Bundesdistrikt Buenos Aires und dem Nationalterritorium Feuerland.
Einwanderungsland, heute über 90 % Weiße, vorwiegend spanischer (40 %) und italienischer (30 %) Abstammung, indianische Ureinwohner im Zuge der spanischen Eroberung weitgehend ausgerottet, Reste (etwa 35 000 Indianer) in Patagonien und im Gran Chaco, Minderheiten heute neben Indianern, Mestizen sowie Einwanderer aus Nachbarländern. 95 % der Argentinier sind Katholiken.
Stadtbevölkerung 87 %, drei Millionenstädte (Buenos Aires, Córdoba, Rosario). Starke Unterschiede in der Bevölkerungsverteilung, nach Süden abnehmende Bevölkerungsdichte, Ballungsgebiet ist Großraum Buenos Aires, hier leben etwa 35 % der Argentinier.

Landesnatur

Lage und Oberflächengestalt: Flächengroßer Staat, grenzt im Norden an Bolivien und Paraguay, im Nordosten an Brasilien und Uruguay, im Westen und Süden an Chile, im Osten an den südlichen Atlantischen Ozean.
Oberflächengestalt entsprechend dem geologischen Bau zweigeteilt: Die westliche Randzone gehört in der gesamten Nord-Süd-Ausdehnung zum alpidischen Faltengebirgszug der Anden, das östlich gelegene außerandine Gebiet besteht im Sockel aus den kristallinen Gesteinen der Patagonischen Masse, die im Norden von Basaltdecken, nach Süden von Sedimentgesteinen der Erdmittelzeit überlagert sind.
Der Hochgebirgsanteil wächst nur im Nordwesten auf 600 km Breite an, das außerandine Gebiet fällt von 400 bis 500 m Höhe am Andenrand bis auf etwa Meereshöhe am Atlantik ab, es gliedert sich von Norden nach Süden: der ebene Gran Chaco bis 30° S, das ebene bis wellige argentinische Zwischenstromland im Nordosten zwischen Paraná und Uruguay, die vorwiegend ebene Pampa in der Mitte Argentiniens bis 38° S, die weiten Plateau- und Schichtstufenländer Patagoniens vom Rio Colorado bis Feuerland.

Klima und Vegetation: Entsprechend der Nord-Süd-Ausdehnung Anteile an der tropischen, subtropischen und gemäßigten Klimazone, Höhengliederung und Gestalt des Festlandes bewirken jedoch ein Übergewicht der meridionalen Anordnung in der Klimagliederung: Dem maritim beeinflussten Osten steht der kontinentale Westen gegenüber, das keilförmige Auslaufen des Kontinents ermöglicht im Süden mildernde maritime Einflüsse.

1. Tropische Zone
1.1 Argentinischer Gran Chaco, nördlicher Teil, wechselfeuchte Tropen, im Innern Trockensavannenklima, am Andenfuß und am Ostrand Dornsavannenklima, Trockenwälder mit Dornbusch- und Sukkulentenbeständen (Kakteen, Opuntien)
2. Subtropische Zone
2.1 Argentinischer Gran Chaco, südlicher Teil, trockene Subtropen mit Sommerregen, Dornsteppenländer
2.2 Pampa, meridionale Gliederung
2.2.1 Andenvorland, trockene Subtropen, Halbwüstenländer mit Polsterpflanzen
2.2.2 Westliche Mitte, trockene Subtropen, weniger als fünf Monate Niederschlag, Sukkulentensteppenländer
2.2.3 Östliche Mitte, trockene Subtropen, mehr als fünf Monate Niederschlag, Kurzgrassteppe mit Büschelgräsern
2.2.4 Atlantischer Saum und Zwischenstromland,

immerfeuchte Subtropen, Langgrassteppenländer mit Federgräsern, im Zwischenstromland an den Flüssen Galeriewälder
3.   Gemäßigte Zone, meridionale Gliederung
3.1   Andenvorland, Trockenklimate der Mittel-
      breiten, weniger als sechs Monate Nieder-
      schlag, Steppenländer mit Gras- und
      Buschwuchs
3.2   Östliche Gebiete, Trockenklimate der Mittel-
      breiten, Halbwüstenländer mit Polsterpflan-
      zen.

Wirtschaft

Wirtschaftliche Entwicklung: Industrie-Agrarland
mit sehr hohem Anteil des Dienstleistungssektors,
viele Unternehmen im ausländischen Besitz, Industrie stark importabhängig und nur begrenzt ex-
portfähig. Industrialisierung setzt in 20er-Jahren
ein; Rohstoffe und Fachkräftepotenzial der Einwanderer wären gute Voraussetzungen einer Entwicklung zum Industriestaat, Potenzial wird aber unzureichend umgesetzt, großer Anteil staatlicher
Betriebe in der Grundstoffindustrie, Mitte der 90er-
Jahre bedeutende Privatisierungsaktion der Regierung.

Bergbau und Industrie: Bodenschätze in Streuung, bedeutende Vorkommen an Energieträgern,
Erdöl, Erdgas, Steinkohle; Erdölförderung deckt
heute Inlandnachfrage, weiterhin Uran, Eisenerz,
Mangan, Kupfer, Zink, Blei, Silber.

Industrieprofil: Verhältnismäßig breites Spektrum
der Branchen, wichtige Industriezweige: Nahrungsmittelindustrie (Verarbeitung der einheimischen
Fleisch- und Agrarerzeugnisse), Fahrzeugbau
(Pkw und Nutzfahrzeuge), Textil- und Bekleidungsindustrie, daneben Elektrotechnik, Mineralölverarbeitung, Chemie sowie Eisen schaffende Industrie,
Nichteisenmetallerzeugung.

Raumstruktur: Starke räumliche Disparität, wenige
Standortgruppierungen: Großraum Buenos Aires
(55 % der Produktion) sowie Rosario, Santa Fe (In-
dustriegasse am Paraná), Córdoba, Mendoza.

Landwirtschaft: Bedeutender Produzent landwirtschaftlicher Erzeugnisse, rund 75 % der Exportein-
nahmen, achtgrößter Fleischproduzent trotz rückläufiger Erzeugung, über 70 % des Territoriums
sind landwirtschaftliche Nutzfläche, aber 60 % Weideland, agrarsoziale Struktur: Latifundienwirtschaft, 5 % der Landbesitzer verfügen über 75 %
der landwirtschaftlichen Nutzfläche, Lohnarbeiter,
Pächter.

Naturbedingte Landwirtschaftsgebiete:

1. Gran Chaco und Zwischenstromland, Regen-
   zeit- und Dauerfeldbau: Baumwolle, Zuckerrohr,
   Sorghum, Zitrusfrüchte;

2. Pamparegion, Regenfeldbau: Mais, Weizen,
   Sonnenblumen, Erdnuss, Obst, Gemüse, stationäre Weidewirtschaft, intensive Rinderhaltung
   mit Fütterungswirtschaft;
3. Patagonien, stationäre Weidewirtschaft, überwiegend extensive Schafhaltung;
4. nördliche Fußregion der Anden, Bewässerungsfeldbau (Oasenregion des Westens): Wein,
   Obst, Gemüse, Zitrusfrüchte.

7.6.7.4 Peru

Republik Peru, Hauptstadt: Lima

Staat und Bevölkerung

Präsidialrepublik seit 1980, Einheitsstaat mit 25
Departamentos.
Frühe Kulturen seit 2 500 v. Chr., ab 800 v. Chr.
Hochkulturen, seit 1200 Kultur der Inka, von Spani-
en im 16. Jahrhundert unterworfen, heute noch
47 % der peruanischen Bevölkerung Indianer (u. a.
Aymará und Ketschua im Hochland der Anden),
sonst über 30 % Mestizen, über 10 % Weiße (Altspanier) sowie Asiaten (Japaner, Chinesen) und
Schwarze. 93 % Katholiken, 6 % Protestanten, Indianer auch Anhänger von Naturreligionen.
71 % Stadtbevölkerung, starke Landflucht vorwiegend nach Lima, ungleichmäßige Verteilung der
Bevölkerung: 90 % im Küstengebiet und im Hochland.

Landesnatur

Lage und Oberflächengestalt: Flächengroßer
Andenstaat am Pazifik, grenzt im Norden an Ecuador und Kolumbien, im Osten an Brasilien, im Südosten an Bolivien, im Süden an Chile.
Hochgebirgsketten der Anden durchziehen Peru
von Norden nach Süden, Gliederung in drei lang-
gestreckte Großlandschaften, von Westen nach
Osten: Costa, Sierra, Montaña und Selvas. Costa:
50 km breites Andenvorland; Hochgebirgsland der
Sierra dreigeteilt: Westkordillere, Puna-Hochland,
in mehrere Hochplateaus gegliedert, Titicacasee,
Vulkanismus, Ostkordillere; Montaña und Selvas:
stark bewaldetes Andenvorland und Amazonastiefland.

Klima und Vegetation: Andensystem bedingt meridionale Klimagliederung, zonale Gliederung nur in
der Costa schwach ausgeprägt.

1. Costa, nördlicher Teil trockene Tropen, südlicher
   Teil trockene Subtropen, Küstenwüste, Dorn-
   strauch- und Kakteenvegetation;
2. Kordilleren, tropische Höhenstufen des Klimas
   und der Vegetation: immergrüner Bergwald,
   Grasfluren, Fels- und Eisstufe;
3. Sierra, trockene und feuchte Puna: Grassteppe;

4. Montaña, immerfeuchte Tropen, tropischer Berg- und Nebelwald;
5. Selvas, immerfeuchte Tropen, immergrüner tropischer Regenwald.

Wirtschaft

Wirtschaftliche Entwicklung: Rohstoffreiches Agrar-Industrieland mit entwickeltem Bergbau, Export von Kupfer, Silber, Zink, Blei und Eisenerz bringt 50% der Exporterlöse, Wirtschaftsstruktur unausgewogen.

Bergbau und Industrie: Große Rohstoffvorkommen, vor allem Nichteisen- und Edelmetalle sowie seltene Erden, Erdöl- und Erdgaslagerstätten im Amazonastiefland, einige Industriezweige sind Staatsmonopole.

Industrieprofil: Grundstoff- und Produktionsgüterindustrie mit Nichteisenmetallerzeugung, Eisen schaffende Industrie, Mineralölverarbeitung, Baustoffe, Verbrauchsgüterindustrie vergleichsweise gering entwickelt, Nahrungsmittelindustrie.

Raumstruktur: Starke räumliche Disparität, Standortgruppierungen: Lima – Callao (über 50% des BIP), Arequipa, Chimbote, Chiclayo, Trujillo.

Landwirtschaft: Mit 25% am Export beteiligt, ein Viertel des Territoriums ist landwirtschaftliche Nutzfläche, davon weniger als 3% Ackerland, über ein Drittel der Arbeitnehmer in Landwirtschaft tätig; agrarsoziale Struktur: trotz Bodenreform Großgrundbesitz (Latifundienwirtschaft), produziert überwiegend in Monokulturen für Export, daneben Kleinbesitz in Subsistenz; Landreform: etwa 8 Mio. Hektar Land an Genossenschaften (300 000 Landarbeiter) und Kleinbauern übergeben.

Naturbedingte Landwirtschaftsgebiete:

1. Costa, Bewässerungsfeldbau: Baumwolle, Zuckerrohr, Mais, Gemüse, Tabak, 50% der Produktion;
2. Sierra, 39% der Bevölkerung auf 26% des Territoriums, 30% der Produktion, Regenzeitfeldbau und extensive Weidewirtschaft der Indios: Kartoffeln, Mais, Lamas, Alpacas, Schafe; Großbetriebe, exportorientierte extensive Weidewirtschaft: Lamas, Alpacas, Schafe;
3. Montaña und Selvas, 11% der Bevölkerung auf 63% des Territoriums, 20% der Produktion, Dauerfeldbau, Großbetriebe: Kaffee, Kakao, Tee, Baumwolle; Kleinbetriebe der Indios: Maniok, Mais.

7.6.7.5 Chile

Republik Chile, Hauptstadt: Santiago de Chile

Staat und Bevölkerung

Präsidialrepublik seit 1925, Einheitsstaat mit 13 Regionen.
Kolonial- und Einwanderungsland der Spanier: erfolgreicher Widerstand der Araukanerindianer südlich des Bio-Bio-Flusses, Unterwerfung erst Mitte des 19. Jh., starke deutsche Einwanderung in der zweiten Hälfte des 19. Jh. Chilenen heute zu über 50% Mestizen und zu 45% Weiße (vorwiegend Altspanier, etwa 100 000 deutscher Herkunft), 7% Indianer (darunter etwa 240 000 Araukaner in der Region Bio-Bio sowie etwa 10 000 Aymará in den Gebirgsflussoasen im Norden).
Chilenen zu 79% Katholiken und 6% Protestanten, ferner Animisten.
Stadtbevölkerung 85%, überwiegender Teil der Chilenen leben in Mittelchile (Santiago, Viña del Mar, Concepción, Valparaiso, Temuco), dünn besiedelt sind der Norden (Antofagasta, Arica) und der Süden.

Landesnatur

Lage und Oberflächengestalt: Andenstaat am Pazifik mittlerer Flächengröße, Nord-Süd-Erstreckung über 4 300 km, grenzt im Norden an Peru und Bolivien, im Osten an Argentinien.
Alpidisches Faltengebirge mit zwei Hochgebirgsketten, die Küstenkordillere mit einem Längstal und das nach Osten anschließende Massiv der Zentralkordillere, im Süden laufen die Gebirgsketten zusammen, lösen sich in Inselflur auf, Vulkanismus.

Klima und Vegetation: Große Nord-Süd-Ausdehnung bedingt Anteil an drei Klimazonen, Höhenunterschiede bedingen Höhenstufen des Klimas und der Vegetation sowie in Mittel- und Südchile eine scharfe Klimascheide zwischen feuchtem Westen und trockenen Anden im Osten.

1. Subtropische Zone
1.1 Trockene Subtropen bis etwa 26°S, Küstenwüste der Atacama, extrem trocken
1.2 Trockene Subtropen, nach Süden bis etwa 30°S, winterfeuchte Steppenklimate, Zwergstrauchsteppen mit Dornsträuchern und Sukkulenten, an der Küste feuchtere Nebelwälder
1.3 Sommertrockene Subtropen, bis etwa 36°S, Hartlaubwaldländer
2. Gemäßigte Zone
2.1 Maritime kühlgemäßigte Klimate, sommergrüne Laubwaldländer
2.2 Extrem maritime kühlgemäßigte Klimate, immergrüne Regenwaldländer, Araukarien und Südbuchen

3. Subpolare Zone

3.1 Tundrenklimate, Inseln südlich Feuerland, Tundrenländer.

Wirtschaft

Wirtschaftliche Entwicklung: Rohstoffreiches Industrie-Agrarland mit entwickeltem Bergbau, Abhängigkeit vom Bergbau setzt im 19. Jh. ein, in der Periode des chilenischen Sozialismus um 1970 Verstaatlichung von Bergbau und Industriebetrieben, Militärputsch 1973, Übergang zur Marktwirtschaft, Reprivatisierung, Öffnung zum Weltmarkt, ausländische Investitionen folgen.

Bergbau und Industrie: Größter Kupferproduzent der Erde, über 40 % der Exporterlöse aus Verkauf von Kupfer, Erdöl und Erdgas auf Feuerland, daneben Eisenerz, Mangan, Silber, Schwefel, Kohle.

Industrieprofil: Bestimmende Zweige sind Bergbau und Nichteisenmetallerzeugung, daneben Eisen schaffende Industrie, Baustoffindustrie, Nahrungsmittel, Textil, Chemie, Elektrotechnik, Kraftfahrzeugbau.

Raumstruktur: Räumliche Disparität zwischen Nord- und Mittelchile einerseits und Südchile andererseits, verarbeitende Industrie vorwiegend in Städten Mittelchiles, vor allem im Großraum Santiago.

Landwirtschaft: Verhältnismäßig geringe wirtschaftliche Bedeutung, Export von Holz, Fisch, Fischereierzeugnissen; 23 % des Territoriums landwirtschaftlich nutzbar, davon 8 % Ackerland und 15 % extensives Weideland, agrarsoziale Struktur: neben Großgrundbesitz und Latifundienwirtschaft überwiegend Klein- und Zwergbetriebe, Landreform der sozialistischen Periode von Militärregierung abgebrochen.

Naturbedingte Landwirtschaftsgebiete:

1. Nordchile, Bewässerungsfeldbau längs der kurzen Abdachungsflüsse aus den Anden: Zuckerrohr, Bananen im tropischen Bereich, Baumwolle, Oliven im subtropischen Bereich;
2. Mittelchile, zwei Drittel des Anbaus, Bewässerungsfeld- und Winterfeldbau: Weizen, Wein, Zitrus, Obst, Gemüse sowie Futterbau und Rindermast;
3. Südchile, ein Drittel des Anbaus, Regenfeldbau: Weizen, Kartoffeln, Obst, Futterbau und intensive Milchviehhaltung.

7.7 Australien und Ozeanien, physischer Erdteil

7.7.1 Naturräumliche Gliederung

Zweiteilung in das Festland Australien und die Inselwelt im Pazifik südlich des Nördlichen Wendekreises zwischen Hawaii-Inseln und Neuseeland; Tasmanien gehört geologisch zum Festland, Neuseeland und der Schwarm von rund 7 500 Inseln bilden Ozeanien.

Australien ist kleinster Kontinent, einfacher Umriss wird im Westen und Osten vom Kontinentalabhang bestimmt, nach Norden breiter Schelf mit Verbindung zu Neuguinea, Landverbindung im Eiszeitalter, im Süden trennt junger Grabenbruch Tasmanien vom Festland.

Einfache großräumige geologische und geomorphologische Gliederung des Festlandes, im Westen Australischer Schild, der hochragende kristalline Sockel der australisch-indischen Platte, heute flachwellige Rumpfflächen mit Zentralem Bergland, im inneren Osten Tieflandstreifen von Norden bis Süden, Senkungsraum seit der Erdmittelzeit mit schüsselförmig einfallenden Sedimentgesteinen, im Osten Australisches Bergland mit Tasmanien, Bruchschollengebirge, gegen Ende der Erdaltzeit gefaltet, später gehoben und zerbrochen.

Ozeanien gliedert sich in drei Inselgruppen: 1. Inseln der kontinentalen Umrandung, von Neuguinea über Inseln vor der Ostküste Australiens bis Neuseeland, gehören geologisch als Teile des zirkumpazifischen Faltengebirgsgürtels mit kristallinen und vulkanischen Gesteinen zum Kontinent; 2. rein ozeanische Inseln, aus großen Tiefen aufsteigende vulkanische Hochinseln (z. B. Cook-Inseln, Gesellschaftsinseln, Hawaii); 3. rein ozeanische, niedrige Koralleninseln (z. B. Marshall-Inseln, Gilbert-Inseln), Inselschwärme in Südost-Nordwest-Richtung verlaufenden Reihen.

7.7.2 Klima

Australien hat Anteil an den Tropen, Subtropen und der gemäßigten Zone, bestimmend ist Einfluss der subtropischen Hochdruckzone und der Passatzone.

Nordsommer: Innertropische Konvergenz liegt auf dem Pazifik bei 7° bis 10° N und biegt über Landmasse Asiens weit nach Norden aus, dann liegt Nordaustralien im Südostpassat, er bringt der Ostseite des Australischen Berglandes Steigungsregen, im Lee herrscht extreme Trockenheit, subtropisches Hoch über Mitte Australiens, Süden des Kontinents erhält mit Westwindzone der gemäßigten Breiten Winterregen, ist das Subtropenhoch kräftig, blockiert es Westwinde, lang anhaltende Dürren sind die Folge.

Nordwinter: Innertropische Konvergenz liegt über Nordaustralien, von Norden bringt Nordostpassat, von Südosten Südostpassat Niederschlag, Subtropenhoch liegt in Südaustralien, nur Tasmanien verbleibt in der Westwindzone.

Ozeanien liegt in den Tropen, mit feuchten thermischen Tageszeitenklimaten, nur Neuseeland und die südlich davon liegenden Inseln befinden sich außerhalb der Tropenzone.

7.7.3 Staaten im Überblick

Australien ist der kleinste Kontinent und zugleich Staat, der Staat ist hervorgegengen aus Siedlungskolonie überwiegend britischstämmiger Europäer, heute mehr als 90 % der Bevölkerung; ab 1788 verwendet Großbritannien den Kontinent als Sträflingskolonie, bis 1868 etwa 160 000 Sträflinge verbracht, mit Vordringen der Europäer Einengung der Schweif- und Jagdgebiete der Australier (Aborigines), gegen 1788 etwa 300 000, heute rund 100 000 Aborigines, Ureinwohner wahrscheinlich gegen Ende des Eiszeitalters über Landverbindung

mit Neuguinea und Südostasien in Wellen eingewandert, entfalten Wildbeuterkulturen.

Bevölkerungsverteilung äußerst ungleichmäßig, etwa zwei Drittel in östlichen Bundesstaaten Victoria, Neusüdwales und Queensland auf etwa einem Drittel des Territoriums, Bevölkerung hochgradig verstädtert, in ländlichen Räumen vielfach nur 10 E/km².

Ozeanien umfasst mit Neuguinea, zweitgrößte Insel der Erde, 1,2 Mio km²; Großgliederung nach ethnischen Gesichtspunkten in Melanesien, Mikronesien und Polynesien, jung besiedelter Raum, Einwanderung aus Asien in mehreren Wellen; Melanesien: innerer Inselbogen mit Neuguinea, aber ohne Neuseeland, nach Rasse und Sprache Melanesier, Kultur ist polynesisch; Mikronesien: Inselflur nördlich und nordöstlich von Neuguinea, Polynesier mit palämongolidem Einschlag; Polynesien: östlich von Mikronesien, zum Teil weit verstreute Inseln, dem europiden Rassenkreis nahe stehende Bevölkerung, vermutlich in Wellen über Indien eingewandert, dabei melaneside und palämongolide Merkmale aufgenommen, Neuseeland mit polynesischer Urbevölkerung, Maori heute rund 7 %, bildet aufgrund der europäischen Besiedlung mit Australien einen Kulturraum.

Australien und Ozeanien – Staaten im Überblick
(nach Großräumen und Flächengröße geordnet)

Staat (Hauptstadt)	Fläche in 1000 km²	Bevölkerung in Mio. (gerundet)	Bevölkerungsdichte E/km²
Australien (Canberra)	7 682	17,6	2,3
Ozeanien			
Papua-Neuginea (Port Moresby)	463	4,1	9
Neuseeland (Wellington)	271	3,5	13
Salomonen (Honiara)	27,556	0,354	13
Fidschi (Suva)	18,376	0,762	41
Vanuatu (Port Vila)	12,190	0,161	13
Samoa (Apia)	2,831	0,167	59
Kiribati (Bairiki)	0,810	0,076	94
Tonga (Nuku'alofa)	0,748	0,098	131
Mikronesien (Kolonia)	0,721	0,105	150
Palau (Koror)	0,508	0,016	32
Marshallinseln (Rita)	0,181	0,051	281
Tuvalu (Vaiaku)	0,026	0,009	350
Nauru (Yaren)	0,021	0,010	446

7.7.4 Australisch-pazifischer Kulturraum

Der Kulturraum formierte sich während des Zweiten Weltkriegs, als Japans Divisionen 1942 vor den Toren Australiens standen. Australien und Neuseeland waren als Siedlungskolonien der Europäer, vor allem der Briten, auf Großbritannien ausgerichtet. Nun erkannten sie, dass sie zuerst Nationen am Pazifik wären.

Der Naturraum umfasst Wüsten-, Gras- und Waldländer der tropischen, subtropischen und der gemäßigten Klimazone mit eingeschränkter Siedlungsgunst. Die Eingeborenen wurden in die Ungunsträume abgedrängt und dezimiert. Die Siedler betrieben Landwirtschaft mit Ranching und Farmwirtschaft (Feldbau mit Fruchtwechsel). Anfang des 20. Jh. setzte die Industrialisierung und Verstädterung ein. Städtische Lebensweise europäischer Prägung mit Handel, Dienstleistungen und produzierendem Gewerbe bestimmen heute die Lebenswirklichkeit.

Ozeanien wurde durch die Europäer nur wenig überformt.

7.7.5 Staaten im Australisch-pazifischen Kulturraum

7.7.5.1 Australien

Australia, Hauptstadt: Canberra

Staat und Bevölkerung

Föderalistisch strukturierte parlamentarische Monarchie im Commonwealth of Nations seit 1901, Staatsoberhaupt ist der britische Monarch, verfassungsmäßige Bindung an Großbritannien 1986 praktisch aufgehoben (staatliche Autonomie).
Bundesstaat aus 6 Gliedstaaten mit jeweils eigener Verfassung, dem Nordterritorium und dem Hauptstadtterritorium.
Einwanderungsland mit Einwanderern aus über 120 Staaten, etwa 95% Europäer, vor allem britischer und irischer Herkunft. Besiedlung setzte 1788 ein, als Großbritannien in Australien Strafkolonien einrichtete, 1868 Einstellung der Deportationen. Seit Anfang des 20. Jh. nach rassischen Gesichtspunkten einschränkende Einwanderungspolitik, deshalb nur 1,3% Asiaten (vor allem Chinesen, Vietnamesen).
Ureinwohner (Aborigines; ab origine, lat. = von Anfang an) heute 1,5% der Australier, zu Beginn der europäischen Einwanderung etwa 300 000, Dezimierung durch Verfolgung, Krankheiten und Alkohol, Aborigines heute am Rande der Städte in Slums und in Reservaten.

Bei Glaubensfreiheit über 70% Christen (26% Katholiken, 24% Anglikaner, verschiedene protestantische Kirchen), Anhänger von Naturreligionen.

85% Stadtbevölkerung (Millionenstädte: Sydney, Melbourne, Brisbane, Perth, Adelaide), Bevölkerung konzentriert sich auf einen bis zu 400 km breiten Streifen im Südosten und Osten sowie in Tasmanien und im Südwesten, das Landesinnere ist menschenleer.

Landesnatur

Lage und Oberflächengestalt: Australien liegt zwischen dem Indischen Ozean im Westen und Süden und dem Pazifischen Ozean im Nordosten und Osten, der transkontinentale Staat Australien umfasst den Inselkontinent, Tasmanien und die vorgelagerten Inseln.
Teil des Urkontinents Gondwana, deshalb topographisch einfach gestaltet, Kontinent der Weite mit geringen Höhenunterschieden: durchschnittliche Höhe 300 m, nur 5% des Territoriums über 600 m Höhe, drei Großräume:

1. kristalline Masse des Australischen Schildes mit flachwelligen Rumpflandschaften, sie sinken von der aufgebogenen Darlingkette im Westen nach Osten allmählich ab, steigen jedoch in der Mitte in der Macdonnellkette bis zu 1 500 m hoch an;
2. die große Tiefenzone des Australischen Tieflandes vom Spencergolf im Süden bis zum Carpentariagolf im Norden, Depression bis −16 m im Eyresee, schüsselförmig einfallende Gesteinsschichten enthalten Wasser: Großes Artesisches Becken, Murraybecken, bisher über 4 000 artesische Brunnen;
3. Australisches Bergland, Bruchschollengebirge aus der Erdaltzeit, vom Pazifik her hoch aufsteigend, nach Westen ausgedehnte Plateaus, Hochgebirgshöhen in Blauen Bergen und Australischen Alpen.

Klima und Vegetation.

1. Tropische Zone
1.1 Küstenstreifen in Kimberleyland, Arnhemland, auf der Kap-York-Halbinsel, pazifischer Küstenstreifen im Nordosten zwischen 15° S und südlichem Wendekreis, wechselfeuchte Tropen, Trockenzeit 2,5 bis 5 Monate, Feuchtsavannenländer mit tropischem Monsunregenwald
1.2 Arnhemland und Kap-York-Halbinsel in Nordaustralien, wechselfeuchte Tropen, Trockenzeit 5 bis 7,5 Monate, Trockensavannenländer mit feuchten Eykalyptuswäldern
1.3 Nordaustralien bis 20° S, im Nordosten bis 23° S, Nordwesten (Hamersleykette), Macdon-

nellkette, wechselfeuchte Tropen, Trockenzeit 7,5 bis 10 Monate, Dornsavannenländer mit trockenen Eukalyptuswäldern, in der Strauchschicht Grasbäume und Brigalow-Scrub (Brigalow-Akazie)

1.4 Nördlicher Westen und nördliche Mitte bis südlichem Wendekreis, trockene Tropen, Halbwüstenländer mit Spinifexgras- und Salzbuschformationen, Große Sandwüste, Tanamiwüste

2. Subtropische Zone

2.1 Westen, Mitte und innerer Osten zwischen südlichem Wendekreis und 30° S sowie 116° O und 145° O, trockene Subtropen, Halbwüstenländer, Gibsonwüste, Große Victoriawüste

2.2 Meridionaler Streifen im inneren Osten beiderseits des Darling und Musgravekette, sommerfeuchte Subtropen, Dornsteppenländer

2.3 Meridionaler Streifen im inneren Osten, Westflanke des Australischen Berglandes, sommerfeuchte Subtropen, Kurzgras- und Waldsteppenländer, auch trockene Eukalyptuswälder

2.4 Innerer Südwesten östlich der Darlingkette und Süden zwischen 30° S und Küste, nach Osten bis zum Murraybecken, sommertrockene Subtropen, Gras- und Strauchsteppenländer

2.5 Südwesten und Süden westlich und östlich von Spencergolf und Murrayniederung, sommertrockene Subtropen (Mittelmeerklima), Hartlaubwaldländer

2.6 Pazifische Seite des Australischen Berglandes mit Küstenvorland zwischen südlichem Wendekreis und 38° S, immerfeuchte Subtropen, immergrüne subtropische Regenwaldländer

3. Gemäßigte Zone

3.1 Südosten des Festlandes und Osthälfte von Tasmanien, maritime kühlgemäßigte Klima, sommergrüne Laubwaldländer

3.2 Westhälfte von Tasmanien, extrem maritime kühlgemäßigte Klima, immergrüne Regenwaldländer der gemäßigten Zone

Wirtschaft

Wirtschaftliche Entwicklung: Rohstoffreiches Industrieland mit hohem Anteil des Dienstleistungssektors, Wirtschaftssystem marktwirtschaftlich organisiert, mit Möglichkeit starker staatlicher Eingriffe, erfolgt vorwiegend im Außenhandel, heute in der Nahrungsmittel-, Rohstoff- und Energieversorgung autark.

Traditionell Agrarland, wirtschaftliche Struktur bis Ende 1940er-Jahre auf Bedürfnisse des Mutterlandes Großbritannien zugeschnitten: Lieferant landwirtschaftlicher und bergbaulicher Rohstoffe, dagegen wendet sich jedoch früh ein australisches Nationalbewusstsein, Niedergang des Goldrausches Mitte des 19. Jh. gibt Anstoß zur Industrialisierung: Arbeitslose Goldsucher stellen Arbeitskräfte, Abbau von Rohstoffen setzt ein, gegen fremde, auch britische Konkurrenz Festsetzung von Schutzzöllen, zugleich Einwanderungssperre, Folge: schon Anfang des 20. Jh. außergewöhnliche Verbesserungen der sozialen Lage der Arbeitnehmer, seit 1960er-Jahren Strukturwandel zum modernen Dienstleistungs- und Industriestaat, Verbrauchsgüterindustrie gewinnt an Bedeutung, Entwicklung der Industrie in Westaustralien.

Bergbau und Industrie: Umfangreiche Rohstoffvorkommen, über das Territorium verteilt: Eisenerz, Blei, Zink, Zinn, Bauxit, Nickel, Mangan, Wolfram, Titan, Rutil, Gold, Steinkohle, Braunkohle (weltgrößte Vorkommen), Erdöl (rund 90 % des Eigenbedarfs), Erdgas (Deckung des Eigenbedarfs), Uran, Export: vor allem Kohle, Gold, Aluminium.

Industrieprofil: Hoch entwickelte Industrie in der Grundstoff- und Produktionsgüter- sowie Verbrauchsgüter- und Nahrungsmittelindustrie, vor allem Metallindustrie, Maschinen- und Fahrzeugbau, Chemie, Textil-, Papier-, holzverarbeitende Industrie; Zweige der Investitionsgüterindustrie bisher schwach entwickelt, Import von Maschinen, Transportausrüstungen.

Raumstruktur: Ausgeprägte räumliche Disparität, Standortgruppierungen vorwiegend an der Ostseite: Melbourne, Sydney, Brisbane, im Süden Adelaide, im Südwesten Perth.

Landwirtschaft: Rund 170 000 landwirtschaftliche Betriebe, überwiegend Großbetriebe in Familienbesitz, im Norden bis 400 000 ha Betriebsfläche, hohe Arbeitsproduktivität; etwa 4 % des Territoriums Ackerland, vor allem im Osten, Südwesten und Norden, Neusüdwales mit ein Viertel der Gesamtproduktion; über 40 % Weideland, Australien produziert etwa die Hälfte der Welterzeugung an Feinwolle.

Naturbedingte Landwirtschaftsgebiete:

1. Küstenvorland im tropischen Nordosten und subtropischen Osten, Regenzeitfeldbau und Dauerfeldbau: tropischer Feldbau (u. a. Erdnuss, Bananen), Zuckerrohr, Baumwolle, nach Süden Milchviehhaltung;

2. Küstenvorland im immerfeuchten subtropischen Südosten, Regenfeldbau, überwiegend Klein- und Mittelbetriebe: Gemischtbetriebe mit Milchviehhaltung;

3. Küstenstreifen im sommertrockenen subtropischen Südwesten und Süden, Regenfeldbau: Weizen, Zitrus, Wein, Obst, Gemüse, Milchviehhaltung;

4. Südwesten, Ebenen östlich der Darlingkette, sommertrockene Subtropen, Regenfeldbau: Weizen sowie stationäre Weidewirtschaft: extensive Schafhaltung;

5. kühlgemäßigter Süden und Tasmanien, Regenfeldbau: Gemischtbetriebe mit Milchviehhaltung, Obstbau;
6. innerer Osten von Neusüdwales, lang sommerfeuchte Subtropen, im Bergland stationäre Weidewirtschaft: intensive Schafhaltung, nach Westen anschließend Regenfeldbau und Bewässerungsfeldbau: Weizen, Reis, Obst;
7. nordöstliche und östliche Mitte (Westen von Queensland und Neusüdwales), kurz sommerfeuchte Subtropen, stationäre Weidewirtschaft mit artesischen Brunnen: extensive Schaf- und Fleischrinderhaltung.

7.7.5.2 Papua-Neuguinea

Papua-Niugini, Hauptstadt: Port Moresby

Staat und Bevölkerung

Parlamentarische Monarchie im Commonwealth of Nations seit 1975, Staatsoberhaupt ist der britische Monarch, vertreten durch einen auf 6 Jahre ernannten Gouverneur, Bundesstaat aus 19 Gliedstaaten (Provinzen) mit eigenen Verfassungen.
Fast 90 % der Bevölkerung sind Melanesier, hauptsächlich Papua (Sammelbezeichnung für rund 750 Stämme), an der Süd- und Nordwestküste malaiische (indonesische) Gruppen.
Rege Tätigkeit christlicher Missionare: 64 % Protestanten, 33 % Katholiken. Anhänger von Naturreligionen. Nur knapp 20 % Stadtbevölkerung.

Landesnatur

Lage und Oberflächengestalt: Mittelgroßer Staat, Territorium umfasst Ostteil der Insel Neuguinea, Bismarck-Archipel, zahlreiche kleine Inseln Melanesiens, grenzt im Westen an Indonesien, im Norden, Osten und Süden den Pazifik.

Neuguinea prägt das Zentralgebirge aus kristallinen Gesteinen und jung gefalteten Sedimentgesteinen, nach Norden und Süden schließen sich unterschiedlich breite Tiefländer des Sepik und Fly an, den Nordsaum bildet ein Gebirgszug.

Klima und Vegetation: Hauptinsel und übrige Inseln liegen in den immerfeuchten Tropen, Küste und breite Flusstäler der Tiefländer überwiegend Mangrovesümpfe, sonst immergrüne tropische Tieflandsregenwälder, Gebirge mit Berg- und Nebenwäldern, nur der Süden des Flytieflandes hat Feuchtsavannenklima, hier vereinzelt Savannen mit Eukalyptusbäumen.

Wirtschaft

Wirtschaftliche Entwicklung: Rohstoffreiches Agrarland, ein Teil der Stämme lebt unter vorindustriellen Bedingungen, industrielle Entwicklung in Anfängen, Klein- und Mittelbetriebe.

Bergbau und Industrie: Große Rohstoffvorkommen: Kupfer, Gold, Silber, Mangan, Zinn, Bauxit, Nickel, Eisenerz.

Industrieprofil: Verhältnismäßig wenige Unternehmen, Verarbeitung von Agrarprodukten und Holz: Möbel-, Bekleidungsindustrie, Herstellung nichtalkoholischer Getränke.

Raumstruktur: Starke räumliche Disparität, einzelne städtische Siedlungen mit wenigen Standorten.

Landwirtschaft: Hauptwirtschaftssektor, 70 % der Bevölkerung in Landwirtschaft beschäftigt, über 50 % leben von Subsistenzwirtschaft, tropischer Feldbau: Jams, Taro, Batate, Reis, Bohnen, Erdnüsse; Pflanzungen und Plantagen (überwiegend im Besitz von Europäern), Produktion für Export: Zuckerrohr, Kautschuk, Tee, Kaffee, Palmöl, Kopra, Kakao. Holzgewinnung: unbehauene Stämme, Bretter, Furnierholz.

8. Globale Raster

8.1 Grundbegriffe

Globale Raster sind Gliederungen der Landschaftssphäre nach Gesichtspunkten der Allgemeinen Geographie wie Großrelief, Klima, Boden, Vegetation, Wirtschaft, Bevölkerung, Staaten, Kulturen.

Globale Raster erleichtern die Orientierung auf der Erde. Sie ermöglichen ein schrittweises Verständnis vom komplexen Systemzusammenhang der Landschaftssphäre.

Die **azonale Gliederung der Landschaftssphäre** ist abhängig von den Prozessen im Innern der Erde. Sie bewirken die Verteilung von Land und Wasser sowie die Gestalt der Kontinente und Meere mit ihren unregelmäßigen Umrissen. Sie unterliegen in ihrer Ausprägung dem aus der Planetennatur der Erde abzuleitenden Gesetz der Azonalität.

Die **zonale Gliederung der Landschaftssphäre** ist abhängig von den Prozessen in der Lufthülle der Erde. Sie bewirken die Ausprägung erdumspannender Gürtel. Diese Gürtel oder Zonen erstrecken sich unabhängig von der azonalen Gliederung nach Kontinenten und Ozeanen über das Festland und die Meere. Sie unterliegen in ihrer Ausprägung dem aus der Planetennatur der Erde abzuleitenden Gesetz der Zonalität.

Die Zonen werden entweder mathematisch genau von zwei Breitenkreisen begrenzt (Beleuchtungszonen, vgl. Geographie 1 – kurz & klar, S. 28) oder sie verlaufen mehr oder weniger parallel zu Breitenkreisen (Temperatur-, Klima-, Vegetationszonen, vgl. Geographie 1 – kurz & klar, S. 45 und 52).

Die **Bauteile des Großreliefs** sind die Festlandkerne der Erdfrühzeit (Urkontinente), Bruchschollenländer der Erdaltzeit und Faltengebirge der späten Erdmittelzeit und Erdneuzeit.

Die **Urkontinente** sind Reste von Erdplatten aus der Erdfrühzeit. Sie bilden mit jüngeren Gesteinsablagerungen die geologischen **Tafeln** und ohne Gesteinsablagerungen die geologischen **Schilde**.

Bruchschollenländer sind zerbrochene Teile der Erdkruste aus der Erdaltzeit (vgl. Geographie 1 – kurz & klar, S. 67).

Faltengebirge sind verhältnismäßig junge Bauteile des Großreliefs der Erde (vgl. Geographie 1 – kurz & klar, S. 66). Sie bilden in der geologischen Gegenwart die Hochgebirgsgürtel der Erde.

Physische Erdteile (Naturerdteile) sind in sich nicht gleichartig aufgebaut (Inhomogenität der Naturerdteile). Sie werden durch unterschiedliche Oberflächenformen gestaltet und haben Anteil an verschiedenen Klima- und Vegetationszonen. Die physischen Erdteile werden geprägt von erdinneren (endogenen) Kräften der Magmaströme, die das Großrelief der Erde hervorbringen, und äußeren (exogenen) Kräften der Lüfthülle (Atmosphäre), die das Feinrelief des Festlandes formen.

Ein Erdteil (Kontinent; continens terra, lat. = zusammenhängendes Land) ist die große zusammenhängende Landmasse der Erde.

Kulturerdteile (Kulturräume, Kulturgroßräume) verfügen über ein Mindestmaß gleichartiger geistbestimmter Erscheinungen und Kräfte (Mindesthomogenität der Kulturerdteile). Die Gleichartigkeit eines Kulturerdteils zeigt sich:

– im besonders gearteten Ursprung und in der Ausformung seiner Kultur, insbesondere der Religion,
– in dem historischen Zusammenhang der Entwicklung seiner wirtschaftlichen und sozialen Ordnung sowie der Raumwirksamkeit der Daseinsgrundfunktionen (vgl. Geographie 1 – kurz & klar, S. 115),
– in der Einmaligkeit seiner Landschaftsräume.

Entsprechend ihrer gemeinsamen Geschichte, ihrer sprachlichen Zusammengehörigkeit, ihrer Kultur und Zivilisation unterscheidet sich die Bevölkerung verschiedener Kulturerdteile voneinander.

Kulturerdteile lassen sich nicht eindeutig voneinander abgrenzen. Zwischen ihnen gibt es verschieden tiefe Überlappungbereiche, in denen sich Merkmale benachbarter Kulturerdteile durchdringen. Der Prozess der Globalisierung beschleunigt den Durchdringungsvorgang der Kulturen und die Herausbildung einer Weltkultur.

Zivilisation ist die nach Wissen und Technik geprägte Lebensweise einer Gruppe von Menschen sowie die Regelung der Beziehungen zwischen den Menschen mithilfe von Verträgen und Einrichtungen, aber auch Konventionen.

Kultur ist die Gesamtheit der kennzeichnenden Lebensformen einer Gruppe von Menschen und ihrer

Werke. Sie umfassen die materielle Kultur (technische Ausrüstung) und die geistige Kultur (Glaubensvorstellungen, Bräuche, Sitten, Recht).

Sitten beschreiben das übliche Verhalten in einer Gesellschaft, welches von der Mehrzahl ihrer Mitglieder als wünschenswert bejaht wird.

Gebräuche (Brauch) sind das gewohnheitsmäßige und weitgehend unbewusste Verhalten in einer Gruppe (z. B. in einem Volk).

Tradition umfasst Sitten und Gebräuche, die durch Überlieferung von Generation zu Generation weitergegeben werden.

Religion (lat. = Gottesfurcht) ist das Verhältnis des Menschen zum Heiligen (Geheimnis), sein Ergriffensein durch und das Denken über das Heilige. Religion ist verbunden mit dem Suchen nach einem Gott oder die Verehrung mehrerer Götter. Es führt meist zu einem bestimmten religiösen Bekenntnis.

Der **Staat** ist eine Einrichtung zur planmäßigen Gestaltung des Zusammenlebens einer größeren Gruppe von Menschen. Der Einzelne und die Gruppierungen der Gesellschaft sind in den Staat eingeordnet und seiner Herrschaft unterworfen. Er sorgt nach innen für Ordnung und Sicherheit und schützt nach außen. Er ist Träger bestimmter Aufgaben (Staatszwecke), verfügt zu ihrer Durchführung über eine Staatsorganisation und er ist mit Staatsgewalt ausgestattet.
Der Staat umfasst:

– ein Staatsvolk (Prinzip der Staatsangehörigkeitsidentität), die Staatsangehörigkeit des Bürgers (Staatsbürgerschaft), somit eine bestimmte Bevölkerungszahl gegliedert nach Alter, Geschlecht und sozialer Stellung,
– ein Staatsgebiet (Prinzip der Integrität des Hoheitsgebiets), ein durch Staatsgrenzen festgelegtes Gebiet (Territorium), somit eine bestimmbare topographische Lage in der Landschaftssphäre, eine Flächengröße, eine Umrissform (Gestalt),
– eine Staatsgewalt (Prinzip der Gebietshoheit/ Souveränität), die als Rechtseinrichtung ausgestaltete Befugnis zur Verwirklichung von Ordnung und Sicherheit sowie der Staatszwecke.

Das **Staatsvolk,** die lebendige Grundlage des Staates, ist die Leistungsgemeinschaft aller Menschen gleicher Staatsangehörigkeit. Volk und Staatsvolk müssen sich nicht decken. Zu einem Staatsvolk können fast ausschließlich Menschen eines Volkes gehören (Nationalstaat). Das Staatsvolk kann auch mehrere Völker oder Teilvölker umfassen (Nationalitätenstaat).

Die **Staatsgliederung** ist die räumliche Ordnung des Staatsgebiets zur Ausübung der Staatsgewalt.

Man unterschiedet den Einheitsstaat von der föderativen Staatsgliederung.

Im **Einheitsstaat** herrscht eine Staatsgewalt über das einheitliche Territorium und das einheitliche Staatsvolk. Der Sitz der Staatsgewalt ist die Hauptstadt. Zur Durchsetzung der Staatsgewalt wird das Staatsgebiet in Verwaltungsgebiete (Bezirke, Kreise) eingeteilt. Man unterscheidet:

– den zentralisierten Einheitsstaat mit Zentralisierung aller Staatsgewalt durch eine straffe Zentralverwaltung in einer Hauptstadt und weisungsabhängigen Mittel- und Unterbehörden (z. B. Frankreich, DDR),
– den dezentralisierten Einheitsstaat mit Übertragung staatlicher Aufgaben auf nachgeordnete Verwaltungseinrichtungen (Behörden) und Selbstverwaltungsverbände (z. B. Gemeinden) (z. B. Großbritannien, Italien).

Im **Bundesstaat** (innerstaatlicher Föderalismus) gibt es das Staatsgebiet des Gesamtstaates (Bund) und das der Gliedstaaten (Länder, Bundesländer, Bundesstaaten). Die Staatsgewalt ist zwischen dem Gesamtstaat (Sitz in der Bundeshauptstadt) und den Gliedstaaten (Sitze in den Landeshauptstädten) geteilt (z. B. USA ab 1787, Schweiz ab 1848, Bundesrepublik Deutschland).

Im **Staatenbund** (zwischenstaatlicher Föderalismus) sind souveräne Staaten durch völkerrechtlichen Vertrag eine Verbindung eingegangen. Der Zweck ist die Verfolgung gemeinsamer Ziele (z. B. Deutscher Bund 1815–1866, Europäische Union).

8.2 Gliederungen der Landschaftssphäre

Das **topographische Grobraster der Kontinente und Ozeane** umfasst die Verteilung von Land und Wasser auf der Erde. Sie gliedern die Erdoberfläche. Aus der großen zusammenhängenden Fläche der Weltmeere (Ozeane) erheben sich die Festländer (Kontinente) wie Inseln.
Topographie der Kontinente und Ozeane (siehe Geographie 1 – kurz & klar, S. 6).

Das **Großrelief der Erde** ist das Ergebnis einer langen geologischen Entwicklung der Erdkruste. Die Wärme im Erdinnern bestimmt die Gliederung der Erdoberfläche in Kontinente und Ozeane. Gewaltige Magmaströme im Erdmantel bewegen die Großschollen (Erdplatten) der festen Gesteinskruste. Sie lassen Kontinente und Ozeane entstehen und vergehen, bilden Gebirge und Tiefländer, mittelozeanische Rücken und Tiefseegräben, lösen Vulkanismus und Erdbeben aus.

Topographie der Großgliederung der Erde

Die Kerne der Kontinente bilden Schilde und Tafeln der Urkontinente,

Nordamerika: Kanadischer Schild: Grönland, Hudsonbuchttiefland, Labrador
Nordamerikanische Tafel: Great Plains, Gebiet der Großen Seen (Fünfseenland), Zentrales Tiefland

Südamerika: Guayanaschild: Bergland von Guayana, Tiefland des Orinoco, Amazonastiefland
Brasilianischer Schild: Amazonastiefland, Tiefland des Paraná und Paraguay, Brasilianisches Bergland

Eurasien: Baltischer Schild: Skandinavische Halbinsel ohne das Skandinavische Gebirge
Russische Tafel: Osteuropäisches Tiefland
Angaraschild und Sibirische Tafel: Mittelsibirisches Bergland
Arabische Tafel: Arabische Halbinsel (Arabien)
Indischer Schild: Hochland von Dekkan, Ceylon
Südchinesische und Ostchinesische Tafel: Südchinesisches Bergland, Chinesisches Tiefland, Nordkorea
Indosinische Tafel: Koratplateau, Mekongbecken

Afrika: Afrikanische Tafel: Nordafrika ohne Atlas
Äthiopischer Schild: Hochland von Äthiopien
Afrikanischer Schild: Oberguineaschwelle, Nordäquatorialschwelle, Zentralafrikanische Schwelle, Ostafrikanisches Seenhochland, Lundaschwelle, Niederguineaschwelle, Kongobecken, Südwestafrikanische Randschwelle, Kalaharibecken, Drakensberge, Madagaskar

Australien: Australischer Schild: Westaustralisches Tafelland
Australische Tafel: Australisches Tiefland

Die Bruchschollenländer liegen den Urkontinenten an,

Nordamerika: Appalachen, Atlantisches Küstentiefland, Golfküstenebene, Florida, Halbinsel Yucatàn

Südamerika: Hochland von Patagonien

Eurasien: Spitzbergen, Skandinavisches Gebirge, Britische Inseln, Französisches Tiefland, Zentralmassiv, Jüt-land, Mitteleuropäisches Tiefland (Norddeutsches Tiefland, Polnisches Tiefland), Mitteldeutsche Gebirgsschwelle, Süddeutsches Gebirgsland, Polnische Mittelgebirge, Pyrenäenhalbinsel, Ural, Westsibirisches Tiefland, Kasachische Schwelle, Tiefland von Turan, Südsibirisches Gebirgsland, Tarimbecken, Hochland von Tibet, Hochland der Gobi, Mandschurei, Südkorea, Südchinesisches Bergland, Hinterindische Zentralketten

Afrika: Südlicher Atlas, Kapgebirge

Australien: Australisches Bergland, Tasmanien

Faltengebirge bilden den zirkumpazifischen und den eurasiatischen Gürtel,

Nordamerika: Alaska, Gebirgsland im Westen Kanadas und der USA, Mexiko, Mittelamerika, Westindien

Südamerika: Anden

Eurasien: Sierra Bèticas, Pyrenäen, Apenninenhalbinsel, Alpen, Karpaten, Alföld, Balkanhalbinsel (Dinarisches Gebirge, Balkan), Anatolien, Jailagebirge (Südkrim), Kaukasus, Hochland von Armenien, Elburs, Zagrosgebirge, Hochland von Iran, Belutschistan, Hindukusch, Himalaya, Westburmanische Ketten, Inselindien

Australien: Neuguinea, Neuseeland

Die **Landschaftszonen der Erde (Geographische Zonen, Geozonen)** ergeben sich vorwiegend aus dem Zusammenwirken der Geofaktoren Klima, Boden und Pflanzenwuchs (Vegetation). Betrachtet man die Landschaftssphäre, so hat der Geofaktor Klima eine prägende Wirkung. Wie die Klimate (polare, gemäßigte, subtropische, tropische Klimate, siehe Geographie 1 – kurz & klar, S. 45) sich in Zonen um die Erde legen, so zeigen auch die natürlichen Landschaftsräume eine zonale Anordnung.

Topographie der Landschaftszonen der Erde (siehe Geographie 1 – kurz & klar, S. 52).

Kulturerdteile (Kulturräume, Kulturgroßräume) gestalten Menschen seit dem Übergang von der Wildbeuterstufe zur Stufe der sesshaften Ackerbauern in den Landschaftszonen der Erde. Ein Vergleich der kurzen Zeit sesshafter Lebensweise von etwa 10 000 bis 7 000 Jahren mit der Dauer des Eiszeitalters von 1,8 Mio. Jahren und dem Auftreten des Homo sapiens vor rund 60 000 Jahren verdeutlicht die gewaltige kulturelle Leistung der Menschheit (vgl. Geographie 1 – kurz & klar, S. 104).

Angloamerikanischer Kulturraum. Insgesamt naturräumliche Gunstlage in den Mittelbreiten und Subtropen.
Siedlungskolonie der Europäer, Verdrängung und Dezimierung der indianischen Bevölkerung. Starke zweckmäßige und räumliche Arbeitsteilung mit höchster Produktivität und entwickelter Lebensweise. Weltmacht. Entwicklung zur multikulturellen Gesellschaft der amerikanische Nation.

Australisch-pazifischer Kulturraum. Natürliche Gunsträume nur im Osten und Süden Australiens. Neuseeland liegt in den Mittelbreiten, Ozeanien in den Tropen.
Australien und Neuseeland sind Siedlungskolonien der Europäer, Verdrängung und Dezimierung der Eingeborenen. Entwickelte Landwirtschaft, Industrialisierung, Verstädterung und Urbanisierung. Ozeanien durch Europäer wenig überformt.

Europäischer Kulturraum. Überwiegend naturräumliche Gunstlage in den Mittelbreiten und Subtropen.
Industrialisierung, Verstädterung und Urbanisierung, aber auch Gebiete herkömmlicher Lebensweise des Bauerntums. Stark vom Christentum und moderner Wissenschaft geprägt. Ausgangsgebiet der Christianisierung, Kolonialisierung, wissenschaftlichen Erforschung und Industrialisierung der Erde (Europäisierung). Für Jahrhunderte waren europäische Staaten Weltmächte.

Indischer Kulturraum. Gunst- und Ungunsträume der wechselfeuchten Tropen.
Herkömmliche dörfliche (Großgrundbesitz, Pachtsystem) und städtische (Handwerker, Händler) Lebensformen in über 4000 Jahre alten Stadtkulturen. Hinduismus und Buddhismus sind Klammern der zahlreichen Völker, Kastenwesen des Hinduismus bestimmt die Sozialstruktur. Eindringen des Islam seit dem 12. Jh. führte zur kulturellen Zweiteilung. Mit dem Ende der britischen Kolonialherrschaft Aufteilung des Territoriums in drei Staaten nach religiösen Gesichtspunkten. Vor allem in Indien Anwendung westlichen Wissens in der europäisch gebildeten Oberschicht, voranschreitende Industrialisierung und Modernisierung. Zuwachs an internationaler Bedeutung.

Lateinamerikanischer Kulturraum. Insgesamt weniger günstige naturräumliche Bedingungen der Tropen, Subtropen und Mittelbreiten.
Eroberung und Christianisierung durch Spanier und Portugiesen, Zerstörung indianischer Hochkulturen, Vermischung rassischer Unterschiede, Herausbildung starker sozialer Gegensätze und starker räumlicher Unterschiede in Lebensformen und wirtschaftlicher Leistung: in Peripherien herkömmliche Lebensformen, in Zentren Verstädterung und Urbanisierung, Industrialisierung und Modernisierung.

Orientalischer Kulturraum. Überwiegend natürliche Ungunst tropischer und subtropischer Landschaftsräume des Trockengürtels der Alten Welt.
Herkömmliche Lebensformen der Hirtennomaden, Oasenbauern, Städter, Islam ist kulturelle Klammer der Völker: kleinräumige Aufgliederung in wirtschaftlich gegensätzliche Gebiete, beginnende Industrialisierung und Modernisierung, Gegenbewegung des Fundamentalismus strebt nach Abkehr von westlicher Lebensweise bei gleichzeitiger Anwendung technische Wissens.

Ostasiatischer Kulturraum. Natürliche Gunsträume der Mittelbreiten und Subtropen im Osten und Süden Chinas sowie auf den Inseln.
Alte Kulturvölker, zum Teil gartenbauähnliche Landwirtschaft, frühe Städtebildung, hoch entwickeltes Handwerk und frühe technische Erfindungen. China durch Konfuzianismus geprägt, seit 1950er-Jahren fortschreitende Industrialisierung, Verstädterung, Urbanisierung und Modernisierung, zugleich Rückbesinnung auf kulturelle Vergangenheit. Verdeckter Anspruch auf Weltmachtrolle.
Japan öffnet sich seit dem 19. Jh. für westliches Wissen. Industrialisierung, Verstädterung, Urbanisierung und Modernisierung stark fortgeschritten. Weltwirtschaftsmacht.

Schwarzafrikanischer Kulturraum. Gunst- und Ungunsträume der Tropen und Subtropen.
Herkömmliche Lebensformen der Hirtennomaden und Hackbauern, ursprünglich Stammesverbände der Sudan- und Bantuvölker afrikanischer Kultur und staatlicher Organisation. Kolonialisierung, Christianisierung und Islamisierung, moderne Staatenbildung in den Grenzen der Kolonialgebiete. Verstädterung trotz schwacher Industrialisierung. Wiederbelebung afrikanischen Selbstbewusstseins.

Südostasiatischer Kulturraum. Überwiegend natürliche Gunsträume der Tropen.
Lage zwischen Indien, China und den Meeren, deshalb an Ostflanke chinesische, an Westflanke indische, auf den Inseln malaiische Einflüsse. Völker auf dem Festland sind meist Buddhisten, Inselvölker Muslime, beide Religionen sind kulturelle Klammer vieler Völker. Herrschaft wechselnder Kolonialmächte, Bildung von Nationalstaaten. Herkömmliche Lebensformen der Wanderfeld- und Reisbauern in abgelegenen Gebieten, Verstädterung, Urbanisierung, Industrialisierung und Modernisierung in den Zentren an den Küsten.

Wirtschaftsräume der Erde. Die Landschaftssphäre ist heute, da 6 Mrd. Menschen die Erde bevölkern, mehr oder weniger dicht besiedelt. Es gibt

kaum noch unbewohnte und unveränderte Naturlandschaftsräume. Das Ausmaß und die Form der
Veränderungen der Naturlandschaften führten jedoch zu einer Raumstruktur verschiedenartigster
Wirtschaftsweisen. Diese räumliche Ordnung ist
abhängig von den naturgeographischen Gegebenheiten und vom sozioökonomischen Entwicklungsstand einer Gesellschaft.

1.   Naturlandschaften
1.1   Naturraum der Anökumene: die unbewohnten
        Landschaftsräume
        Topographie
        Nordamerika: Arktische Inseln, Grönland
        Südamerika: Atacama
        Afrika: inselhaft in der Sahara
        Eurasien: inselhaft im Tarimbecken, im Hoch-
        land der Gobi, im Hochland von Tibet
        Australien: inselhaft im Westaustralischen Ta-
        felland
        Antarktis
2.   Kulturlandschaften
2.1   Naturnahe Kulturlandschaften mit herkömmli-
        cher Bodennutzung der Agrargesellschaft:
        Hirtenvölker, Wanderfeldbauern und sess-
        hafte Feldbauern, die hauptsächlich für ihren
        Eigenbedarf wirtschaften (Subsistenzwirt-
        schaft)
2.1.1   Subpolarer Rohstoffergänzungsraum in Tund-
        ra und Nadelwald: zum Teil herkömmliche Bo-
        dennutzung durch Rentierhaltung, Feldwald-
        wirtschaft und Meeresjägertum neben Berg-
        bau und Rohstoffverarbeitung
        Topographie
        Nordamerika: Alaska, nördliches Felsenge-
        birge, nördliche Great Plains, Hudsonbucht-
        tiefland, Labrador
        Südamerika: Feuerland
        Eurasien: Lappland, Halbinsel Kola, nördli-
        ches Finnland, Nordosten des Osteuropäi-
        schen Tieflands, Sibirien nördlich 55° N
2.1.2   Nomadische Weidewirtschaft, punkthaft Oa-
        sen in Trockensteppen und Halbwüsten der
        Alten Welt: Nomadismus, Bewässerungsfeld-
        bau, inselhaft Bergbau und Rohstoffverarbei-
        tung
        Topographie
        Asien: Zentralasien, Hochland von Iran, Ara-
        bien
        Afrika: Sahara, Somali-Halbinsel
2.1.3   Flächenwechsel des Anbaus (Wanderfeld-
        bau) und Waldnutzung im tropischen Regen-
        wald: Brandrodung, einfache Feldbaumetho-
        den mit halbsesshafter Lebensweise und
        Sammelwirtschaft, inselhaft Bergbau und
        Rohstoffverarbeitung
        Topographie
        Südamerika: Amazonastiefland

Afrika: Kongobecken
Asien: Innengebiete von Kalimantan, Innengebiete von Neuguinea
2.2   Naturnahe Kulturlandschaften mit Bodennut-
        zung der entwickelten Agrargesellschaft: Die
        Bauern erzielen höhere Erträge, als sie
        selbst verbrauchen. Die Bauern stellen Pro-
        dukte her, die sie verkaufen können, sie wirt-
        schaften marktorientiert.
2.2.1   Feldbau in den wechselfeuchten Tropen Afri-
        kas: Dauer- und Regenzeitfeldbau, Hackbau,
        zum Teil industrialisierter Pflugbau, Bergbau
        und Rohstoffverarbeitung
        Topographie
        Afrika: Sudan (Sahelzone), Lundaschwelle,
        Ostafrikanisches Seenhochland, Madagas-
        kar
2.2.2   Feldbau in Südeuropa und in den orientali-
        schen, indischen, südostasiatischen, chinesi-
        schen und lateinamerikanischen Kulturräu-
        men: Dauerfeld-, Regenzeit-, Sommer- und
        Winterfeldbau; zum Teil industrialisiert und
        verstädtert
        Topographie
        Afroeurasiatischer Raum: Mittelmeerraum,
        Niloase, Anatolien, Levante, Zweistromland
        (fruchtbarer Halbmond), Indien, Festland-
        und Inselsüdostasien, Festlandostasien
        Nordamerika: Mexiko
        Südamerika: nördliche Anden, Tiefland des
        Orinoco, Bergland von Guayana
2.2.3   Europäisch geprägte Landwirtschaft auf der
        Südhalbkugel: Monokultur, Fruchtwechsel-
        wirtschaft, stationäre Weidewirtschaft; zum
        Teil industrialisiert und verstädtert
        Topographie
        Südamerika: Amazonastiefland, Brasiliani-
        sches Bergland, Tiefland des Paranà und Pa-
        raguay, Hochland von Patagonien
        Afrika: Südafrika
        Australien: fast der gesamte Kontinent, Neu-
        seeland
2.2.4   Plantagenwirtschaft in den Tropen: mehrjähri-
        ge Baum- und Strauchkulturen; zum Teil in-
        dustrialisiert und verstädtert
        Topographie
        Mittelamerika: festländisches Mittelamerika,
        Westindische Inseln
        Südamerika: Hinterland der Ostküste von
        Brasilien
        Asien: Südindien, Ceylon, Inselindien
        Afrika: Oberguineaküste,   Kongobecken,
        Sambesi-Limpopo-Tiefland, Ostseite von Ma-
        dagaskar
2.3   Naturferne Kulturlandschaften der entwickel-
        ten Industriegesellschaft, viele Menschen ar-
        beiten in der Industrie und zunehmend in
        Dienstleistungsberufen, aber ständig weniger

in der Landwirtschaft; die industrialisierte Landwirtschaft erzielt hohe Erträge, Industrieanlagen beanspruchen im Verhältnis zur Landwirtschaft nur eine geringe Fläche

2.3.1 Technisierte Agrarwirtschaft, stark von Industrie und Städten durchsetzt: Monokulturen, Fruchtwechselwirtschaft, kapitalintensive Produktion

Topographie

Nordamerika: südliches Kanada, USA
Eurasien: Island, Irland, Schottland, südliches Skandinavien, Westen, Mitte und Süden des Osteuropäischen Tieflands, Südsibirien, Kasachische Schwelle, Amurland

2.3.2 Verstädterte Industriegesellschaft: städtische und industrielle Ballungsräume mit dichten Verkehrsnetzen

Topographie

Nordamerika: Kanada: Sankt-Lorenz-Strom-Gebiet, Vancouver;
USA: Nordosten, westliche Golfküstenebene
Südamerika: Südosten von Brasilien, Gebiet des Rio de la Plata
Eurasien: West- und Mitteleuropa, Oberitalien, Region Stockholm;
Russland: Industrielles Zentrum (Moskau), Donezbecken, Uralgebiet;

China: Rotes Becken, Shanghai, Peking-Shenyang;
Pazifik-Industriegebiet in Japan
Australien: Küstengebiete im Südosten

Die **Staaten der Erde** stellen als raum-zeitlich gesellschaftliche Systeme eine scharf geschnittene Gliederung der Landschaftssphäre von hoher politischer Bedeutung dar. Wir unterscheiden nach der Flächengröße:

1. Transkontinentale Staaten: Russland, Kanada, USA, Australien
2. Subkontinentale Staaten: VR China, Brasilien, Indien
3. Makrotope Staaten (Großstaaten): z. B. Argentinien, Äthiopien, Nigeria
4. Mesotope Staaten (mittelgroße Staaten)
4.1 größere mittelgroße Staaten: z. B. Pakistan, Deutschland, Oman
4.2 kleinere mittelgroße Staaten: z. B. Senegal, Ungarn, Schweiz
5. Mikrotope Staaten (Kleinstaaten): z. B. Taiwan, Israel, Mauritius
6. Minitope Staaten (Kleinst- oder Zwergstaaten): z. B. Tonga, Malta, Vatikanstadt.

Register